面向数字化时代高等学校计算机系列教材

U0648667

人工智能导论

胡玉荣 余云霞 董尚燕 李俊梅 编著

清华大学出版社
北京

内 容 简 介

本书系统地介绍了人工智能与计算机科学的核心知识,涵盖计算思维、知识表示、搜索算法、自然语言处理、计算机视觉与听觉等关键技术,并深入探讨大模型、具身智能等前沿领域。通过理论与实践结合的方式,以 Python 代码实现算法,帮助读者从基础认知跃升到实战应用。

全书分为三部分:基础认知(计算机与 AI 概述)、核心技术(知识推理、问题求解、多模态 AI 技术)和综合实践(完整项目开发)。内容由浅入深,兼顾传统理论与最新进展,确保读者既能掌握经典方法,又能紧跟技术趋势。

本书适合作为高等学校人工智能通识课程教材,也适合对 AI 感兴趣的初学者自学使用。无论你是想入门 AI 领域,还是希望提升工程实践能力,本书都能为你提供清晰的学习路径和实用的技术指导。

图书在版编目(CIP)数据

人工智能导论 / 胡玉荣等编著. -- 北京:清华大学出版社,2025.9.
(面向数字化时代高等学校计算机系列教材). -- ISBN 978-7-302-70318-1
Ⅰ. TP18
中国国家版本馆 CIP 数据核字第 2025MA2560 号

责任编辑:贾 斌 薛 阳
封面设计:刘 键
责任校对:徐俊伟
责任印制:沈 露

出版发行:清华大学出版社
　　　　网　　　址:https://www.tup.com.cn,https://www.wqxuetang.com
　　　　地　　　址:北京清华大学学研大厦 A 座　　　邮　　编:100084
　　　　社 总 机:010-83470000　　　　　　　　邮　　购:010-62786544
　　　　投稿与读者服务:010-62776969,c-service@tup.tsinghua.edu.cn
　　　　质量反馈:010-62772015,zhiliang@tup.tsinghua.edu.cn
　　　　课件下载:https://www.tup.com.cn,010-83470236
印 装 者:三河市君旺印务有限公司
经　　销:全国新华书店
开　　本:185mm×260mm　　印　张:19　　　　　字　　数:332 千字
版　　次:2025 年 9 月第 1 版　　　　　　　　印　　次:2025 年 9 月第 1 次印刷
印　　数:1~5000
定　　价:79.00 元

产品编号:113583-01

前言

在这个被智能科技深度重塑的时代,人工智能已不再是遥不可及的未来科技,而是触手可及的现实力量。《人工智能导论》犹如一把开启智能世界的金钥匙,将带领读者踏上一段充满惊喜的探索之旅。本书不仅系统地介绍了人工智能的基础理论,更注重培养读者解决实际问题的能力,让每一位读者都能在实践中感受AI 的魅力。

本书以"立德树人"为根本,坚持科学性与思想性并重,在传授专业知识的同时,强调科技伦理与社会责任。我们相信,真正有价值的人工智能教育,不仅要教会学生"怎么做",更要引导他们思考"为什么做"和"为谁做"。全书语言生动流畅,案例丰富翔实,既有严谨的理论推导,又有妙趣横生的实践项目,让学习过程充满发现的喜悦。

如下 5 大特色让本书脱颖而出。

1. 循序渐进的知识阶梯

从人工智能的"前世今生"娓娓道来,沿着"概念→方法→应用"的清晰路径,带领读者攀登智能科技的高峰。无论是搜索算法的基础原理,还是大模型的前沿应用,都能在这里找到系统的讲解。

2. 立体化的学习生态

打破传统教材的局限,构建"纸质教材+在线课程+交互资源"的三维学习空间。配套的微课视频让复杂算法"活"起来,精心设计的 Python 代码库让理论"动"起来。

3. 模块化的知识拼图

基础认知、核心技术、综合实践三大模块环环相扣,既保持知识的系统性,又赋予学习充分的灵活性。读者可以根据需要自由组合,创建个性化的学习路径。

4. 知行合一的教学理念

以工程教育认证为导向,通过真实场景的任务驱动,让知识在实践中生根发芽。特别融入的课程思政元素,让科技报国的种子在潜移默化中苗壮成长。

5. 沉浸式的学习体验

创新的"理论＋代码＋可视化"三位一体教学模式,让抽象的概念变得触手可及。精心设计的交互环节,让学习过程充满互动与惊喜。

本书共9章,主要内容有:计算思维与计算机基础,人工智能基础认知,知识表示与推理,问题求解与搜索,自然语言处理,计算机视觉基础,计算机听觉基础,大模型与具身智能,综合实践项目。

本书适合作为高等学校人工智能通识课程教材,也适合对 AI 感兴趣的初学者自学使用。

本书为荆楚理工学院教材资助项目,由荆楚理工学院人工智能学院教学团队完成。本书由胡玉荣、余云霞、董尚燕、李俊梅编写,其中,第1、3章由董尚燕编写,第2、8章由胡玉荣编写,第4、5章由李俊梅编写,第6、7、9章由余云霞编写,全书由胡玉荣统稿。

本书凝聚了荆楚理工学院人工智能学院教学团队的智慧结晶,在编写过程中得到了学校各级领导、智能科学与技术教研室同仁的鼎力支持,特别是朱小龙博士提供了大量帮助,在此表示感谢。特别感谢清华大学出版社的专业指导,让本书得以以最佳面貌呈现给读者。配套的丰富教学资源将通过清华大学出版社官网与读者见面。

人工智能的浪潮奔涌向前,我们诚挚地邀请您打开这本书,与我们一起探索智能科技的无限可能。书中如有疏漏之处,恳请广大读者不吝指正,让我们共同推动人工智能教育的进步。

作　者

2025 年 6 月于湖北荆门

目 录

第 3 章　知识表示与推理　　/80

第6章　计算机视觉基础　　/152

第1章

计算思维与计算机基础

计算机是现代信息技术的核心基础,它的发展和应用彻底改变了人们的生活和工作方式。本章将带领读者全面了解计算机的基础知识,构建起对计算机系统的整体认知。

从第一代电子管计算机到如今超大规模集成电路计算机,计算机经历了硬件和软件的一步步升级。本章将详细介绍计算机系统的组成,包括运算器、控制器等硬件部件,以及系统软件和应用软件等软件部分,同时阐述计算机软硬件协同工作的流程。

信息表示是计算机处理数据的基础。本章首先介绍计算机中的数制及其转换,如二进制、十进制等不同进制之间的转换,以及数值型数据、非数值型数据以及多媒体数据在计算机中的编码方法。同时,结合日常办公场景,介绍 Office 系列如 Word、Excel、PowerPoint 这些常用办公软件的基本操作方法。

计算思维是一种通过计算机解决问题的思考方式,本章简要地介绍了它的特点和解决问题的基本步骤,帮助读者培养用计算思维分析和解决问题的能力。通过本章的学习,读者将对计算机有一个全面的认识,掌握计算机的基础知识和基本应用技能。

1.1 计算机系统概述

1.1.1 计算机的发展与分类

计算机被誉为 20 世纪人类最为卓越的科学技术发明之一。回溯人类文明的进程,从最初依托口耳相传与结绳记事传递信息,至当下无处不在的计算设备,计算机的诞生绝非偶然或突变,而是一个为适应日趋复杂的算力需求、以追求更高效率计算为目标的渐进演化的过程。无论是高能运算系统、小型与微型计算机,抑或是日益普及的可穿戴智能终端,计算机的核心功能与物理形态均已发生了深刻的演变。

1. 计算机的发展简史

1946 年,美国宾夕法尼亚大学成功研制出世界上首台全自动电子计算机 ENIAC(Electronic Numerical Integrator And Computer,电子数值积分计算机),标志着科学计算领域的一次革命性突破。该设备体积庞大,运算能力可达每秒 5000 次加法。作为第一代电子计算机,ENIAC 以电子管为核心元件,需由专业操作员进行操控。其计算流程极为烦琐。尽管如此,ENIAC 仍被视为计算机发展史上的里程碑式成就。自此,计算机技术以惊人的速度迭代演进,并深刻渗透至人类生产与生活的各个领域。

从第一台电子计算机诞生起,计算机就朝着处理速度更快、体积更小的方向发展。根据电子计算机采用的电子元器件,可以将电子计算机的发展分为 4 代,如表 1-1 所示。

表 1-1　电子计算机的发展阶段

特征	第一代 (1946—1957 年)	第二代 (1958—1964 年)	第三代 (1965—1970 年)	第四代 (1971 年至今)
基本元器件	电子管	晶体管	集成电路	大规模和超大规模集成电路
内存储器	汞延迟线	磁芯存储器	半导体存储器	半导体存储器
外存储器	磁鼓	磁鼓、磁带	磁带、磁盘	磁盘、光盘等
外部设备	读卡机、纸带机	读卡机、纸带机、电传打字机	读卡机、打印机、绘图机	键盘、显示器、打印机、绘图仪等
编程语言	机器语言	汇编语言、高级语言	汇编语言、高级语言	高级语言、第 4 代语言
系统软件	无	操作系统	操作系统、实用程序	操作系统、数据库管理系统
应用范围	科学计算	科学计算、数据处理、工业控制	各个领域	极广泛地应用于各个领域

纵观计算机的发展历程,其演进的核心驱动力主要源于硬件技术的突破性进展。自集成电路问世以来,英特尔(Intel)联合创始人戈登·摩尔(Gordon Moore)提出的摩尔定律便成为信息技术演进的重要范式。该定律指出,在成本恒定的前提下,集成电路的晶体管密度约每 18～24 个月翻倍,同

时性能亦呈指数级提升。这一规律不仅揭示了信息技术迭代的惊人速率,更奠定了现代计算设备微型化与高效化的理论基础。然而,尽管摩尔定律已持续验证逾半个世纪,学术界普遍认为其本质仍属于经验性观测或技术趋势预测,而非严格意义上的物理定律或自然法则。

计算机具有自动控制、高速运算、记忆存储、逻辑判断等能力,广泛应用于各行各业,例如,科学计算、数据处理、办公自动化、电子商务、实时控制、计算机辅助系统、人工智能、网络应用等。未来的计算机将朝着巨型化、微型化、网络化和智能化的方向发展。

2. 计算机的分类

计算机按照结构原理可以分为模拟计算机、数字计算机和混合式计算机;按照计算机用途可以分为专用计算机和通用计算机。目前较为普遍的分类方法是按照计算机的运算速度、字长和存储容量等指标,把计算机分为巨型计算机、大型计算机、小型计算机、微型计算机。

1)巨型计算机

巨型计算机是一种超大型的电子计算机,也被称为超级计算机(Supercomputer)。作为高性能计算领域的核心载体,巨型计算机凭借其卓越的科学运算与海量数据处理能力,在计算机体系中占据着技术制高点。此类设备以庞大的物理规模、极高的制造成本、顶尖的运算性能及无与伦比的浮点计算速度为显著特征,主要服务于气象预测、航天工程、油气资源勘探、战略武器研发、社会系统仿真等尖端科研领域。其技术研发水平、产业制造能力与实际应用深度,已成为表征国家科技竞争力与综合国力的关键性指标之一。近年来,中国在大型计算机的开发应用领域表现卓越,中国的超级计算机"神威·太湖之光"和"天河二号"多次荣膺全球超级计算机 TOP 500 榜首,如图 1-1 所示。

图 1-1　我国的"天河二号"超级计算机

2）大型计算机

大型计算机(Mainframe)使用专用的处理器指令集、操作系统和应用软件,其特点是体型大、可通用、内存达到 TB 级、处理速度快、具有很强的非数值计算能力,主要用于商业领域,如银行、企业、电信等。大型计算机大量采用冗余备份技术,以确保数据安全及稳定,通常有两套内部结构。

大型计算机广泛用于科学和工程计算、信息的加工处理、企事业单位的事务处理等,由于微型计算机和计算机网络的飞速发展,大型计算机的使用范围大大减小了,但是它的 I/O 能力、非数值计算能力、稳定性和安全性都远远超过微型计算机,所以还是有一定应用空间。

3）小型计算机

小型计算机(Minicomputer)作为采用精简指令集计算机(RISC)架构的中高端计算设备,其性能与成本定位介于个人服务器与大型计算机之间。该

图 1-2　小型计算机

类设备(如图 1-2 所示)以架构精简、运行稳定、维护便捷及性价比优越为显著特征,无须专业人员长期培训即可实现高效运维。在中国市场语境下,小型计算机特指基于 UNIX 操作系统的服务器集群。1971 年,贝尔实验室研发的多用户多任务操作系统 UNIX,经商业机构产业化后,逐步发展为服务器领域的主流操作系统。此类设备主要应用于金融证券、交通运输等对系统可靠性要求严苛的关键业务领域。当前全球 UNIX 服务器市场主要由 IBM(RS/6000、Power 系列)、HPE(SuperDome、RX 系列)、Oracle(收购 Sun Microsystems)、浪潮(天梭系列)及富士通等厂商主导。

4）微型计算机

微型计算机(Microcomputer),简称微机,是基于大规模集成电路技术构建的紧凑型电子计算设备。其以低功耗、高性价比、架构灵活及体积轻便为核心优势,在计算设备领域占据重要地位。从传统台式计算机、一体计算机、便携式笔记本电脑,到高度集成的平板电脑与智能手机(如图 1-3 所示),微机产品形态持续演进。自 1981 年 IBM 公司推出划时代的 IBM-PC 以来,凭借其运算精确性、处理高效性及卓越的性价比,微机迅速渗透至社会各领域。在持续的技术迭代中,其功能已从基础数值计算扩展至对数字、文本、语音、图形、图像及音视频等多模态信息的综合处理能力。当代微机产品在计算性

能、多媒体支持、软硬件协同及人机交互等方面,较早期机型实现了质的飞跃,标志着信息技术应用的深度革新。

图 1-3　微型计算机

1.1.2　计算机系统组成

1936 年,英国数学家艾伦·图灵(A. M. Turing)提出了著名的图灵机(Turing Machine)概念,这为现代计算机的诞生奠定了重要理论基础。1946年,美籍匈牙利裔科学家冯·诺依曼(John von Neumann)在此基础上提出了计算机体系结构的基本设计原则,这些原则至今仍是计算机设计的核心指导思想。现代计算机硬件主要由 5 个关键部件组成:运算器、控制器、存储器、输入设备和输出设备。软件系统则包括系统软件和应用软件两大类。硬件和软件相互配合、缺一不可,共同构成了完整的计算机系统。

1. 计算机系统的基本组成

计算机系统由硬件系统和软件系统两大部分组成。计算机硬件系统是指组成计算机的各类物理设备,是看得见、摸得着的实际物理设备,具体包括运算器、控制器、存储器、输入设备和输出设备 5 大部分,是计算机运行的物质基础。在计算机运行时,这 5 大部分协同配合,完成任务。计算机软件系统是指为运行、维护、管理、应用计算机所编制的所有程序和数据的集合,包括系统软件和应用软件两大类,如图 1-4 所示。

2. 计算机硬件系统

根据冯·诺依曼体系结构,计算机硬件系统包括运算器、控制器、存储器、输入设备和输出设备 5 大基本部分,计算机各部件的联系主要是通过信息流来实现的。如图 1-5 所示,其工作原理将在 1.1.3 节介绍。

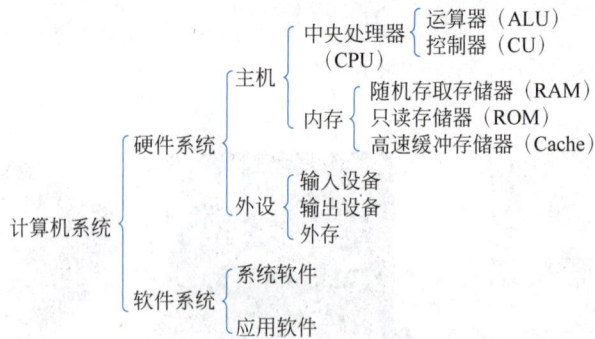

图 1-4   计算机系统的基本组成

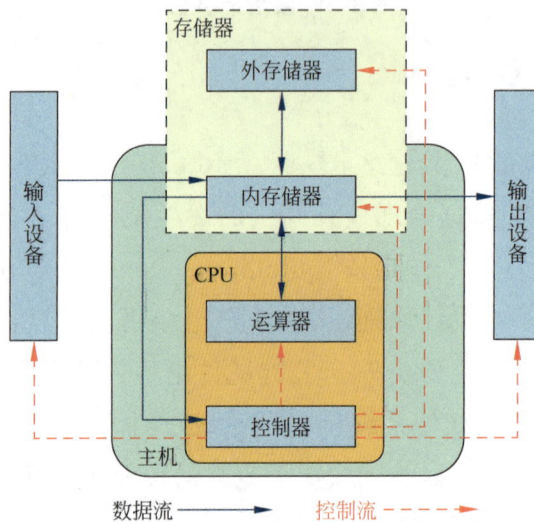

图 1-5   计算机硬件系统的组成

1）运算器

运算器又称为算术逻辑单元（Arithmetic Logic Unit，ALU），是计算机对数据进行处理的部件，其主要任务就是进行算术运算（加、减、乘、除等）和逻辑运算（与、或、非、异或、比较等）。计算机所完成的全部运算都是在运算器中进行的，运算器的核心部件是加法器和若干个寄存器，加法器用于运算，寄存器用于存储待运算的数据以及运算后的结果。

2）控制器

控制器是计算机中负责解析指令并协调各部件工作的关键部件。它主要由指令寄存器、状态寄存器、译码电路、时序电路和控制电路组成。控制器的工作流程是：先从存储器读取指令，然后对指令进行解码，再根据指令要求，按时间顺序向其他部件发送控制信号，确保各部件协同工作，逐步完成各项操作。运算器和控制器共同构成计算机的核心,在现代计算机中,它们通常与若干寄存器一起被集成在一块芯片上,这块芯片就是我们熟知的中央处理器(CPU),如图 1-6 所示。

3) 存储器

图 1-6　中央处理器(CPU)

存储器是计算机存储数据的部件,分为内存、外存和缓存。内存存放当前运行的程序和数据,CPU 可直接访问,速度快但容量小,如图 1-7 所示。外存存储不常用数据,容量大但速度慢,如硬盘、U 盘、光盘、磁带等。缓存位于 CPU 和内存之间,速度最快但容量最小。现代计算机采用多级存储结构,速度越快,价格越高。

图 1-7　内存条

4) 输入设备

输入设备是用来接收用户输入的数据和程序的设备,将输入的信息转换成计算机能识别的二进制信息,并将其输入计算机主机内存中。常见的输入设备有鼠标、键盘、扫描仪、光笔、触摸屏、数字化仪、麦克风、数码相机、磁卡读入机、条形码阅读机等。图 1-8 是常见的输入设备。

图 1-8　常见的输入设备(键盘、鼠标、麦克风)

5) 输出设备

输出设备是输出计算机处理结果的设备,将内存中的信息转换为便于人们识别的形式。常见的输出设备有显示器、打印机、绘图仪、音箱、投影仪等。图 1-9 是常见的输出设备。

图 1-9　常见的输出设备(显示器、打印机、绘图仪)

各种输入设备、输出设备与主机相连,组成完整的计算机硬件系统。

3. 计算机软件系统

计算机软件是运行和管理计算机所需的程序与数据的总和。虽然看不见摸不着,但软件对计算机至关重要。没有安装软件的"裸机"无法工作。硬件是计算机的基础,软件则是其灵魂,二者缺一不可,共同实现计算机的功能。

软件、程序和指令是三个不同概念。程序是一系列有序指令的集合,用于解决特定问题。指令是二进制代码,包含操作性质和操作数地址。执行指令包括取出、分析、执行和转入下一条 4 个步骤。

计算机软件分为系统软件和应用软件两大类。

1) 系统软件

系统软件是指为用户有效地使用计算机系统、给应用软件开发和运行提供支持的软件,其主要的作用是进行调度、监控和维护系统。系统软件是用户和计算机硬件之间的接口,主要包括如下几类。

(1) 操作系统。操作系统是管理计算机软硬件资源的系统软件,如Windows、Linux 等,如图 1-10 所示。操作系统按界面可分为命令行和图形界面;按用户数分为单用户和多用户;按任务数分为单任务和多任务;按功能分为批处理、分时、实时和网络操作系统。它是计算机运行的基础平台。

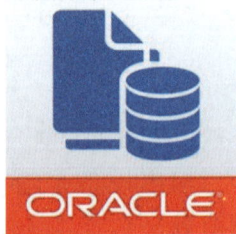

图 1-10　系统软件

（2）程序设计语言处理系统。例如，汇编程序、高级语言程序、编译程序和解释程序等。计算机语言编制的程序要执行，首先要翻译成机器语言，即转换为由"1"和"0"组成的一组二进制代码指令，计算机才能够理解并且执行。

（3）数据库管理系统。例如，Oracle、SQL Server、Access 等数据库管理系统，负责组织和管理数据，并对数据进行处理。

（4）各种服务型程序。例如，基本输入输出系统（BIOS）、磁盘清理程序、备份程序、故障检查和诊断程序、杀毒程序等。

2）应用软件

应用软件是为解决某个应用领域的问题而开发设计的计算机程序，例如，各类科学计算程序、生产自动控制程序、企业管理程序等。按照应用软件的适用范围，应用软件一般包括定制软件和通用软件两大类。

（1）定制软件。定制软件是针对具体特定的问题而开发的软件，是为了满足用户特定的需求而专门开发的软件。例如，某学校的校园一卡通管理软件，某企业的人力资源管理软件，某航空公司的售票系统等。

（2）通用软件。通用软件是为了实现某类功能的具有应用普遍性的软件，例如，文档处理软件 WPS、图像处理软件 Photoshop、图形绘制软件 CorelDRAW、视频编辑软件 Premiere、网页编辑软件 Dreamweaver 等，如图 1-11 所示。这类软件会不断迭代更新，并面向普遍用户使用。

图 1-11　应用软件

3）计算机硬件与软件的关系

计算机的硬件和软件组成一个完整的计算机系统，它们相辅相成、互相依存。没有硬件，软件就无从发挥作用；没有软件，硬件就是裸机，实现不了功能。系统软件、应用软件与硬件各司其职，在结构上也有明确的位置。其中，操作系统处于重要的连接位置。

操作系统是计算机系统的核心软件，直接运行在硬件（裸机）之上，在操作系统的支持下，计算机才能运行其他的软件。从用户的角度看，操作系统加上计算机硬件系统形成一台虚拟机(通常广义上的计算机),它为用户构成了一个方便、有效、友好的使用环境。可以说,操作系统是计算机硬件与其他软件的接口,也是用户和计算机的接口,如图 1-12 所示。

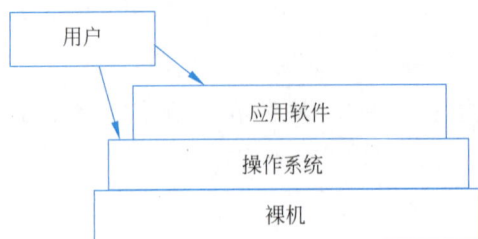

图 1-12   操作系统功能示意图

操作系统是管理和控制计算机中所有软硬件资源的一组程序。目前微型计算机上广泛使用的操作系统有 Windows、macOS 等。Windows 是基于图形用户界面的操作系统,用户通过其文件资源管理器与控制面板等入口操作软硬件资源。

1.1.3   信息编码和数据表示

冯·诺依曼体系结构的计算机采用二进制来表示数据。数据是信息的表现形式和载体。以二进制表示的常见数据单位有位、字节和字,二进制和八进制、十进制、十六进制可以相互转换。二进制的运算分为算术运算和逻辑运算。计算机中的数据有数值型数据和非数值型数据两大类,其编码有多种形式,适用各种不同场景。

1. 数据的单位

采用二进制表示数据是因为电路设计简单,工作方便可靠,能够简化运算,逻辑性强。以二进制的形式存储和运算数据,涉及以下几个重要概念。

1) 位

二进制数据中的一个位(bit),即比特,是计算机存储数据的最小单位,简写为 b。一个二进制位只能表示 0 或 1 两种状态,多个二进制位就能够表示更多的状态或信息。

2) 字节

字节(Byte)是计算机数据处理的最基本单位,简写为 B。一个字节通常是 8 位二进制位,即 1B=8b。

3）字

一个字(Word)由一个或多个字节组成。字是计算机系统进行数据处理时,一次存取、加工和传送的数据长度。字长表示了计算机一次能够处理信息的二进制位数,因此它是衡量计算机性能的重要指标,决定了计算机数据处理的速度,字长越长,性能越好。现代计算机的字长通常为 16b、32b、64b。

4）数据的换算关系

各数据单位的换算关系如下。

1B＝8b,1KB＝1024B,1MB＝102KB,1GB＝1024MB,1TB＝1024GB,1PB＝1024TB,1EB＝1024PB。

2. 数制及数制之间的转换

数制,也称为"记数制",是用一组固定的符号和统一的规则来表示数值的方法。任何一个数制都包含两个基本要素:基数和位权。人们习惯使用十进制表示数值,但是计算机通常采用二进制来表示,此外还有八进制和十六进制等数制。

1）数码

数码是数制中表示基本数值大小的不同数字符号。例如,十进制有 10 个数码 0、1、2、3、4、5、6、7、8、9。

2）基数

基数是数制所使用数码的个数。例如,二进制的基数为 2,十进制的基数为 10。

3）位权

位权是数制中某一位上的 1 所表示数值的大小(所处位置的价值)。例如,十进制的 123,1 的位权是 100,2 的位权是 10,3 的位权是 1。二进制中的1011(一般从左向右开始),第一个 1 的位权是 8,0 的位权是 4,第二个 1 的位权是 2,第三个 1 的位权是 1。

4）数制之间的转换

数值在不同数制之间进行转换,数值大小是不变的,只是表示方式改变了。下面以二进制与十进制之间的转换为例简要介绍其转换规则。

(1)二进制数转换为十进制数。二进制数转换为十进制数只需要以 2 为基数按权展开,计算和的结果,即可得到相应的十进制数。

例如:

$$(1101.01)_2 = 1 \times 2^3 + 1 \times 2^2 + 0 \times 2^1 + 1 \times 2^0 + 0 \times 2^{-1} + 1 \times 2^{-2}$$
$$= 8 + 4 + 0 + 1 + 0 + 0.25$$
$$= (13.25)_{10}$$

（2）十进制整数转换为二进制数。十进制整数转换为二进制数通常采用"除 2 取余法"。例如，十进制整数 173 转换为二进制数。计算过程如下左；十进制小数转换为二进制数，通常采用"乘 2 取整法"。例如，十进制小数 0.8125 转换为二进制数，计算过程如下右。

```
2 | 1 7 3      ……余1  ↑
2 |   8 6      ……余0  │
2 |   4 3      ……余1  │
2 |   2 1      ……余1  逆
2 | 1 0        ……余0  序
2 |   5        ……余1  排
2 |   2        ……余0  列
2 |   1        ……余1
        0

(173)₁₀=(10101101)₂
```

```
          0.8125
      ×      2
      ─────────
          1.6250  ……取整数：1  ↑
           .6250
      ×      2                    顺
      ─────────                   序
          1.2500  ……取整数：1    排
            .25                   列
      ×      2                    │
      ─────────                   │
          0.50    ……取整数：0    │
      ×      2                    ↓
      ─────────
          1.0     ……取整数：1

(0.8125)₁₀=(0.1101)₂
```

一个包含整数部分和小数部分的十进制数，可以分别转换整数和小数部分，然后将结果连接起来即可。

3．数据编码

计算机中的数据有数值型数据和非数值型数据两大类。数值型数据常用的编码有原码、反码和补码等，这些编码方式主要用于表示和处理数字信息。非数值型的数据编码包括 ASCII 码、扩展 ASCII 码、国标码等，主要用于字符和文本的表示。同时，多媒体数据编码如 JPEG、MP3、MPEG 等则专门用于图像、音频和视频等多媒体信息的压缩与存储。

1）数值型数据编码

数值型数据的正、负采用符号数字化的方法表示，使得计算机能够从编码中判断出该数是正数还是负数。通常指定编码中的最左边 1 位（即最高位）来表示数值的符号，最高位为"0"，表示正数；最高位为"1"，表示负数。

带符号机器数通常采用原码、反码和补码三种表示方式。正数的原码、反码和补码形式相同,负数则有各自的表示方式。

（1）原码。正数的符号位(最高位)用 0 表示正数,用 1 表示负数,其数值部分是该数的绝对值的二进制表示。例如:

$$01111111 = +127 \quad 11111111 = -127$$

（2）反码。带符号的正数的反码是其本身,与原码相同；负数的反码,保持符号位不变,其余各位取反。例如:

$$(127)_反 = (127)_原 = 01111111$$

$$(-127)_原 = 11111111,(-127)_反 = 10000000$$

（3）补码。正数的补码和原码相同,负数的补码,保持符号位不变,其余各位是原码的每一位取反后再加 1 的结果。由此可见,负数的补码就是它的反码加 1 的结果。例如:

$$(127)_反 = (127)_原 = (127)_补 = 01111111$$

$$(-127)_原 = 11111111$$

$$(-127)_反 = 10000000$$

$$(-127)_补 = 10000001$$

数值型数据无论采用哪种编码方式,其真值是不变的。在计算机系统中,带符号整数普遍采用补码作为机器码表示。

2）非数值型数据编码

（1）西文字符的编码。西文文字和字符常用的 ASCII(American Standard Code for Information Interchange,美国标准信息交换码)是一种标准的单字节字符编码方案,用于基于文本的数据。

ASCII 码使用指定的 7 位或 8 位二进制数组合来表示 128 或 256 种可能的字符。标准 ASCII 码也叫作基础 ASCII 码,使用 7 位二进制数(剩下的 1 位二进制为 0)来表示所有的大写和小写字母,数字 0～9,标点符号,以及在美式英语中使用的特殊控制字符,如表 1-2 所示。

表 1-2　ASCII 码字符编码列表

b3b2b1b0 \ b6b5b4	000	001	010	011	100	101	110	111
0000	NUL	DLE	SP	0	@	P	`	p
0001	SOH	DC1	!	1	A	Q	a	q
0010	STX	DC2	"	2	B	R	b	r

续表

b6b5b4 / b3b2b1b0	000	001	010	011	100	101	110	111
0011	ETX	DC3	#	3	C	S	c	s
0100	EOT	DC4	$	4	D	T	d	t
0101	ENQ	NAK	%	5	E	U	e	u
0110	ACK	SYN	&	6	F	V	f	v
0111	BEL	ETB	'	7	G	W	g	w
1000	BL	CAN	(	8	H	X	h	x
1001	HT	EM	)	9	I	Y	i	y
1010	LF	SUB	*	:	J	Z	j	z
1011	VT	ESC	+	;	K	[	k	{
1100	FF	FS	,	<	L	\	l	|
1101	CR	GS	—	=	M	]	m	}
1110	SO	RS	.	>	n	Ω	n	~
1111	SI	US	/	?	O	—	o	DEL

（2）汉字字符的编码。计算机处理中文信息常用的汉字字符编码有国标码（GB2312—80）、扩展国标码（GBK）、Unicode（国际统一编码标准）、UTF-8等。一般一个汉字字符用 16 位二进制位编码。

3）声音编码

声音是空气振动产生的连续波，计算机处理时需要将其数字化。这个过程包括采样、量化和编码三个步骤。其过程如图 1-13 所示。

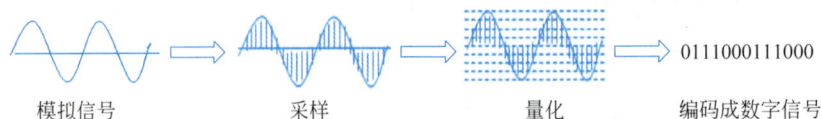

模拟信号　　　采样　　　量化　　　编码成数字信号

0111000111000

图 1-13　模拟音频的数字化过程

采样是将连续声波按固定时间间隔（如 44.1kHz 表示每秒 44 100 次）测量幅度值，根据采样定律，频率需高于声音最高频率的两倍才能还原原声。量化是将采样得到的幅度值用二进制数表示，常用 16 位（65 536 个等级），位数越高音质越好但数据量越大。编码则将处理后的数据按格式存储，常用 PCM 编码方式，特点是音质好但文件较大。

数字化过程由 A/D 转换器完成，存储为数字音频文件。播放时再通过 D/A 转换器还原为模拟信号。采样频率和量化位数决定了音质和文件大小的平衡，如 CD 音质采用 44.1kHz 采样频率和 16 位量化。专业设备支持更高采样频率(如 96kHz)以获得更好音质。

数字音频信息在计算机中是以文件的形式保存的,相同的音频信息可以有不同的存放格式。常见存储音频信息的文件格式主要有 WAV(wav)、MIDI(mid)、MP3、RA(ra)、WMA(Windows Media Audio)等。

4)图形图像编码

在计算机中,图形(Graphics)与图像(Image)是一对既有联系又有区别的概念。它们都是一幅图,但图的产生、处理、存储方式不同。

图形一般是指通过绘图软件绘制的由直线、圆、圆弧、任意曲线等图元组成的画面,以矢量图形文件形式存储。矢量图最大的优点是对图形中的各个图元进行缩放、移动、旋转而不失真,而且它占用的存储空间小。

图像是由扫描仪、数字照相机、摄像机等输入设备捕捉的真实场景画面产生的映像,数字化后以位图形式存储。位图文件中存储的是构成图像的每个像素点的亮度、颜色,位图文件的大小与分辨率和色彩的颜色种类有关,放大、缩小要失真,占用的空间比矢量文件大。

矢量图形文件存储的是描述生成图形的指令,因此不必对图形中每一点进行数字化处理。现实中的图像是一种模拟信号。图像的数字化是指将一幅真实的图像转变成为计算机能够接受的数字形式,这涉及对图像的采样、量化以及编码等,其处理过程如图 1-14 所示。

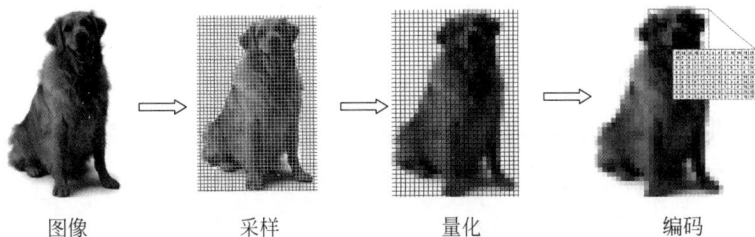

图像　　采样　　量化　　编码

图 1-14　图像的数字化过程

在图形图像处理中,可用于图形图像文件存储的格式非常多,常用的文件格式有 BMP(bmp)、GIF(gif)、JPEG(jpg)、WMF(wmf)、PNG(png)等。

1.1.4　计算机工作原理

在计算机中,硬件和软件的结合点是计算机的指令系统。指令是计算机可以识别并执行的操作。计算机可以执行的指令的全体就称为指令系统。

任何程序都必须转换成为该计算机硬件可以识别并执行的一系列指令。计算机的基本工作原理是存储程序和对程序进行控制。

1. 冯·诺依曼原理

根据冯·诺依曼原理,计算机设计的三个基本思想如下。

第一,计算机由运算器、控制器、存储器、输入设备和输出设备 5 个基本部分组成。

第二,计算机的指令和数据采用二进制表示。

第三,程序和数据存放在存储器中,计算机依次自动执行。

冯·诺依曼计算机工作原理的核心是"程序存储"和"程序控制"。程序存储是指将程序设计语言编写的程序和需要处理的数据,通过输入设备输入并存储在计算机的存储器中;程序控制是指在程序执行时,由控制器取出程序,按照程序规定的步骤或用户的要求,向计算机的相关部件发出指令并控制它们执行相应的操作,执行的过程不需要人工干预而自动连续地进行。

2. 计算机的指令系统

如上所述,程序是指令序列的集合,而指令规定了计算机完成的某一种操作。例如,加、减、乘、除、存数、取数等都是一个基本操作,分别可以用一条指令来实现。一台计算机可以有许多指令,作用也各不相同。计算机所能执行的所有指令的集合称为该计算机的指令系统。指令系统是依赖于计算机的,不同类型的计算机指令系统是不同的,因此它们所能执行的基本操作也是不同的。

指令通常由两部分组成:操作码和地址码。操作码指明计算机应该执行某种操作的性质与功能(如加减乘除、存取数等)。地址码指出被操作的数据(称为操作数)、结果以及下一条指令存放的地址。在一条指令中,操作码是必须有的,地址码可以有多种形式,如二地址、三地址、四地址等。

指令系统中的指令条数因计算机的不同类型而异,少则几十条,多则数百条,一般来说,无论是哪一种类型的计算机都具有以下功能的指令:数据传送型指令、数据处理型指令、程序控制型指令、输入/输出型指令、硬件控制型指令。

需要注意的是,计算机硬件只能识别并执行机器指令,用高级语言编写的程序必须由程序语言翻译为机器指令后,计算机才能执行。

3. 计算机的工作过程

依据冯·诺依曼原理,计算机的工作过程实际上就是快速地执行指令的过程。当计算机工作时,首先输入设备接收外部信息(程序和数据),控制器发出指令将数据送入内存储器,然后向内存储器发出取指令命令。在取指令命令下,程序指令逐条送入控制器。控制器对指令进行译码,并根据指令的要求,向存储器和运算器发出存数、取数命令和运算命令,经过运算器计算并把计算结果存在存储器内。最后在控制器发出的取数和输出命令的作用下,通过输出设备输出计算结果。

1.2　办公软件与信息处理

办公软件是信息处理的重要工具,涵盖文档编辑、数据管理、演示设计等功能,有助于高效整理、分析与呈现信息,提升办公效率。Office 系列软件是办公场景中常用的工具。其中,Word 用于文档编辑,Excel 用于数据处理与分析,PowerPoint 用于演示文稿制作等。

1.2.1　Word 文字处理

办公软件是指可以进行文字处理、表格制作、演示文稿制作、数据处理等工作的软件。本章以 Microsoft Office 系列为例介绍办公软件的各种功能。Word 是 Microsoft Office 系列组件之一,其主要功能有文档排版、表格及图形处理等。

1. Word 文档建立及文字输入

建立电子文档的第一步是通过应用程序创建文档,然后输入内容和编辑,最后保存成为电子文档。

打开 Word 应用程序,自动进入一个空白文档编辑状态,窗口界面上方各项工具说明如图 1-15 所示。

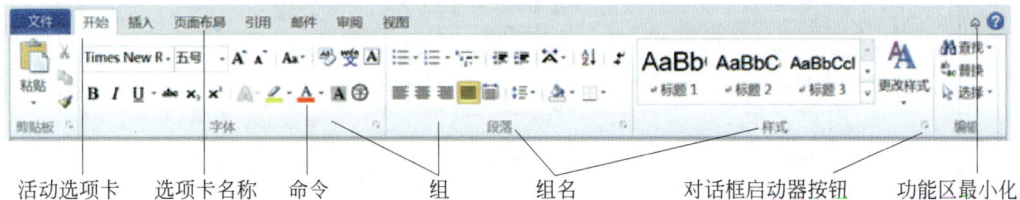

图 1-15　Word 窗口界面工具说明

在输入内容的过程中,为安全起见,随时可保存文档。Word 文档的默认扩展名为 docx,为便于在 Word 2003 等低版本下通用,可选择保存类型为 doc。

2. 格式化和排版文档

Word 提供了操作简单、功能强大的格式化手段,格式化按照字符、段落和页面三个层次进行,有相应的工具和排版命令。

1) 格式刷、样式和模板

为提高格式效率和质量,Word 提供了三种工具来实现格式化。

(1) 格式刷。可以方便地将选定源文本的格式复制给目标文本,从而实现文本或段落格式的快速格式化。要复制格式多次,可定位在源文本处并双击"格式刷"工具,复制多次后再单击"格式刷"工具取消格式复制状态。

(2) 样式。已经命名的字符和段落格式供直接引用,通过"开始"选项卡的"样式"组来实现。利用样式可以提高文档排版的一致性,尤其在多人合作编写文档、长文档的目录生成时必不可少。通过更改样式可建立个性化的样式。

例如,编辑排版书的章、节、小节可利用"标题 1""标题 2""标题 3"三级样式来统一格式化。然后在 Word 提供的"视图"选项卡的"显示"组的"导航窗格"中,可直观地显示文档的各层结构,如图 1-16 所示。

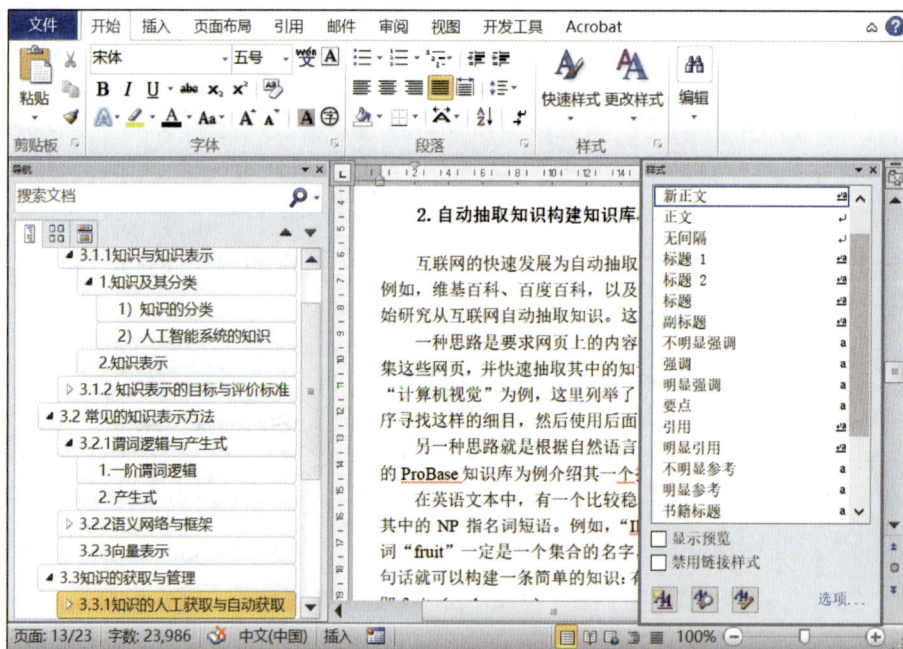

图 1-16　显示导航窗格视图

（3）模板。模板是系统已经设计好的、扩展名为 dotx 的文档。模板为文档提供基本框架和一整套样式组合，在创建新文档时套用，如信封模板、证书和奖状模板、名片模板等。

2）字符排版

字符排版是以若干文字为对象进行格式化。常见的格式化有字体、字号、字形、文字的修饰、字间距和字符宽度等，还有中文版式等。

可通过"开始"选项卡的"字体"组中的相应按钮来实现，如图 1-17 所示。

3）段落排版

段落是文本、图形、对象或其他项目等的集合，后面跟有一个段落标记符，一般为一个硬回车符（按 Enter 键）。段落的排版是指整个段落的外观。可通过"开始"选项卡的"段落"组中的相应按钮来实现，如图 1-18 所示。常用的段落格式包括对齐方式、文本的缩进、行距与段间距、项目符号和编号、边框和底纹等。

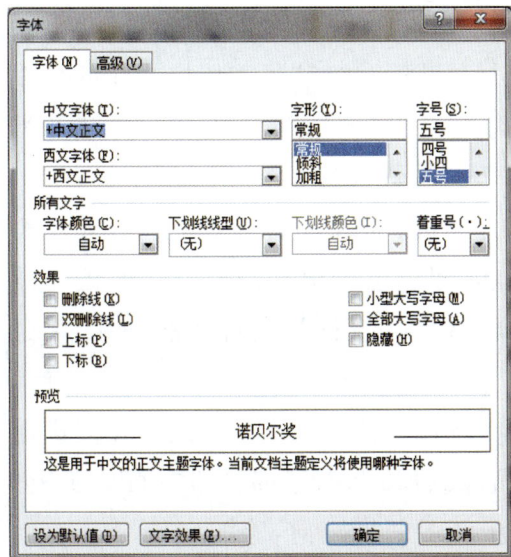

图 1-17　"字体"对话框

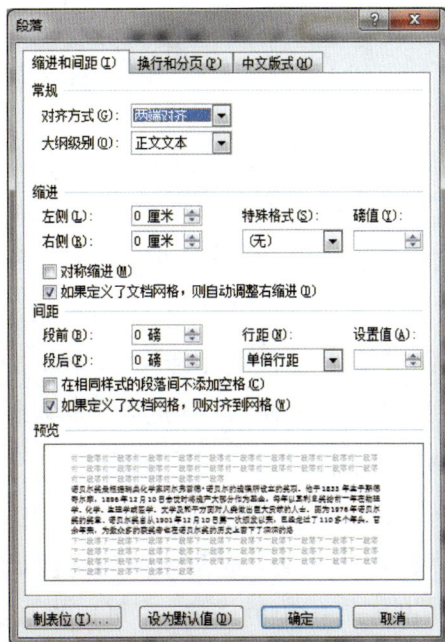

图 1-18　"段落"对话框

4）页面排版

页面排版反映了文档的整体外观和输出效果，包括页眉和页脚、页码、打印文档的纸张大小、页边距、分栏等设置。这主要通过"插入"选项卡的"页眉和页脚"组和"页面布局"选项卡的"页面设置"组来实现。

（1）页眉和页脚。页眉和页脚是指在每一页顶部和底部加入的信息。这些信息可以是文字或图形形式，内容可以是文件名、标题名、日期、页码等，通过"页眉和页脚"工具可以进行设置，如图 1-19 所示。

图 1-19　设置页眉和页脚

（2）分栏。分栏是指对文档进行分栏的排版操作，使得版面更生动、更具可读性。设置入口如图 1-20 所示。

图 1-20　设置分栏与分节

（3）分隔符。分隔符可设置分页符与分节符。"节"是文档格式化的最大单位（或指一种排版格式的范围），分节符是一个"节"的结束符号。分节符类型有"下一页""连续""奇数页""偶数页"等。设置入口如图 1-20 所示。

（4）页面设置。在新建一个文档时，Word 提供了预定义的 Normal 模板，其页面设置适用于大部分文档。当然，用户也可根据需要进行所需的设置，这通过选择"页面布局"选项卡的"页面设置"组打开其对话框，如图 1-21 所示，对话框有如下 4 个选项卡。

① "页边距"选项卡。打印文本与纸张边缘的距离。Word 通常在页边距以内打印正文，包括脚注和尾注，而页码、页眉和页脚等都打印在页边距上。在设置页边距的同时，还可以添加装订边，选择打印方向，等等。

② "纸张"选项卡。选择打印纸大小，用户也可以自定义纸张大小。

③ "版式"选项卡。设置页眉、页脚离页边界的距离，奇、偶页，首页的页眉、页脚内容。还可为每行加行号。

④ "文档网格"选项卡。设置每行、每页打印的字数、行数，文字打印的方向，行、列网格线是否要打印等。

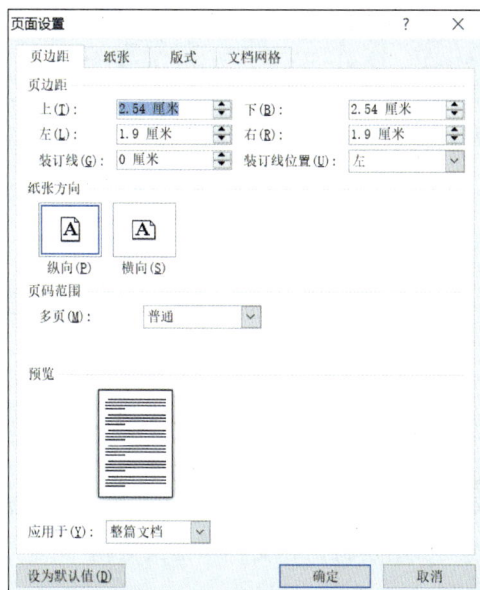

图 1-21　"页面设置"对话框

3. 表格和图文混排

表格和图在电子文档中是必不可少的,表格可以简明、直观地表达一份文件或报告的意思,插入图片使得文档图文并茂。

1) 表格

表格由若干行和若干列组成,行列的交叉称为单元格。单元格内可以输入字符、图形,甚至还可以插入另一个表格。

通过在"插入"选项卡的"表格"下拉列表框中单击相应的按钮可建立表格。在表格建立好后,可向单元格内输入文字、图形等内容,如图 1-22 所示建立了一个 3 行 3 列的空表格。

建立好表格后,可以在表格中输入内容。也可以通过右击调出快捷菜单对表格进行编辑,如增加/删除行、列或单元格,还可以对表格整体及内容格式化,包括字体、对齐方式(水平与垂直)、缩进、设置制表位等,这与文本的格式化操作相同。

2) 图片

插入图片一般通过"图片"按钮选择各种保存的图片文件,"剪贴画"按钮选择系统提供的剪贴画库中的剪贴画。

插入的图片是个整体,对其只能进行整体的编辑,包括用"调整"组进行图片色调改变、"图片样式"组改变图片的外形、"大小"组裁剪和缩放图片等,

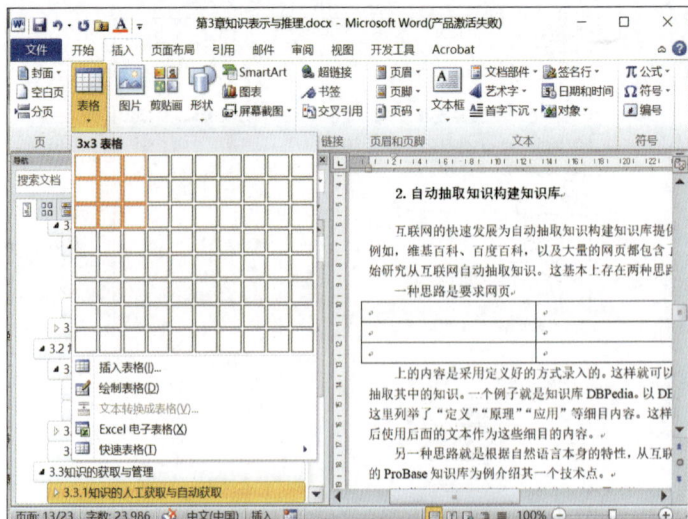

图 1-22　在文档中插入表格

也可以通过快捷菜单的"设置图片格式"命令来实现。图 1-23 是一个图文混排效果的例子。

文档中除可以插入图片，还可以插入绘制图形、艺术字与公式等，图形形状样式设置工具如图 1-24 所示。

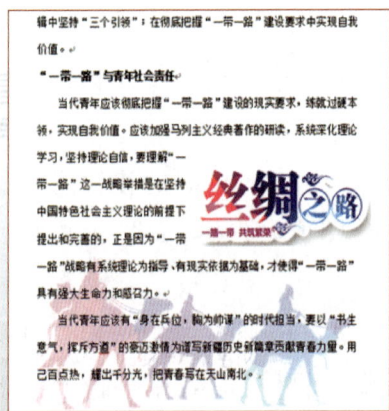

图 1-23　图文混排

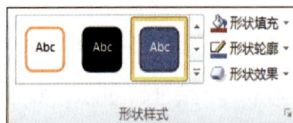

图 1-24　形状样式设置

1.2.2　Excel 电子表格处理

Excel 是 Microsoft Office 系列组件之一，主要用于表格的制作和数据分析处理。它除了可以和 Microsoft Office 其他组件协同工作外，还能与多种数据库或其他同类软件交流信息。

1. Excel 基本概念

Excel 包括 4 个最基本的概念：工作簿(Book)、工作表(Sheet)、单元格、活动单元格，如图 1-25 所示。

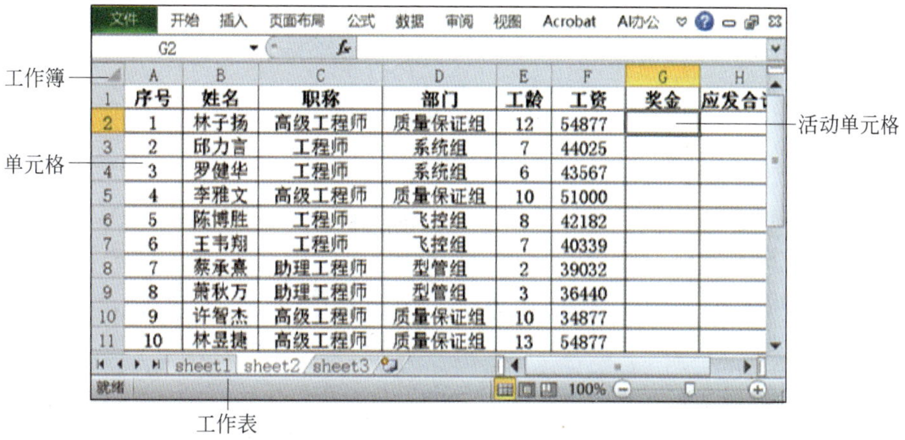

	A	B	C	D	E	F	G	H
1	序号	姓名	职称	部门	工龄	工资	奖金	应发合计
2	1	林子扬	高级工程师	质量保证组	12	54877		
3	2	邱力言	工程师	系统组	7	44025		
4	3	罗健华	工程师	系统组	6	43567		
5	4	李雅文	高级工程师	质量保证组	10	51000		
6	5	陈博胜	工程师	飞控组	8	42182		
7	6	王韦翔	工程师	飞控组	7	40339		
8	7	蔡承熹	助理工程师	型管组	2	39032		
9	8	萧秋万	助理工程师	型管组	3	36440		
10	9	许智杰	高级工程师	质量保证组	10	34877		
11	10	林昱捷	高级工程师	质量保证组	13	54877		

图 1-25　职工表

1）工作簿

在 Excel 中工作簿用来存储并处理工作数据的文件，以 xlsx 为扩展名保存。

2）工作表

工作表是 Excel 窗口的主体，由若干行(行号为 1、2、3、… 自然数序列)、若干列(列号为 A、B、…、Y、Z、AA、AB、…英文字符编码序列)组成。

3）单元格

行和列的交叉为单元格，输入的数据保存在单元格中。每个单元格由唯一的地址标识，即列号行号，例如，“G2”表示第 G 列第 2 行的单元格。为了区分不同工作表的单元格，可在地址前加工作表名称，如 Sheet2!G2 表示 Sheet2 工作表的 G2 单元格。

4）活动单元格

当前正在使用的单元格称为活动单元格，由黑框框住，在图 1-25 中 G2 为活动单元格。

2. Excel 基本操作

1）数据类型及数据输入

在 Excel 中，单元格中存放的数据主要有三种类型，包括数值型、文本型、日期型。

　　数据输入可以人工输入,对有规律的数据可以利用自动填充方式输入。有规律的数据是指等差、等比、系统预定义的数据填充序列以及用户自定义的新序列。自动填充是根据初始值决定以后的填充项。例如,在图 1-26(a)中,选中两个单元格,按住右下方的"＋"填充柄往下拖曳,系统根据默认的两个单元格的等差关系(差值为 2),在拖曳到的单元格内依次填充有规律的数据,效果如图 1-26(b)所示。

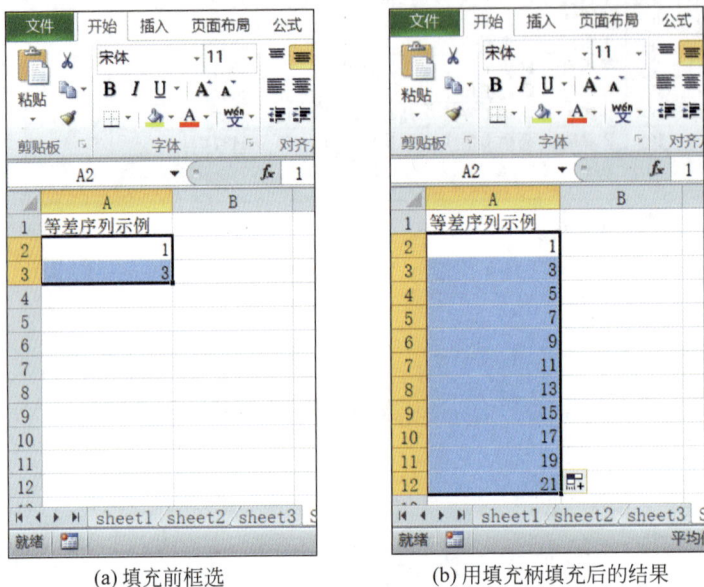

(a) 填充前框选　　　　　　　　(b) 用填充柄填充后的结果

图 1-26　用填充柄输入等差序列数据

　　2) 格式化表格

　　在工作表中输入数据后,就需要对工作表进行修饰,主要有对表格设置边框线、底纹、数据显示方式、对齐等,使得工作表的整体更美观、简洁,有好的视觉效果。

　　一般使用如下三种方式来格式化表格。

　　(1) 使用菜单项设置单元格格式,如图 1-27 所示。

　　(2) 设置条件格式,如图 1-28 所示。

　　(3) 自动套用表格格式,如图 1-29 所示。

3. 公式与函数

　　如果电子表格中只是输入一些数值和文本,文字处理软件完全可以取代

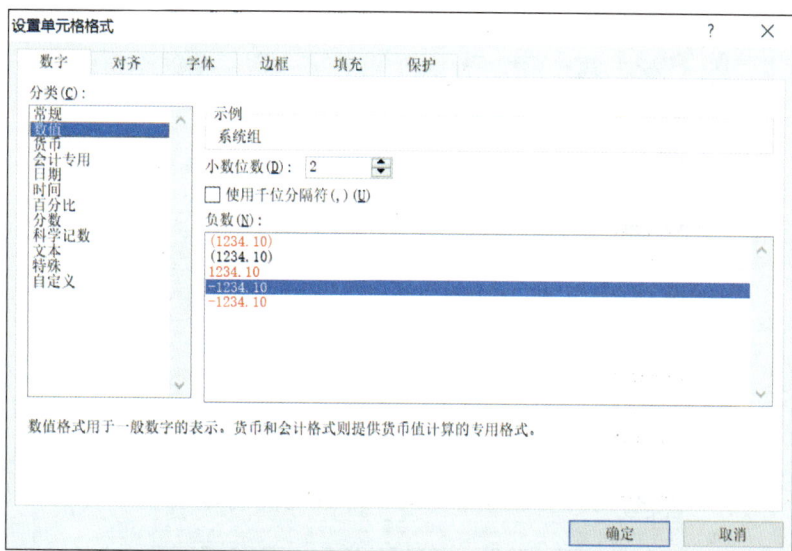

图 1-27　"设置单元格格式"对话框

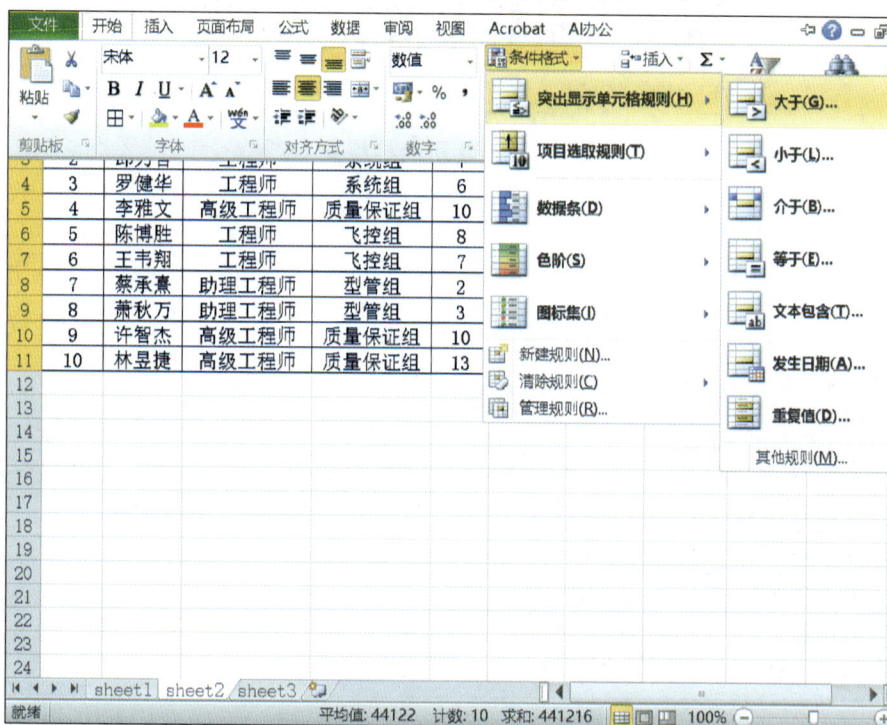

图 1-28　设置条件格式

它。在大型数据报表中,计算统计工作是不可避免的。通过在单元格中输入
公式和函数,可以对表中数据进行总计、平均、汇总以及其他更为复杂的运算。

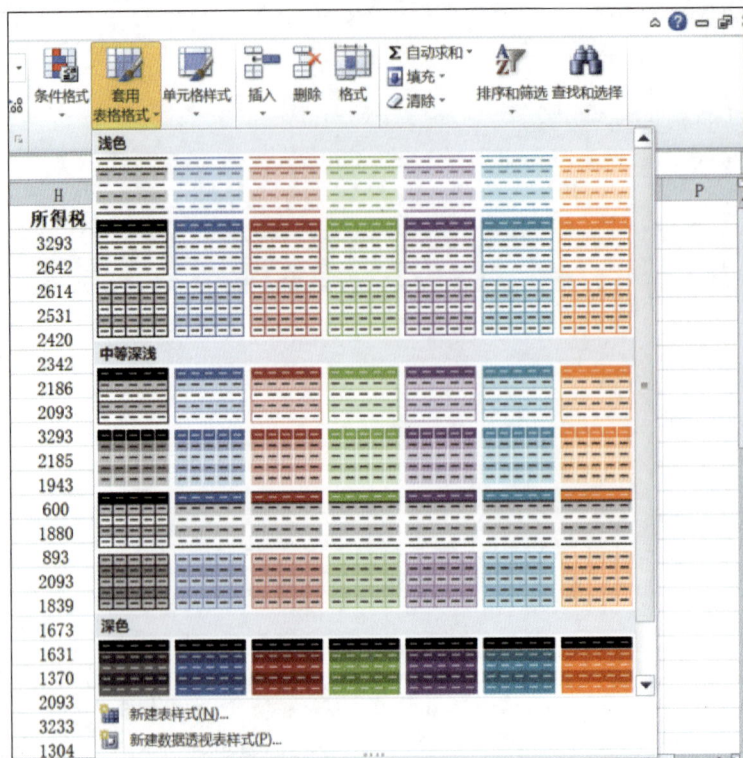

图 1-29　套用表格格式

1）使用公式

Excel 中的公式最常用的是数学运算公式，此外也可以进行一些比较运算、文字连接运算。它的特征是以"＝"开头，由常量、单元格引用、函数和运算符组成，一般在编辑栏中输入。表 1-3 是使用的运算符。

表 1-3　运算符

运算符名称	符号表示形式及意义
算术运算符	＋(加)、－(减)、*(乘)、/(除)、%(百分号)、^(乘方)
文字连接符	&(字符串连接)
关系运算符	＝、＞、＜、＞＝、＜＝、＜＞
逻辑运算符	NOT(逻辑非)、AND(逻辑与)、OR(逻辑或)

【例 1.1】　利用图 1-25 中的职工表计算每位职工的奖金。已知奖金与工龄和工资相关：奖金＝工龄×10 元＋工资×15%。

在编辑栏中对第一个职工的"奖金"单元格输入计算奖金的公式，如"林子扬"职工的奖金计算公式见编辑栏"＝F2 * 0.15＋E2 * 10"，其余人的奖金只要利用自动填充的方式快速完成即可,结果如图 1-30 所示。

图 1-30　公式的使用

2) 使用函数

一些复杂的运算如果由用户自己来设计公式计算将会很麻烦,有些甚至无法做到(如开平方根)。Excel 提供了许多内置函数,对数据进行运算和分析。这些函数涵盖的范围包括财务、日期与时间、数学与三角函数、统计、查找与引用、数据库、文本、逻辑、信息等,如图 1-31 所示。

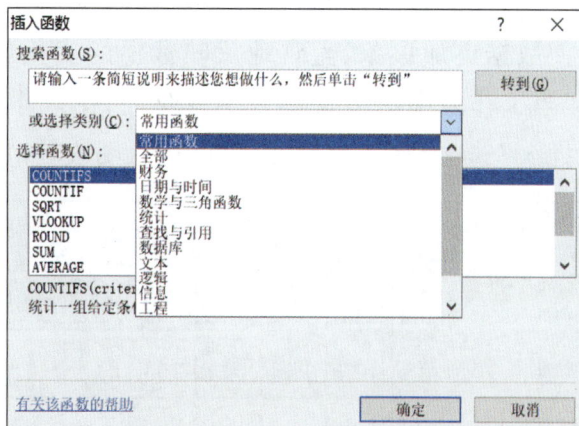

图 1-31　"插入函数"对话框

函数的语法形式如下。

函数名称(参数 1,参数 2,……)

其中,参数可以是常量、单元格、区域、区域名、公式或其他函数。

函数输入有两种方法:通过编辑栏的"插入函数"按钮,在其对话框的提示下选择函数类型、函数名和参数；也可以直接输入函数。

【例 1.2】 对图 1-25 中的职工表利用 SUM()函数对工资和奖金进行求和运算。

调用函数可以使用工具栏中的自动求和完成，在第一行完成后，再通过填充柄向下填充，可以将公式复制到数据末尾处。调用效果如图 1-32 所示。

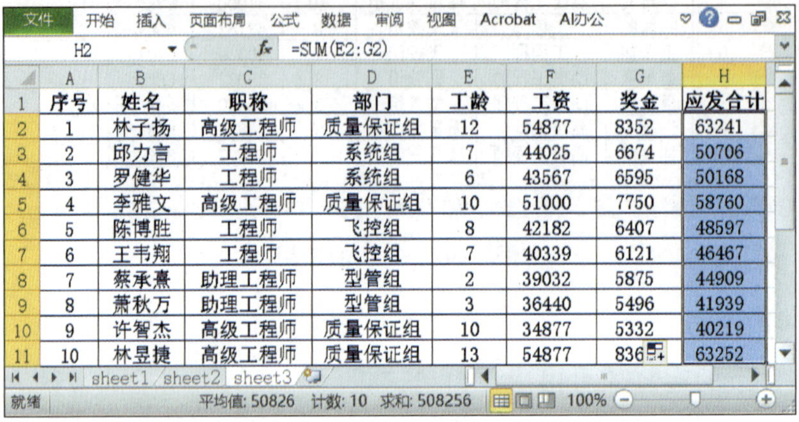

	A	B	C	D	E	F	G	H
1	序号	姓名	职称	部门	工龄	工资	奖金	应发合计
2	1	林子扬	高级工程师	质量保证组	12	54877	8352	63241
3	2	邱力言	工程师	系统组	7	44025	6674	50706
4	3	罗健华	工程师	系统组	6	43567	6595	50168
5	4	李雅文	高级工程师	质量保证组	10	51000	7750	58760
6	5	陈博胜	工程师	飞控组	8	42182	6407	48597
7	6	王韦翔	工程师	飞控组	7	40339	6121	46467
8	7	蔡承熹	助理工程师	型管组	2	39032	5875	44909
9	8	萧秋万	助理工程师	型管组	3	36440	5496	41939
10	9	许智杰	高级工程师	质量保证组	10	34877	5332	40219
11	10	林昱捷	高级工程师	质量保证组	13	54877	836	63252

图 1-32 调用函数

4. 图表

电子表格除了强大的计算功能外，也可以将数据或统计结果以各种统计图表的形式显示，使数据更加形象、直观地反映数据的变化规律和发展趋势，供决策分析使用。当工作表中的数据源发生变化时，图表中对应项的数据也自动更新。通过“插入”选项卡的“图表”组可以插入图表，如图 1-33 所示。

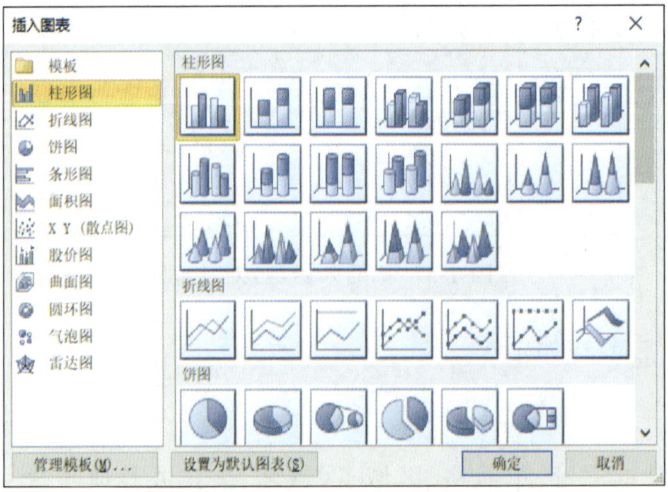

图 1-33 图表类型和子类型

【例 1.3】　根据职工表中每位职工工资生成柱状图。

本例生成图的步骤是先选择数据源,即范围从 B1 到 B10、从 F1 到 F10,再选择图 1-33 中的某一柱状图,即可快速生成所需图表。生成效果如图 1-34 所示。

图 1-34　生成图表

说明:在生成的图表中,默认标题为"工资",水平轴以"姓名"为标签,垂直轴以"工资"数值为标签,右边为图表系列即"工资"。

5. 数据管理

电子表格不仅具有简单数据计算处理的能力,还具有数据库管理的一些功能,它可以对数据进行排序、筛选等操作。

1) 数据排序

电子表格可以根据一列或多列的数据按升序或降序对数据清单进行排序。对英文字母按字母次序(默认大小写不区分),汉字可按笔画或拼音排序。

(1) 单个字段排序

简单排序是指对单个字段按升序或降序排列,一般直接利用"数据"选项卡的"排序和筛选"组中的"排序"按钮来快速实现。

(2) 多个字段排序

当排序的字段值相同时,可使用多个字段进行排序,这可以通过"数据"选项卡的"排序和筛选"组中的"排序"按钮打开其对话框,进行所需排序字段的设置。

【例 1.4】　对职工表按"职称"为第一关键字排序。对职称相同的按"工资"升序排列。进行所要求排序的对话框设置如图 1-35 所示,效果如图 1-36 所示。

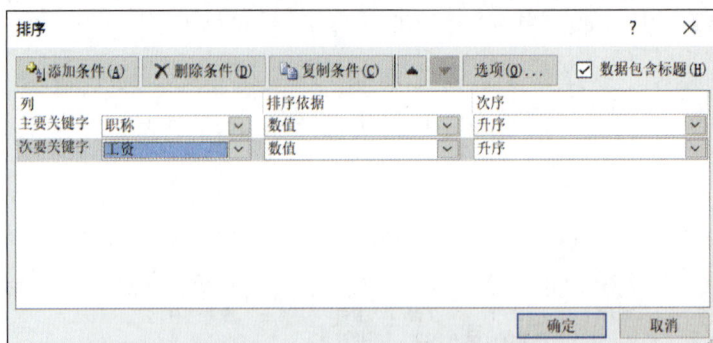

图 1-35 "排序"对话框设置

图 1-36 排序结果

2）数据筛选

筛选就是从数据列表中显示满足条件的数据，不符合条件的其他数据暂时隐藏起来（但没有被删除）。

当单击"数据"选项卡的"排序和筛选"组中的"筛选"按钮后，数据列表处于筛选状态：每个字段旁有一个下拉列表箭头，在所需筛选的字段名下拉列表中选择所要筛选的确切值，或通过"自定义筛选"输入筛选的条件。

若要取消筛选，再单击"筛选"按钮取消筛选状态即可。

【例1.5】 在职工档案表中筛选出工资在45 000元以上的职工。

工资字段筛选必须在下拉列表中的"自定义筛选"来设置，筛选条件设置如图1-37所示，筛选结果如图1-38所示。

Excel的高级数据管理功能有分类汇总与数据透视表（图）等，可以对数据进行更复杂的数据统计分析。

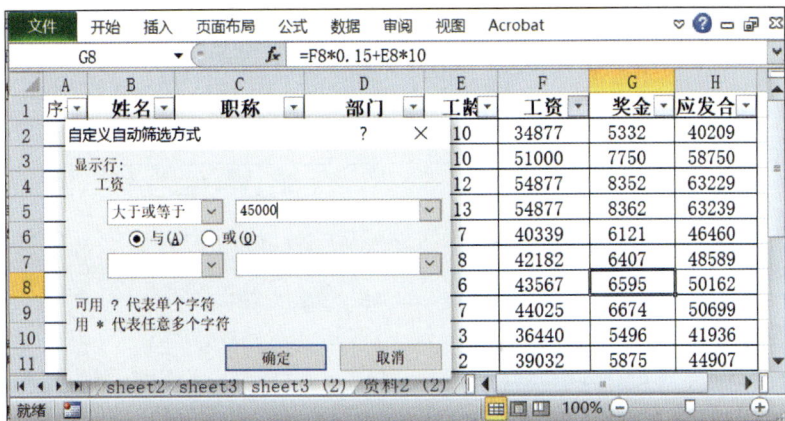

图 1-37　工资范围筛选设置

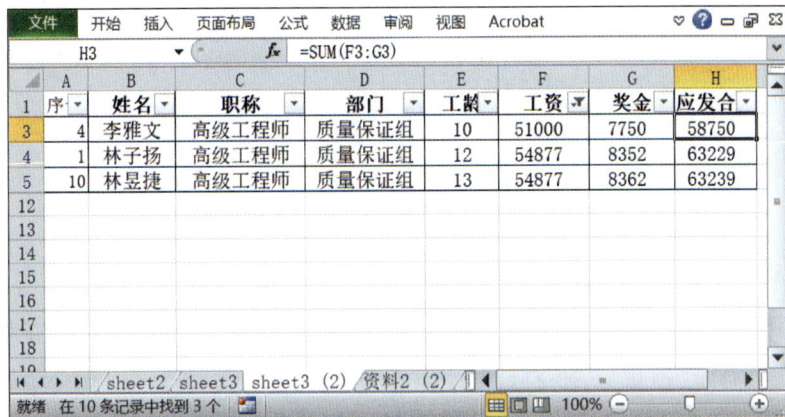

图 1-38　筛选结果

1.2.3　PowerPoint 演示文稿处理

PowerPoint 是 Microsoft Office 系列组件之一,是集文字、图形、动画、声音于一体的专门制作演示文稿的多媒体软件。

1. 建立和保存演示文稿

进入 PowerPoint,系统默认建立一个空演示文稿。也可以通过"文件"选项卡的"新建"命令在"可用模板和主题"列表框中选择"主题",建立具有每张幻灯片风格统一的演示文稿;还可以通过"样本模板"预安装的模板或从 Office.com 网站上下载更多模板来更快速地创建演示文稿。

保存演示文稿默认扩展名为 pptx,也可以通过选择保存扩展名为 ppt,以便在 PowerPoint 2003 中可打开。

要查看建立的演示文稿，PowerPoint 提供的常用视图有普通视图、幻灯片浏览、阅读视图和幻灯片放映，如图 1-39 所示。这可以通过 PowerPoint 界面右下方的视图按钮来切换。

图 1-39　PowerPoint 常用视图

一般在"普通视图"方式下编辑每张幻灯片的内容和格式化；"幻灯片浏览"视图下可以同时浏览多张幻灯片，可方便地删除、复制和移动幻灯片；"幻灯片放映"视图可全屏放映幻灯片，观看动画、超链接等效果，但不能修改幻灯片，按 Esc 键可退出放映视图；"阅读视图"是以非全屏幕方式观看放映效果。

2. 在幻灯片上添加对象

用户在建立幻灯片时通过选择"幻灯片版式"为插入的对象提供了占位符，可以插入所需的各种类型的对象，单击"插入"标签即可选择进入，如图 1-40 所示。

图 1-40　PowerPoint 添加对象工具

PowerPoint 中，文本、图片、表格等对象的插入与编辑与 Word 一样，此处不再赘述。除此之外，PowerPoint 中还有 SmartArt 图形、超链接、视频和音频等对象,这些对象使得演示文稿更加丰富多彩。

1）插入 SmartArt 图形

SmartArt 图形为演示文稿中插入具有设计师专业水准的插图提供了极大的方便,使得演示文稿更有助于人们去记忆或理解相关的内容。单击"SmartArt 图形"按钮,打开该库的窗口,如图 1-41 所示。窗口左边显示图形类型,右边显示该类的图形供选择。

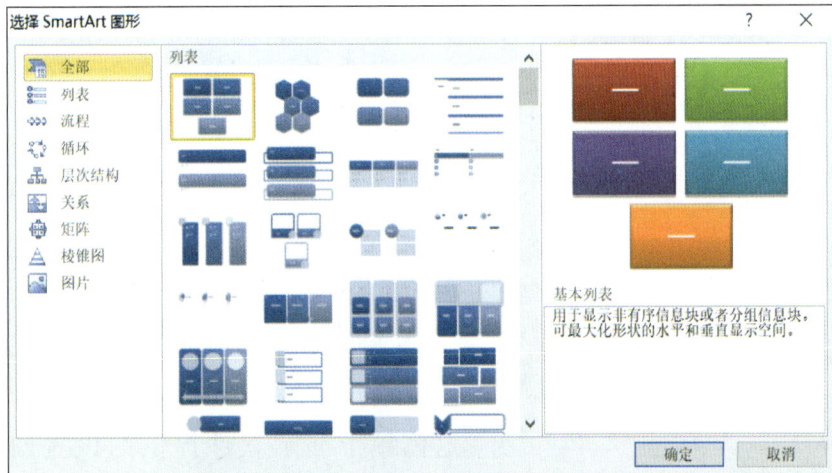

图 1-41　插入 SmartArt 图形

2）插入音频和视频文件

为使放映幻灯片时能同时播放背景音乐,可通过"插入"选项卡的"媒体"组的"音频"下拉列表来选择所需的音频文件。成功插入音频文件后,在幻灯片中央位置以一个插入标记图标显示。

插入影片文件的方法与插入声音的方法相同,通过"视频"下拉列表来选择所需的视频文件。

3）插入超链接

用户可以在幻灯片中添加超链接,然后利用它转跳到同一文档的某张幻灯片上,或者转跳到其他的文档,如另一个演示文稿、Word 文档、网站和邮件地址等。"插入"选项卡的"链接"组提供的"超链接"和"动作"选项提供了两种形式的超级链接。

（1）以下画线表示的超级链接。单击"超链接"按钮,打开"插入超链接"对话框,如图 1-42 所示。

（2）以动作按钮表示的超链接。在"插入"选项卡的"插图"组中,选择"形

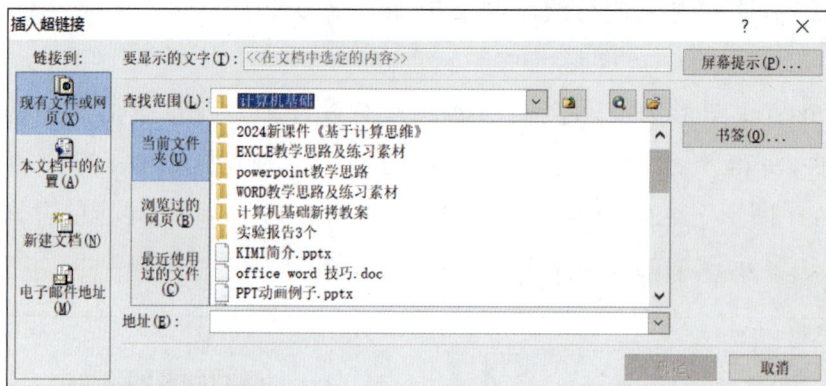

图 1-42 "插入超链接"对话框

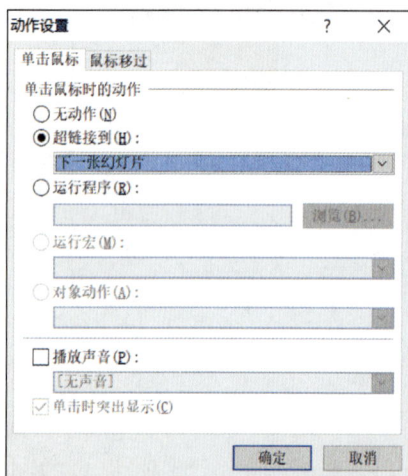

图 1-43 "动作设置"对话框

状"下拉列表中的"动作按钮"选项,选择所需的单选按钮即可,如图 1-43 所示。

3. 美化演示文稿

演示文稿最大的优点之一就是可以快速地设计格局统一又有特色的外观,而这依赖于演示软件提供的设置幻灯片外观功能。设置幻灯片外观的方法主要有三种:母版、主题和背景。

1)母版

一份演示文稿由若干张幻灯片组成,为了保持风格和布局一致,同时也为了提高编辑效率,可以通过"视图"选项卡"母版视图"组的"幻灯片母版"功能设计,如图 1-44 所示。通常需要对幻灯片母版进行以下操作。

图 1-44 幻灯片母版设计

(1)分别设置标题、每一级文本的字体格式、项目符号设置等。

(2)插入要重复显示在多个幻灯片上的图标。

(3)插入以动作按钮表示的统一超链接按钮。

（4）单击"插入"选项卡"文本"组中的"页眉页脚"按钮，在打开的对话框中设置幻灯片的日期、页脚、编号等。

2）主题

主题是一套包含插入各种对象、颜色和背景、字体样式和占位符等的设计方案。利用预先设计的主题，可以快速更改演示文稿的整体外观。

PowerPoint 内置了许多主题，在"设计"选项卡"主题"组下可以查看或选用主题。

3）背景

对于演示文稿的每个主题，PowerPoint 提供了许多种背景颜色、纹理效果和填充效果的选择。用户可以根据需要任意更改幻灯片的背景颜色和背景设计，如删除幻灯片中的设计对象、添加底纹、图案、纹理或图片等，使得演示文稿的设计同时具备高效和个性化。

背景颜色设置可通过"设计"选项卡"主题"组中的"背景样式"按钮，打开其列表，选择所需颜色。对于不同的主题幻灯片，"背景样式"显示所对应的颜色方案。

4. 为幻灯片上的对象设置动画效果

用户可以为幻灯片上插入的各个对象，如文本、图片、表格、图表等设置动画效果，这样就可以突出重点、控制信息的流程、提高演示的趣味性。有两种动画设计方法，即预设动画方案、自定义动画。

1）添加预设动画

预设动画是系统提供的一组基本的动画设计效果，使得用户可以快速地设置在幻灯片内对象的动画效果。

先选中要添加动画的对象，然后单击"动画"选项卡的"动画"组中的快翻按钮，按"进入""强调""退出""动作路径"状态和对应子类选择动画，其中，"动作路径"选项可以指定动画对象运动的轨迹。

2）添加自定义动画

预设动画是由系统设计的动画效果，主要针对标题和正文等，当幻灯片中插入了图片、表格、艺术字等多种类型的对象时，或者要设计个性化的动画效果时，则可使用自定义动画。

（1）设置动画。这可利用"动画"选项卡的"高级动画"组的"添加动画"下拉列表，选择添加动画的效果。

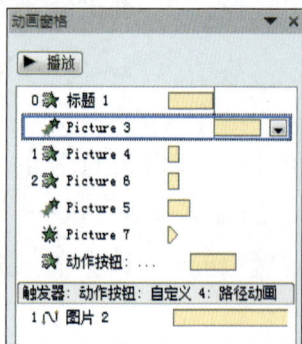

图 1-45　动画窗格

（2）编辑动画。选择"动画窗格"选项打开该窗格，如图 1-45 所示。在该任务窗格中可以看到已经设置的动画效果列表。拖动某个动画效果在列表框中的先后次序，就可以改变在放映时显示的先后顺序；通过"计时"命令，可设置计时、触发其他对象的动画。

5. 演示文稿的播放

创建演示文稿后，用户可以使用"排练计时""录制演示"等方式进行文稿播放的前期工作。可以选择演讲者放映、观众自行浏览、在展台放映等方式设置不同的放映方式。

1.3　计算思维与算法基础

程序设计是计算机专业人员为了解决某个问题、完成某项任务而进行的程序编制活动。面向多个应用领域的高级程序设计语言类型多样，不断迭代，凸显了模块化、简明性和形式化的发展趋势。从结构化程序设计到面向对象的程序设计，体现了人类对现实世界的认识和理解的深化，也折射出通过抽象和自动化完成问题求解的计算思维的本质。

1.3.1　算法与程序设计

算法是解决问题的步骤和方法；程序设计则是算法的具体实现过程，通过编程语言将算法转换为可执行的代码。

1. 数据结构、算法与程序

数据是程序处理的基本对象，为程序设计提供原材料；数据结构是组织和存储数据的方式，是相互之间具有某种或某几种特定关系的数据元素的集合，数据结构包括数据的逻辑结构、数据的存储结构和数据的运算三个方面的内容，其中，数据的逻辑结构包括集合、线性结构、树结构、图结构，它们表达了数据之间多样的线性或者非线性关系。

算法是基于计算思维的解决问题的方法的描述，由一系列操作步骤组成，通过这些步骤的自动执行可以解决指定的问题。解决不同的问题可能需要不同的算法，解决同样一个问题可能有多种算法，算法有 5 个基本特征，即有穷性、确定性、可行性、输入和输出。

从静态的角度看,程序是一系列计算机指令的集合;从动态的角度看,程序是描述一定数据的处理过程。计算机科学家尼古拉斯·沃斯(Niklaus Wirth)提出如下公式。

$$程序=数据结构+算法$$

这个公式揭示了程序和数据结构及算法之间的关系,程序既包含特定关系的数据,也包含体现问题解决过程的算法。

2. 算法的两个要素

用计算机解题前,需将解题方法转换成一系列具体的、在计算机上可执行的步骤,这些步骤能清楚地反映解题方法一步步"怎样做"的过程,这个过程就是算法。

【例 1.6】　求 $1+2+3+\cdots+n$ 的和,描述其算法。

分析:通过循环依次累加从 1 到 n 的每个数(循环累加迭代法)。

实现的算法步骤如下。

步骤 1:输入正整数 n(需确保 n≥1,若 n=0 则和为 0)。

步骤 2:初始化累加和变量 sum=0。

步骤 3:从 i=1 开始,循环执行 sum=sum+i,直到 i=n 时停止。

步骤 4:输出 sum 的值。

步骤 5:结束。

其算法流程图如图 1-46 所示。

由该例可以看到,一个算法由一系列操作组成。而这些操作又是按一定的控制结构所规定的次序执行的。说明算法是由操作与控制结构两个要素组成的。

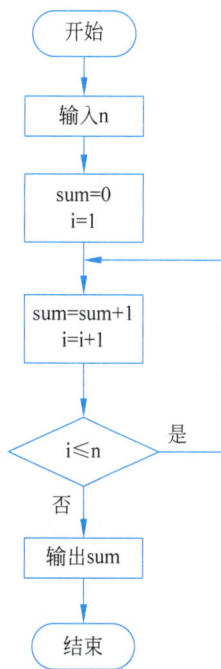

图 1-46　算法流程图

1) 操作

计算机最基本的操作如下。

(1) 算术运算:加、减、乘、除等。

(2) 关系运算:大于、大于或等于、小于、小于或等于、等于、不等于等。

(3) 逻辑运算:与、或、非等。

（4）数据传送：输入、输出、赋值等。

2）控制结构

各操作之间的执行顺序为算法的控制结构，有顺序结构、选择结构、循环结构，称为算法的三种基本结构。用流程图可以形象地描述算法的控制结构，如图 1-47 所示。

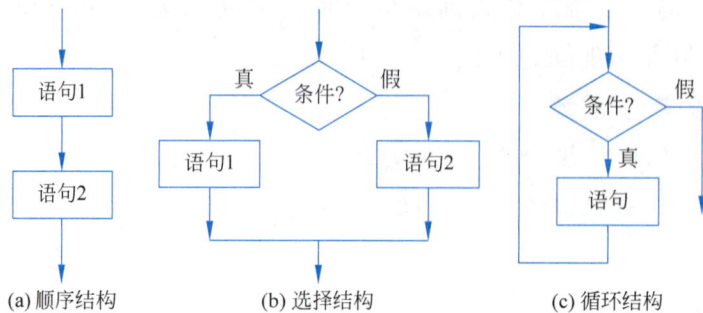

图 1-47　三种程序控制结构

3. 程序设计语言

程序设计语言是用于书写计算机程序的语言，按照程序设计语言与计算机硬件的关联程度，可以分为三类，即机器语言、汇编语言和高级语言。机器语言是计算机能够直接识别的指令的集合，其指令是由以 0 和 1 为基数的二进制代码组成的。汇编语言是对机器语言进行符号化改进的结果，也称为符号语言。机器语言和汇编语言都是低级语言。高级语言是一种采用接近数学语言和自然语言的语法、符号来描述操作的程序设计语言，是一种独立于机器、面向过程或对象的语言。高级语言编写的程序更接近人们认识问题的抽象层次，其运行与具体的机器无关。高级语言面向用户，容易学习使用，如当前热门的高级语言 Python。

程序设计语言的基本功能就是描述数据和对数据的运算，包括三个要素，即语法、语义和语用。语法表示程序的结构或形式，亦即表示构成语言的各个记号之间的组合规律，但不涉及这些记号的特定含义，也不涉及使用者。语义表示程序的含义，亦即表示按照各种方法所表示的各个记号的特定含义，但不涉及使用者。语用表示程序与使用者的关系。

程序设计语言的发展经历了从低级语言到高级语言的过程，现在人们常说的程序设计语言一般都是指高级语言，如 Java、C、C++、Python 等。

4. 程序设计方法

程序设计是通过编写计算机程序来解决某个问题,通常包括确定问题、分析问题、设计算法、程序实现、程序测试和程序维护的过程步骤。从程序设计的演进过程看,程序设计产生了结构化程序设计和面向对象程序设计两种主要方法。

1) 结构化程序设计

结构化程序设计(Structured Programming)是进行以模块功能和处理过程设计为主的详细设计的方法,其主要思想是功能分解并逐步求精,采用顺序结构、选择结构和循环结构三种基本结构。结构化程序设计是过程式程序设计的一个子集,它对写入的程序使用逻辑结构,使得理解和修改更有效更容易,是面向过程方法的改进。结构上将软件系统划分为若干功能模块,各模块按要求单独编程,再由各模块连接,组合构成相应的软件系统。该方法强调程序的结构性,所以容易做到易读易懂。

【例 1.7】　用 Python 语言编程实现求 $1+2+3+\cdots+n$ 的和。

```python
n = int(input("请输入一个正整数 n: "))
sum = 0
for i in range(1, n + 1):
    sum += i
print(f"1 到{n}的累加和为：{sum}")
```

其中,for 语句用于循环控制让 i 从 1 到 n 依次累加到 sum 中。

2) 面向对象程序设计

面向对象程序设计(Object Oriented Programming,OOP)是模拟人类的思维方式,使得软件的开发方法与过程尽可能接近人类认识世界、解决现实问题的方法和过程。它以对象为核心,对象是组成程序的基本模块。该方法认为程序由一系列对象组成。类是对现实世界的抽象,包括表示静态属性的数据和对数据的操作,对象是类的实例化。对象间通过消息传递相互通信,来模拟现实世界中不同实体间的联系。面向对象程序设计达到了软件工程的三个主要目标：重用性、灵活性和扩展性。面向对象程序设计＝对象＋类＋继承＋多态＋消息,其中的核心概念是类和对象。

1.3.2 计算思维

1. 计算思维的概念

人类认识自然的过程经历了从经验积累、理论分析到计算模拟三个阶段。计算机的出现推动了这一进程进入计算时代。计算思维是结合人类思维与计算机能力的新型思维方式，它不同于单纯的数学或工程思维。

2006年，美国学者周以真首次提出计算思维的概念，认为这是运用计算机科学方法解决问题、设计系统、理解行为的过程，核心在于建立问题模型并进行模拟。2010年她进一步指出，计算思维是形式化问题和解决方案的思维过程，其表达方式要能被计算机执行。

计算思维融合了数学解题方法、工程设计方法以及对复杂性、智能和行为的研究方法。其本质在于抽象化和自动化，体现了计算的核心问题：如何实现高效自动执行？

2011年，国际教育组织将计算思维定义为包含以下特征的解题过程。

步骤1：明确问题，借助计算机工具求解。

步骤2：逻辑化组织分析数据。

步骤3：通过建模等方式抽象表达数据。

步骤4：设计算法实现自动化解决。

步骤5：评估方案效果，优化资源配置。

步骤6：推广解决方案到同类问题。

2. 计算思维的特征

计算思维具有以下重要特征。

1）强调概念而非编程

计算思维注重抽象概念的理解，而非简单的编程技能。它要求人们像计算机科学家那样，在多个抽象层次上进行思考。

2）是基础能力而非机械技能

这是现代人必备的基础能力，不同于机械重复的技能。计算思维强调在抽象和自动化过程中的创新应用。

3）属于人类思维方式

计算思维是人类解决问题的途径，不是要人像计算机那样思考。人类发挥创造力，借助计算机解决以往难以处理的问题。

4）融合数学与工程思维

它结合了数学的形式化基础和工程的实践性。计算机科学家既要考虑现实限制，又能设计超越物理世界的系统。

5）重在思想而非产品

计算思维不仅是软硬件产品，更是解决问题的思想方法，影响着日常生活的方方面面。

6）具有普遍适用性

这种思维应该普及所有领域。当它完全融入日常思维时，就能真正发挥作用。

3. 计算思维的问解题决方法

计算思维是每个人都应该掌握的基本能力，不仅限于计算机专业人士。各行各业都需要运用计算思维来发挥计算机的作用。

随着计算机技术的飞速发展，计算机应用早已从最早的数值计算发展到融入各个学科和行业，深刻地影响和改变着人类的思维方式。计算思维成为各个专业利用计算机求解问题的一条基本途径。

要将学科或者行业领域的具体问题通过计算机来解决，一般要经过以下几个必要步骤。

步骤 1：界定问题，明确解题的条件。通过简化复杂现象，抓住问题本质，将隐藏在复杂现象下的必要条件找出来，对问题进行抽象描述。

步骤 2：设计算法。算法具备明确性、有限性、输入输出和可行性等基本特征。建立算法就是要确定问题的数学模型，找出问题的已知条件、要求的目标和两者之间的联系。好的算法应该高效可靠，可以用数学模型、流程图等方式表示。算法设计要考虑执行时间和所需资源，选择最优方案。

步骤 3：程序设计。程序设计是使用某种程序设计语言对算法的具体实现，执行程序就是执行用编程语言表述的算法。程序设计过程包括分析、设计、编码、测试、排错等不同阶段。程序设计一般遵循以下原则。

原则 1：自顶向下。从问题出发，把一个复杂的任务分解成多个易于控制和处理的子任务，子任务还可能做进一步分解，如此重复，直到每个子任务都容易解决为止。

原则 2：逐步求精。将现实问题经过几次抽象（细化）处理，最后到求解域中只是一些简单的算法描述和算法实现问题。即将系统功能按层次进行分解,每一层不断将功能细化,到最后一层都是功能单一、简单易实现的模块。

原则 3：模块化。即将系统划分为独立又相互关联的功能模块。解决一个复杂问题是自顶向下逐层把软件系统划分成一个个较小的、相对独立但又相互关联的模块的过程。

小　结

本章围绕计算思维与计算机基础展开,系统地介绍了计算机系统的相关知识。计算机发展经历了 4 代,其系统由硬件和软件组成,硬件含运算器、控制器、存储器、输入设备及输出设备等 5 大部件,软件分为系统软件与应用软件。信息编码中,数据单位有位、字节等,数制间可相互转换,数据编码包括数值型和非数值型。办公软件部分讲解了 Word、Excel、PowerPoint 的基本操作。计算思维方面,明确其概念、特性及解题步骤。本章内容为后续深入学习计算机知识和培养计算思维奠定了基础。

习　题

1. 计算机发展经历了哪几个阶段？
2. 计算机系统由哪几个部分组成？
3. 什么是数制？常见的数制有哪些？
4. 什么是数据编码？图像数字化的过程是怎样的？
5. 什么是计算思维？

第2章

人工智能基础认知

计算机技术的发展孕育了人工智能(Artificial Intelligence, AI)这一变革性技术,它作为计算机科学的一个分支,致力于模拟、拓展人类智能,其研究领域广泛,包括知识表示与推理、机器学习、自然语言处理、计算机视觉和计算机听觉等。自诞生以来,人工智能的理论和技术不断进步,应用范围日益扩大,未来有望成为人类智慧的"容器"。它能够模拟人的意识和思维过程,虽非人类智能,却具备类似人类的思考能力,甚至可能超越人类智能。人工智能是一门融合计算机科学、认知心理学与哲学思辨的交叉学科,其研究需要多维度知识体系的深度整合。其核心目标是使机器能够胜任传统上需要人类智能才能完成的复杂任务,而这一目标的内涵随着时代变迁而不断演变。

本章将依次介绍人工智能的定义、发展历程、主要研究内容、典型应用,以及伦理问题、原则和治理,旨在为读者提供一个全面的视角,帮助读者更好地理解这一领域。

2.1 人工智能的定义与内涵

本节首先介绍人工智能的定义和四要素,包括数据、算法、算力和场景。接着,深入探讨人工智能的类型及特点,帮助读者全面了解其内涵。

2.1.1 人工智能的定义

人工智能作为一门快速发展的交叉学科,至今尚未形成完全统一的定义。不同学者从多维度阐释了这一领域的核心内涵,下面重点介绍 4 位知名学者(如图 2-1 所示),他们给出的定义分别如下。

美国斯坦福大学的尼尔森(Nils J. Nilsson)教授对人工智能定义为:"人工智能是关于知识的学科——怎样表示知识以及怎样获得知识并使用知识

尼尔逊　　　麦卡锡　　　巴尔　　　费根鲍姆

图 2-1　4 位知名学者

的科学。"

1956 年,美国麻省理工学院的麦卡锡(John McCarthy)教授提出:"人工智能就是要让机器的行为看起来就像是人所表现出的智能行为一样。"

1981 年,巴尔(A. Barr)和费根鲍姆(Edward Albert Feigenbaum)认为,人工智能属于计算机科学的一个分支,旨在设计智能的计算机系统,也就是说,对照人类在自然语言理解、学习、推理问题求解等方面的智能行为,设计的系统应呈现出与之类似的特征。

这些观点共同勾勒出人工智能学科的基本框架——通过计算机软硬件模拟人类智能行为,构建能够完成复杂认知任务的智能系统。

目前,研究者普遍认为,人工智能是研究、开发用于模拟、延伸和扩展人的智能的理论、方法、技术及应用系统的一门新的技术科学。

作为计算机科学的重要分支,人工智能自 20 世纪 70 年代起就被誉为世界三大尖端技术之一(与空间技术、能源技术并列),并在 21 世纪继续保持其前沿地位(与基因工程、纳米科学齐名)。这种持续性突破源于其在理论创新与跨领域应用方面的双重突破:不仅建立了相对完整的学科体系,更在医疗诊断、金融分析、智能制造等众多领域展现出变革性潜力。其研究范畴涵盖计算机实现智能的原理、类脑计算架构设计,以及机器学习、自然语言处理等关键技术,致力于使计算机系统具备更高层次的自主决策与问题解决能力。

值得注意的是,人工智能的发展始终保持着多学科交叉的特性,深度整合计算机科学、认知心理学、哲学和语言学等领域的理论成果,持续拓展人类对智能本质的认知边界。

2.1.2　人工智能的要素

人工智能的发展由四大核心要素共同驱动——数据、算法、算力与场景,四者构成"燃料—中枢—引擎—实验场"的完整闭环,缺一不可。

1. 数据：人工智能的"燃料库"

数据是人工智能的底层支撑,如同燃料为机器学习算法提供训练与优化的"养分"。机器学习模型需通过海量数据"学习"规律,数据的质量、规模与多样性直接影响模型的准确性与泛化能力。随着互联网、物联网与社交媒体的普及,全球数据规模呈指数级增长——有研究指出,人类文明 90% 的结构化与非结构化数据产生于近几年,覆盖文本、图像、语音、视频等多模态形式。这些海量的多源异构数据构成了 AI 的"样本库",为模型训练提供了丰富的"实战经验",是推动 AI 从理论走向应用的关键基础。

2. 算法：人工智能的"大脑中枢"

算法是人工智能的核心规则体系,定义了计算机如何处理数据、提取规律的底层逻辑。从传统统计机器学习到深度学习,算法的迭代推动了 AI 能力的跨越式升级。早期统计机器学习依赖人工设计特征(如提取图像边缘、纹理),需耗费大量专家精力;而深度学习通过多层神经网络实现"从底层到高层"的特征自动学习——例如,在图像识别中,底层神经元学习边缘与颜色,中层组合成形状,高层最终识别物体类别。这种"端到端"的自动特征提取能力,使 AI 成功突破了语音识别、自然语言理解等复杂任务的瓶颈,成为本轮 AI 浪潮的核心驱动力。

3. 算力：人工智能的"动力引擎"

算力是 AI 运行的"动力引擎",决定了数据处理与模型训练的效率上限。深度学习模型需对海量数据进行亿级参数的迭代优化,对计算资源的需求呈几何级增长。早期依赖 CPU 训练时,一个简单模型需耗时数天甚至数周;GPU 的并行计算架构将这一过程提速数十倍,FPGA、ASIC 等定制芯片进一步优化计算密度;分布式计算技术则通过集群协作,将千万块芯片连接成"超级计算机",使大规模模型(如千亿参数大模型)的训练成为可能。算力的持续突破,为 AI 从"实验室"走向"实际应用"提供了坚实的硬件支撑。

4. 场景：人工智能的"价值实验场"

场景是 AI 技术的"落地考场",决定了其实际价值能否转化为社会生产力。不同场景对 AI 的能力需求差异显著:医疗场景需要精准的疾病诊断与治疗方案推荐,依赖 AI 对医学影像、病历数据的深度分析;交通场景需要高效的路径规划与拥堵预测,考验 AI 对实时路况的感知与决策能力;教育场景需要个性化学习路径设计,要求 AI 理解学生认知特点并动态调整教学策略。场景的适配性直接影响技术落地的成败——只有针对具体需求优化算法、匹配算力,AI 才能从"可用"迈向"好用",真正释放技术红利。

四大要素相互依存:数据为算法提供"学习素材",算力为算法运行提供"动力支撑",场景为技术与需求搭建"连接桥梁"。四者的协同进化,正推动人工智能从"感知智能"向"认知智能"跃迁,重塑人类社会的生产与生活方式。

2.1.3 人工智能的类型

人工智能按照能力层级与技术目标可分为弱人工智能、强人工智能(包含通用人工智能)以及超级人工智能三大类型,三者构成从专用工具到通用智能再到超越人类智慧的完整发展路径。

1. 弱人工智能

弱人工智能(Narrow AI)是当前技术成熟且应用广泛的人工智能形态,其核心特征表现为任务专精性与工具属性。这类系统专注于解决特定领域问题(如图像识别、自然语言处理等),但缺乏跨领域迁移能力与自主意识。

从技术实现看,弱人工智能主要依赖机器学习算法(尤其是深度学习),通过大规模标注数据训练模型,在预设任务中表现出高效性与准确性。其典型应用包括计算机视觉领域的人脸识别、物体检测(安防监控)、自然语言处理的智能客服与机器翻译,以及专家系统在医疗诊断与金融风控中的辅助决策。值得注意的是,弱人工智能的"智能"本质上是算法对数据模式的统计学习结果,其决策过程缺乏人类式的逻辑推理与情感理解,且需依赖人类设定的目标函数与数据标注。

尽管弱人工智能的"智能"本质上是算法对数据模式的统计学习结果,其决策过程缺乏人类式的逻辑推理与情感理解,但已深度融入社会生产生活,成为推动数字化转型的关键技术。例如,深度学习驱动的图像识别技术显著提升了安防监控效率,"深度学习+数据"模式更催生了 AI 辅助创作工具,在文学、艺术与新闻编辑领域激发人类创造力。

2. 强人工智能

强人工智能(Strong AI/Artificial General Intelligence,AGI)代表了人工智能技术发展的更高目标,其核心特征是具备通用认知能力与类人智能属性。与弱人工智能的专用性不同,强人工智能旨在构建能像人类一样灵活应对多领域任务的智能系统,拥有自主意识、目标设定与跨领域学习能力,可理解复杂任务逻辑并做出符合人类价值观的决策。

实现强人工智能需突破三大核心难题:构建支持多模态信息融合的统一认知架构、发展自主学习机制(通过少量样本快速掌握新知识),以及解决意识与伦理问题(确保行为符合人类道德准则)。当前研究聚焦于神经符号系统融合、元学习算法开发与多智能体协作机制设计。通用人工智能(AGI)作为过渡阶段,致力于构建具备广泛认知能力的智能系统,成为连接弱人工智能与超级人工智能的关键桥梁。

3. 超级人工智能

超级人工智能(Artificial Super Intelligence,ASI)则是人工智能技术发展的终极形态,其核心特征表现为智力水平全面超越人类,在科学创造、艺术创作、情感理解与社交互动等所有领域均展现出远超人类的能力。这种智能系统不仅拥有超越人类大脑的计算速度与知识存储能力,还能通过自我迭代实现技术奇点,形成指数级的智能跃迁。

其潜在影响包括彻底改变生产领域(破解能源、医疗等重大难题)、重塑社会结构(重构就业市场与经济体系),甚至重新定义"人类"存在意义。哲学争议与伦理讨论聚焦于技术可控性:部分学者主张抢占科技制高点,更多研究者呼吁建立全球安全框架(如设计不可篡改的目标函数、构建人机协作监督机制)。

4. 三类人工智能类型之间的关系

三类人工智能构成从"量变"到"质变"的演进链条:弱人工智能为强人工智能提供数据基础与算法验证平台,强人工智能是实现超级人工智能的必经阶段。跨学科协作(神经科学、哲学、计算机科学)是关键驱动力。

未来,随着技术进步,人工智能将从专用工具发展为通用智能系统,最终迈向超越人类智慧的新阶段。如何平衡技术创新与伦理风险,确保技术服务于人类福祉,将成为长期课题。

2.1.4　人工智能的特点

人工智能的独特魅力源于其多维度的能力特点,这些特点既体现了技术的先进性,也展现了与传统计算模式的本质差异。下面将从 5 个关键维度解析人工智能的特点,感受其如何重塑人类与技术的交互方式。

1. 模拟人类智能行为

人工智能最引人入胜的特性在于其对人类认知能力的创造性模仿。这种模仿不是简单的功能复制,而是通过算法重构人类智能的核心要素。在"学习"这个维度上,人工智能展现出三种截然不同的成长路径:监督学习如同人类在老师指导下学习,通过大量标注数据掌握分类规则;无监督学习则像人类自主探索世界,在没有标准答案的数据中发现隐藏规律;强化学习更像是人类在试错中积累经验,通过环境反馈不断优化决策策略。

推理能力的演进则体现了人工智能对逻辑思维的独特诠释。基于规则的推理系统如同严格遵守操作手册的技师,每一步决策都有明确的依据;而概率推理则像经验丰富的侦探,能在信息不完整的情况下做出最可能的判断。这种刚柔并济的推理方式,使人工智能既能保证确定性任务的准确性,又能处理充满不确定性的现实问题。

感知能力的突破尤其令人惊叹。计算机视觉让机器拥有了"火眼金睛",不仅能识别物体,还能理解场景;语音识别技术则赋予机器"顺风耳",能准确捕捉人类语音的细微变化。这些感知能力的组合应用,正在创造出一个机器与物理世界深度互动的新纪元。

2. 高效的数据处理能力

在数据洪流时代,人工智能展现出惊人的数据处理能力,这种能力源于其独特的计算哲学。面对海量数据,传统计算机可能束手无策,但人工智能却能游刃有余。金融领域的反欺诈系统能在瞬间分析数百万笔交易,从中识别出异常模式;搜索引擎则能在眨眼间从数十亿网页中找出最相关的内容。这种数据处理效率的提升,不仅改变了商业运作模式,更重塑了人类获取信息的方式。

并行计算的革命性突破为这种高效处理提供了技术保障。GPU的广泛应用如同给人工智能装上了"千手观音",让多个计算任务能同时进行;分布式计算框架则像组建了一支"超级计算军团",将庞大的计算任务分解到成千上万台计算机上协同完成。这种计算能力的跃升,使人工智能能够挑战以前被认为不可能完成的任务。

3. 适应性与灵活性

人工智能的魅力还在于其强大的环境适应能力。在制造业,它能化身"质检专家",以超越人类的精度检测产品缺陷;在医疗领域,它又变成"辅助医生",帮助解读复杂的医学影像;在农业中,它则成为"数字农夫",通过分析卫星图像优化种植方案。这种跨行业的适应性,展现了人工智能技术的强大通用性。

更令人称奇的是其自我进化能力。语言模型可以像海绵吸水一样吸收新词汇和新表达方式；图像识别系统能通过持续学习提高对罕见物体的识别率。这种持续进化的特性，使人工智能系统不会因技术落后而被淘汰，而是能够与时俱进，不断拓展应用边界。

4. 自主性与可扩展性

在特定场景下，人工智能已展现出令人瞩目的自主决策能力。自动驾驶汽车能在复杂路况中做出实时驾驶决策；智能机器人可以自主规划工作流程，高效完成复杂任务。这种自主性不是简单的预设程序执行，而是基于实时环境感知的动态决策过程。

系统的可扩展性设计则为其未来发展预留了无限可能。模块化架构允许开发者像搭积木一样组合不同功能组件；云计算平台则提供了近乎无限的计算资源。这种弹性设计理念，使人工智能系统能够从容应对从简单任务到复杂系统的全方位挑战。

5. 精确性与稳定性

在精度要求极高的领域，人工智能的表现往往令人惊艳。医学影像分析系统的诊断准确率已接近甚至超过资深专家；金融风险预测模型能捕捉到人类分析师容易忽略的细微风险信号。这种精确性不仅提高了工作效率，更在关键时刻避免了重大损失。

运行稳定性则是人工智能走向大规模应用的关键保障。先进的语音识别系统能在嘈杂环境中准确捕捉用户指令；自动驾驶系统能应对各种极端天气条件。这种全天候、全场景的稳定表现，使人工智能技术能够真正融入人类生活的方方面面。

这些特点共同构成了人工智能技术的独特优势，使其成为推动社会变革的重要力量。随着技术的持续发展，人工智能必将在更多领域展现其非凡价值，为人类创造更加美好的未来。

2.2　人工智能的发展历程

人工智能的发展历程是一段充满探索与突破的旅程。本节将简述人工智能从 1956 年达特茅斯会议至今的关键发展节点与技术突破历程。

2.2.1　图灵测试与起源

1950 年的春天,英国数学家艾伦·图灵(如图 2-2 所示)在"计算机器与智能"这篇划时代论文中,向人类抛出了一个看似简单却震撼整个科学界的问题:"机器能思考吗?"这个问题犹如投入平静湖面的石子,激起的涟漪至今仍在人工智能领域扩散。当时计算机科学尚在襁褓之中,图灵却以哲学家般的敏锐与数学家式的严谨,为这个新生领域勾勒出了第一道思想边界。

图 2-2　艾伦·图灵

1. 图灵测试:一场精心设计的对话游戏

在论文中,图灵没有直接回答这个哲学难题,而是设计了一个精妙的思维实验——后来被称为"图灵测试"的验证方法,如图 2-3 所示。

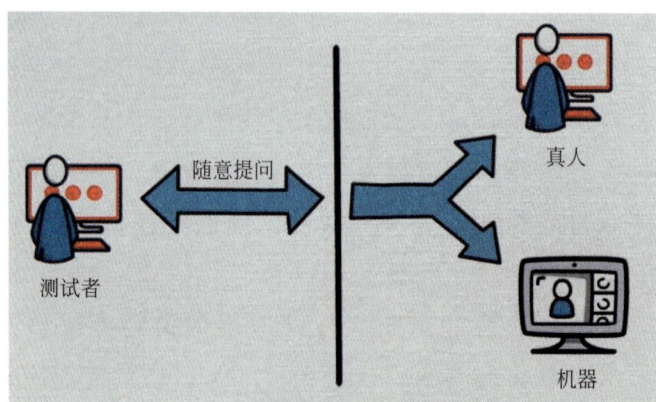

图 2-3　图灵测试

图灵测试的场景设定充满戏剧性:在一个封闭的房间里,测试者通过键盘与两个被隔离的对象进行文字交流,其中一个是真人,另一个是机器。测试者不知道对方的身份,只能通过提问和对方的回答来判断谁是人、谁是机器。这个过程就像一场跨越次元的猜谜游戏,测试者需要从字里行间捕捉线索,辨别对话者的真实身份。

图灵提出,如果在多次测试中,机器能让超过 30% 的测试者产生误判——即把机器当成真人——那么这台机器就通过了测试,被认为具备了人类智能。这个 30% 的阈值并非随意设定,而是图灵基于对人类认知规律的深刻理解做出的科学判断。它既不过于严苛,也不过分宽松,为人工智能的发展设定了一个既具挑战性又可实现的目标。

2. 思想深处的哲学交锋

图灵测试的提出引发了持续至今的哲学争论。支持者认为,智能的本质在于行为表现而非内在机制,只要机器能表现出类似人类的智能行为,就应当被视为具有智能。反对者则质疑,仅凭语言交流无法判断机器是否真正"理解"对话内容,这种测试可能只是模拟智能而非实现智能。

这场争论触及了人类认知的核心问题:什么是真正的智能? 意识与思维的本质是什么? 机器能否拥有自我意识? 这些问题的答案不仅关乎人工智能的发展方向,更涉及对人类自身本质的理解。图灵测试就像一面棱镜,将这些问题折射成绚丽多彩的思想光谱,激发了后世哲学家、科学家和工程师的持续探索。

3. 历史回响与当代启示

如今回望图灵的远见卓识,我们不禁为他的前瞻性所折服。在计算机尚未普及的年代,他就预见了机器可能具备智能的可能性,并设计了验证方法。虽然现代人工智能已经发展出远超图灵时代的复杂系统,但图灵测试的核心思想——通过行为观察评估智能水平——仍然具有重要的指导意义。

当代人工智能研究者仍在不断改进图灵测试的形式,开发出更复杂的评估标准。从简单的文本对话到多模态交互,从单一任务到综合能力测试,图灵测试的精神在新时代获得了新的诠释。它提醒我们,无论技术如何进步,对智能本质的思考始终是人工智能发展的基石。

图灵测试不仅是一个科学实验方案,更是一场跨越时空的思想对话。它连接了过去与未来,连接了哲学与科学,连接了人类对自身的认知与对机器的想象。在这个 AI 技术日新月异的时代,重读图灵的论文,我们依然能感受到那份对未知的好奇与探索的勇气,这正是推动人工智能不断前进的原动力。

2.2.2　人工智能的诞生

1956 年盛夏的新罕布什尔州,达特茅斯学院数学系大楼的会议室里,10 位来自不同领域的天才学者正在展开一场将彻底改变人类未来的思想交锋。窗外是绿意盎然的常春藤与斑驳阳光,室内则是思维碰撞的火花四溅。这场持续两个月的学术讨论会,表面上只是学术圈的一次普通聚会,实则孕育了改变人类文明进程的种子——现代人工智能学科就此诞生。

1. 群星闪耀的创始团队

参加讨论会的 10 位科学家分别是：约翰·麦卡锡（John McCarthy）、马文·明斯基（Marvin Minsky）、克劳德·香农（Claude Shannon）、雷·索洛莫诺夫（Ray Solomonoff）、艾伦·纽厄尔（Allen Newell）、赫伯特·西蒙（Herbert Simon）、阿瑟·塞缪尔（Arthur Samuel）、奥利弗·塞尔弗里奇（Oliver Selfridge）、纳撒尼尔·罗彻斯特（Nathaniel Rochester）、特伦查德·莫尔（Trenchard More）。如图 2-4 所示为达特茅斯会议参会人员。

John McCarthy　　Marvin Minsky　　Claude Shannon　　Ray Solomonoff　　Allen Newell

Herbert Simon　　Arthur Samuel　　Oliver Selfridge　　Nathaniel Rochester　　Trenchard More

图 2-4　达特茅斯会议参会人员

参与这场历史性会议的 10 位先驱者，各自带着独特的研究背景与思想锋芒。

约翰·麦卡锡是会议发起人，后来被誉为"人工智能之父"，他提出的 LISP 语言成为 AI 研究的基石，1971 年获得图灵奖。

马文·明斯基是认知科学与人工智能领域的另一位巨擘，其神经网络研究为深度学习埋下伏笔，1969 年获得图灵奖。

克劳德·香农是信息论创始人，将通信理论引入机器智能研究。

艾伦·纽厄尔与赫伯特·西蒙开发了逻辑理论家程序，首次证明机器可以模拟人类高级思维，1975 年获得图灵奖。

阿瑟·塞缪尔是机器学习领域的先驱，其开发的跳棋程序开创了自学习的先河。

2. 历史性时刻：术语的诞生

在这场充满咖啡香与烟蒂的讨论中，一个注定载入史册的时刻到来了。约翰·麦卡锡在白板上写下了"Artificial Intelligence"这个全新的术语，简洁而有力地定义了这个即将改变世界的新兴领域。这个词汇的诞生不仅解决了此前"机器智能""复杂信息处理"等表述的模糊性，更为后续研究提供了明确的学科边界。

会议讨论的内容远比名称本身更为深远。学者们不仅探讨了逻辑推理、自然语言处理等具体技术方向，更触及了机器学习、神经网络等基础理论框架。雷·索洛莫诺夫提出的通用问题求解算法，艾伦·纽厄尔展示的逻辑理论家程序，这些突破性成果都在会议上首次亮相并引发热议。

3. 学科奠基：从理论到实践

达特茅斯会议的意义远不止于提出一个新名词。会议确立了人工智能研究的 5 大核心方向：一是自动推理，即如何让机器进行逻辑演绎与归纳；二是机器学习，即计算机如何通过经验改进自身性能；三是知识表示，即如何有效存储与运用知识；四是自然语言处理，即机器如何理解与生成人类语言；五是计算机视觉，即机器如何"看"世界。

这些方向至今仍是 AI 研究的主干领域。会议还提出了"用计算模型模拟人类智能"的基本方法论，为后续研究奠定了方法论基础。更重要的是，达特茅斯会议开创了跨学科合作的研究范式——数学家提供形式化工具，心理学家贡献认知模型，工程师负责系统实现，这种协同创新的模式成为后来 AI 发展的标准配置。

4. 里程碑意义：元年诞生

1956 年因此被公认为"人工智能元年"，达特茅斯会议则被誉为"AI 的创世纪"。这次会议不仅为新兴学科命名，更构建了完整的研究框架，吸引了后续数十年的持续投入。虽然当时计算机性能极其有限（会议使用的计算机内存仅以 KB 计），但先驱者们展现出的远见卓识令人惊叹——他们准确地预见了 AI 将成为 21 世纪最具变革性的技术之一。

会议的影响如同投入历史长河的巨石，激起的涟漪持续扩散至今。它直接催生了麻省理工学院、斯坦福大学等顶尖学府的 AI 实验室，推动了美国国防高级研究计划局等机构对 AI 研究的长期资助，最终形成了今天价值万亿美元的 AI 产业生态。每当新一代 AI 技术取得突破时,我们总能从中看到达特茅斯会议精神的延续——用跨学科智慧探索智能的本质,以大胆想象引领技术创新。

　　站在今天的视角回望,达特茅斯会议最珍贵的遗产或许不是某个具体技术突破,而是那种敢于想象未来的勇气与跨界合作的智慧。在通用人工智能(AGI)成为新目标的今天,这种精神依然闪耀着指引前路的光芒。

2.2.3 人工智能的发展阶段

　　人工智能的发展历程犹如一部跌宕起伏的技术进化史,从 1956 年达特茅斯会议至今,大致经历了 6 个标志性阶段,每个阶段都呈现出独特的技术特征与应用形态,如图 2-5 所示。

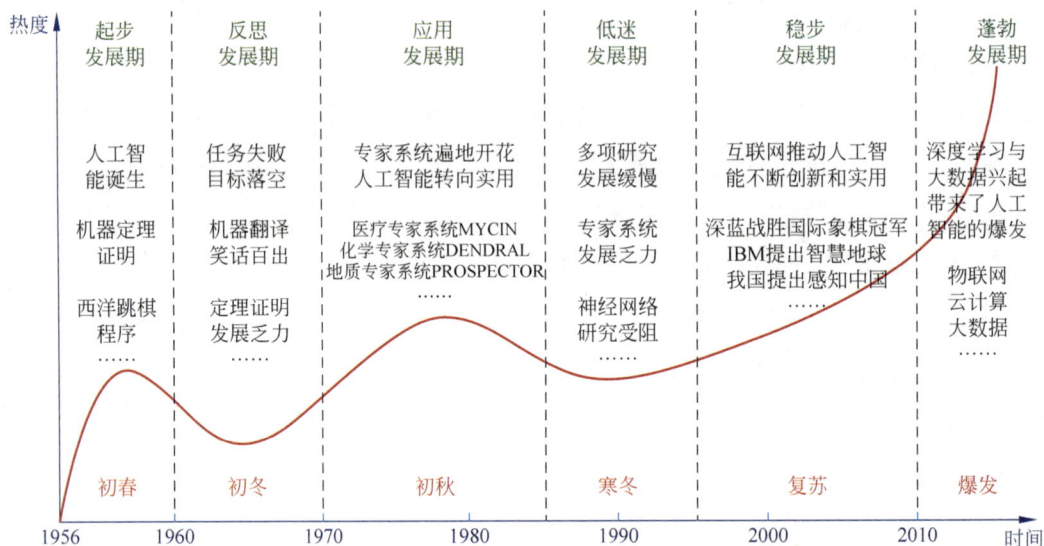

图 2-5　人工智能的发展历程

1. 起步发展期:1956 年至 20 世纪 60 年代初

　　1956 年达特茅斯会议召开以来,这个时期虽处于人工智能的萌芽阶段,却诞生了奠定学科基础的关键成果。

　　1952 年,IBM 公司的阿瑟·塞缪尔——后来被誉为"机器学习之父"——开发出一款具有划时代意义的西洋跳棋程序,如图 2-6 所示。这款革命性程序突破了当时计算机只能执行预设指令的局限,能够通过观察棋局变化自主构建新的策略模型,持续优化自身的对弈技巧。在塞缪尔与程序进行的数百

图 2-6 塞缪尔设计的跳棋程序

场对弈中，一个令人惊叹的现象逐渐显现：随着对局次数的累积，程序的棋艺呈现出明显的进步趋势，展现出类似人类学习的适应能力。

这一突破性成果彻底颠覆了"机器无法超越人类，不能像人一样写代码和学习"的传统认知。基于这项开创性工作，塞缪尔在 1956 年正式提出"机器学习"这一重要概念，并精辟地将其定义为"机器学习是在不直接针对问题进行编程的情况下，赋予计算机学习能力的一个研究领域"。这一定义不仅为新兴学科指明了方向，更预示着一个全新研究领域的诞生。

1954 年，乔治敦大学与 IBM 合作，在 IBM-701 计算机上完成了史上首次英俄机器翻译实验，向世界展示了自动翻译的可能性，由此开启了机器翻译这一研究领域。然而 1966 年，美国科学院 ALPAC 委员会发布报告全盘否定机器翻译的可行性，认为基于统计经验的方法永远无法真正理解无限变化的语言系统。这份报告导致机器翻译研究陷入长达 10 年的低谷期，却意外地为自然语言处理开辟了新的发展路径——促使研究者跳出统计框架，转而探索更本质的语言规律与计算模型。

这些开创性工作如同黑暗中的萤火，既展现了机器模拟人类智能的潜力，也暴露了技术边界的现实制约，却在全球范围内点燃了学术界对人工智能的探索热情。

2. 反思发展期：20 世纪 60 年代至 20 世纪 70 年代初

人工智能发展初期的技术瓶颈犹如一道道难以逾越的鸿沟，让整个领域陷入了前所未有的困境。由于词汇量的匮乏和语法规则的缺陷，机器翻译的结果常常令人啼笑皆非。例如，当把"心有余而力不足"的英语句子"The spirit is willing but the flesh is weak"翻译成俄语，然后再翻译回来时竟变成了"The wine is good but the meat is spoiled",即"酒是好的,但肉变质了"。这种荒诞的翻译结果完全背离了原文的语义和文化内涵。美国国防部原本对机器翻译寄予了厚望,投入了大量的资金和资源进行研究。然而,面对如此糟糕的翻译质量,国防部最终不得不终止了对机器翻译项目的资助。这一决定无疑给机器翻译研究带来了沉重的打击,让该领域的研究陷入了低谷。

通用问题求解器虽然在简单规划任务中表现尚可,能够按照预设的规则和算法完成一些基本的任务。但是,当面对现实世界中复杂多变的问题时,它的局限性就暴露无遗了。其计算复杂度随问题规模呈指数级增长,这意味着随着问题的复杂程度不断增加,所需的计算资源和时间也会急剧增加。在实际应用中,现实世界的问题往往是极其复杂和庞大的,通用问题求解器根本无法在合理的时间内得出有效的解决方案。它就像一个不堪重负的机器,在复杂问题的压力下逐渐崩溃。通用问题求解器(GPS)难以处理现实世界的不确定性,1973年,英国 *Lighthill* 报告指出 AI 研究存在"高投入低产出"问题,导致多国政府大幅削减经费,AI 发展进入首次低谷。

这些挫折就像一盆盆冷水,浇灭了人们对人工智能过高的期望。然而,它们也促使学界开始深刻反思技术路径。学者们逐渐认识到,仅依靠现有的技术和方法无法实现真正的人工智能。这种反思为后续研究模式的转型埋下了伏笔,推动着人工智能领域朝着新的方向发展。

3. 应用发展期:20 世纪 70 年代初至 20 世纪 80 年代中

这是人工智能从理论走向实践的关键转折点。这一时期,专家系统作为核心技术突破,通过构建特定领域的规则库,成功模拟了人类专家的决策过程,实现了人工智能从通用推理研究向专业化应用的跨越式发展。在医疗诊断领域,MYCIN 系统整合了 500 余条医学专业知识规则,能够针对血液感染疾病提供专业级的诊断建议;化学领域的 DENDRAL 系统则通过分析质谱数据,实现了分子结构的智能推断,这些突破性应用标志着 AI 技术开始在专业场景中展现实用价值。

与此同时,中国学术界也开始了 AI 研究的早期探索,数学家吴文俊将计算机技术与数学定理证明相结合,开创了具有国际影响力的"吴方法",为数学机械化研究开辟了新路径。尽管当时国内研究者为避免概念混淆,更多地使用"智能模拟"这一术语,但相关研究已实质性地触及了人工智能的核心领域。1986 年,中国正式启动"863 计划",其中智能计算机主题(863-306)成为推动 AI 发展的重要引擎,该计划在高性能计算、智能接口技术等方面取得了一系列突破,不仅成功研制出"曙光一号"超级计算机,后续还推出了"曙光1000"系统,显著缩小了中国与发达国家在计算技术领域的差距,为中国人工智能发展培养了首批专业人才,奠定了坚实的技术基础。

这一时期,专家系统在医疗诊断、工业检测等领域的成功应用,配合中国在基础研究方面的突破,共同推动了人工智能走向第一个规模化应用高潮。

4. 低迷发展期:20 世纪 80 年代中至 20 世纪 90 年代中

这一阶段见证了人工智能技术从过度乐观到理性回归的转折过程。专家系统虽然在前期取得了一定成功,但随着应用范围的扩大,其固有缺陷日益凸显:知识获取严重依赖人工编码,形成了效率低下的"知识工程师"瓶颈;刚性推理机制难以适应模糊信息的处理需求;静态规则库缺乏自主学习能力,每次更新都需要专业人员手动干预。这些技术局限性导致专家系统难以扩展到更广泛的领域,其应用价值受到严重制约。

与此同时,中国学术界虽在医疗诊断、工业故障检测等领域尝试部署专家系统并取得初步成效,但也面临着应用场景狭窄、常识推理缺失、与现有信息系统兼容性差等多重挑战,这些问题共同导致了专家系统发展陷入困境。

在技术探索方面,人工神经网络研究开始受到学界关注,Rumelhart 于1986 年提出的反向传播算法为网络训练提供了理论基础,研究人员尝试将神经网络应用于模式识别、图像处理等前沿领域,探索通过模拟生物神经元连接方式实现智能处理的可能性。然而受限于当时计算机硬件水平(主流 CPU主频不足 10MHz)与理论框架的不完善,神经网络研究进展缓慢,尚未形成具有实用价值的技术突破,人工智能发展整体进入相对低迷的调整期。

5. 稳步发展期:20 世纪 90 年代中至 2010 年

这是人工智能技术从理论探索向产业应用过渡的关键阶段。这一时期,互联网的普及与计算能力的显著提升为 AI 发展提供了坚实基础,推动技术逐步走向实用化。1997 年,IBM 研发的深蓝超级计算机在国际象棋比赛中击败世界冠军卡斯帕罗夫,如图 2-7 所示,这一里程碑事件标志着 AI 在特定领域的计算智能已超越人类顶尖水平。2008 年,IBM 提出"智慧地球"战略构想,2009 年我国提出"感知中国"概念,为 AI 与物联网技术的融合发展指明了方向。

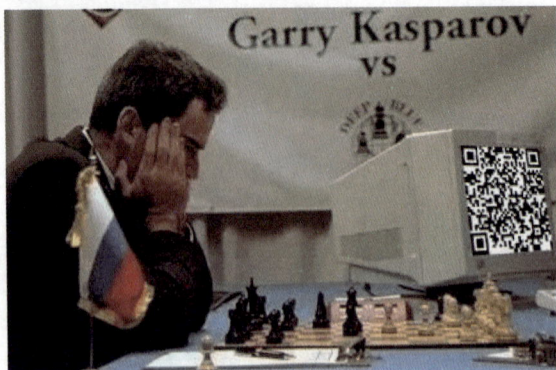

图 2-7 1997 年深蓝战胜国际象棋世界冠军

在应用层面,智能安防领域开始大规模部署人脸识别和视频监控系统,显著提升了公共场所的安全防范能力;金融行业将 AI 算法应用于风险评估和信用评级,革新了传统金融服务模式;农业和制造业则通过引入 AI 技术优化生产流程、提高质量控制精度,实现了产业效能的显著提升。这些标志性事件和应用实践共同表明,人工智能已突破实验室局限,开始在多个行业领域产生实质性影响,为后续的技术爆发奠定了坚实基础。

6. 蓬勃发展期:2011 年至今

蓬勃发展期标志着人工智能技术进入全面爆发阶段。这一时期,大数据积累、云计算基础设施完善与图形处理器算力革命的协同效应,成功跨越了 AI 科学与应用之间的"技术鸿沟"。深度神经网络技术的突破性进展尤为显著,以 TensorFlow、PyTorch 为代表的深度学习框架日益成熟,推动图像分类任务错误率从 2012 年前的 26% 急剧下降至 3% 以下,展现了算法性能的质的飞跃。

2016 年,AlphaGo 战胜人类围棋冠军李世石,如图 2-8 所示,不仅验证了强化学习在复杂决策问题上的优越性,更成为 AI 发展史上的标志性事件。

中国政府精准把握技术发展趋势,通过《中国制造 2025》(2015)将人工智能确立为重点发展领域,并在《"十三五"国家科技创新规划》(2016)中进一步明确 AI 技术战略地位。在此政策环境下,中国 AI 产业生态迅速完善,百度、阿里巴巴、腾讯等科技巨头在自动驾驶、城市智能中枢、医疗 AI 等前沿领域布局深耕,商汤科技、旷视科技等初创企业则在计算机视觉技术方面取得国际领先优势,共同推动中国人工智能发展进入前所未有的高速增长期,技术创新与产业应用呈现全面开花的繁荣态势。

图 2-8　2016 年，AlphaGo 战胜人类围棋冠军李世石

2.3　人工智能的主要研究内容

人工智能的研究离不开对人类智能本身的研究和认知。就像我们想造出一台会学习的机器人，首先要研究人类的大脑如何思考、记忆和决策。Google 公司在 2006 年启动了 Google Brain 项目。百度公司则提出了"百度大脑"项目，都是尝试用计算机模拟人脑的工作方式。人工智能的研究内容主要包括以下 6 个方面，让我们通过日常例子来理解。

2.3.1　知识与推理

知识以及基于知识的推理，一直是人工智能领域极具影响力且备受关注的研究方向之一。该研究致力于探索如何借助机器来实现知识的表示、获取、推理以及决策等一系列复杂过程，其涵盖的范畴极为广泛，包括机器定理证明、专家系统、机器博弈、数据挖掘与知识发现、不确定性推理、领域知识库，以及数字图书馆、维基百科、知识图谱等诸多方面。知识与推理研究不仅聚焦于知识的获取、表示、组织和存储，还着眼于如何将知识型工作（如教师的工作）实现自动化，更重要的是，它要深入探究如何运用知识以及如何创造新知识。

这部分研究就像给机器装上"百科全书＋逻辑大脑"。当你问智能语音助手"故宫是什么时候建成的？"，它能立刻回答"始建于 1406 年"；当你玩《王者荣耀》时,系统能自动匹配实力相近的对手——这些背后都是知识与推理技术在发挥作用。它既要教机器存储知识(如建立故宫的知识卡片),又要让它学会推理(如根据你的游戏数据匹配队友)。更厉害的是,机器还能通过分析大量数据自己发现规律(如电商平台预测你可能想买的商品),甚至创造新知识(如 AI 辅助科研发现新材料)。知识图谱能显示明星关系网络、医院 AI 辅助诊断系统快速匹配病症、"降水概率 70％"的天气预报预测,都是这个领域的典型应用。

2.3.2　搜索与求解

问题求解作为人工智能领域的核心课题之一,其本质可视为在广阔的可能性空间中寻找可行解的过程。当我们面对一个具体问题时,通常需要先明确目标状态(即"解"的特征),再探索从初始状态到达目标状态的有效路径。现实世界中绝大多数问题缺乏确定性算法,这使得搜索技术成为解决问题的关键工具——通过系统性地探索可能的行动序列,逐步缩小与目标的距离。

从理论层面看,问题求解框架包含三个基本要素:初始状态(问题的起点)、目标状态(期望达到的终点)以及操作集合(连接状态的方法)。搜索过程就是在这个由状态和操作构成的解空间中进行探索的过程。这类似于在迷宫中寻找出口——每个岔路口代表一个决策点,每条路径对应一种可能的操作序列,而搜索算法就是帮助我们高效找到正确路径的方法。

这一原理在日常生活中有着广泛体现。当你使用地图软件规划从宿舍到教学楼的最短路径时,系统实际上在进行路径搜索:将校园地图抽象为节点(路口)和边(道路)构成的图结构,通过评估不同路线(搜索策略)来寻找最优解。再如玩《华容道》益智游戏时,玩家需要通过移动方块的位置(操作集合)将特定棋子引导到目标位置(目标状态),这个过程正是状态空间搜索的直观展示。

现代搜索引擎更是大规模搜索技术的集大成者。当你输入"附近的咖啡店"时,系统需要在包含数十亿网页的索引库中快速定位相关信息,这涉及网页排序算法、地理位置索引、语义分析等多层次搜索技术的协同运作。从学术研究到商业应用,搜索与求解技术正以各种形态深刻改变着人类解决问题的方式。

2.3.3 机器学习

机器学习赋予了计算机从经验中自我提升的能力,这一过程模拟了人类通过实践积累智慧的学习模式。其核心理念在于构建能够从数据中自动发现规律并做出预测的智能系统,正如我们通过不断尝试与反馈来掌握新技能一样。机器学习已然渗透到数字生活的方方面面,成为人工智能最具影响力的分支之一。

从理论层面看,机器学习系统由三个基本要素构成:数据(经验来源)、算法(学习方法)和模型(学习成果)。这个过程类似于人类学习——数据如同教材提供知识素材,算法好比学习策略决定如何消化吸收信息,最终形成的模型则是内化的知识体系。当系统接收新数据时,模型会不断调整自身参数以提升预测准确性,这个"训练—验证—优化"的循环正是机器持续进化的动力源泉。

这一原理在当代互联网服务中随处可见。当你使用抖音时,平台通过分析你观看、点赞、停留时长等行为数据(训练数据),运用协同过滤算法挖掘你的兴趣偏好(学习算法),最终形成个性化的内容推荐模型(成果体现)。每次滑动屏幕的交互都在为系统提供新的"学习样本",使其推荐愈发精准。淘宝的"猜你喜欢"同样基于此原理,通过分析海量购物记录与用户画像,构建出能够预测消费倾向的商品推荐系统。

2.3.4 自然语言处理

自然语言处理(Natural Language Processing,NLP)是人工智能领域中一个极具挑战性和趣味性的方向,它的目标是让机器能够像人类一样理解和生成自然语言,从而实现人机之间的无障碍交流。这就好比教一个外国人学习中文,不仅要让他听懂你说的话,还要教会他如何用中文表达自己的想法。

自然语言处理的核心任务包括两个方面:一是让机器"听懂"人类语言,即理解语义;二是让机器能够"说出"人类语言,即生成回复。这听起来似乎很简单,但实际上却非常复杂。因为人类语言是极其复杂的,它不仅包含丰富的词汇和语法结构,还有各种各样的表达方式,包括网络流行语、方言口音、表情符号等。例如,"给力"这样的网络流行语,机器需要理解它的含义,才能正确地处理相关语句。同样,机器也需要学会生成像"今天天气真不错"

这样自然流畅的句子,甚至要能够处理不同方言口音和表情符号的含义。

在日常生活中,自然语言处理的应用比比皆是。例如,当你使用讯飞输入法的语音转文字功能来写文章时,它能够准确地将你的语音转换成文字,大大地提高了你的写作效率。再如,当你和天猫精灵对话查询天气时,它能够理解你的问题,并给出准确的回答。还有 Google 翻译,它可以实时翻译外文菜单,让你在异国他乡也能轻松点餐。这些便捷的交互体验,都是自然语言处理技术在背后默默支持的结果。

2.3.5　计算机视觉

计算机视觉,顾名思义,就是给机器装上"眼睛",让它们能够像人类一样"看"世界。这听起来似乎很简单,但实际上却是一项极具挑战性的技术。人类的眼睛和大脑能够轻松地识别物体、理解场景、跟踪运动,但要让机器做到这些,就需要复杂的算法和大量的数据支持。

从技术原理看,计算机视觉系统通常包含图像获取、预处理、特征提取、目标检测、场景理解和决策输出等关键环节。这类似于人类视觉信息处理流程——眼睛接收光信号,大脑皮层进行初步滤波,视觉皮层提取边缘和纹理特征,最终由前额叶皮层完成物体识别和场景理解。现代计算机视觉算法主要基于深度学习,特别是卷积神经网络(CNN),通过多层卷积结构自动学习图像的多层次特征表示。

这一技术已深度融入人们的日常生活场景。手机人脸解锁功能通过前端摄像头捕获面部图像,利用深度学习模型提取面部关键点特征,与预先注册的模板进行比对验证身份;超市自助结账系统采用目标检测算法识别商品包装上的条形码或独特视觉特征,实现无接触快速结算;抖音的 AR 试妆特效则结合了人脸关键点检测和图像渲染技术,能够实时追踪面部微表情变化并精准叠加虚拟妆容效果。

2.3.6　计算机听觉

计算机听觉,如同给机器装上"耳朵",让它们能够像人类一样听见并理解声音,这一技术正在深刻地改变人们与设备的交互方式。在计算机听觉的众多技术中,自动语音识别(Automatic Speech Recognition,ASR)、语音合成、文本-语音转换(Text To Speech,TTS)以及语音增强等技术尤为关键,它们共同构成了人们日常生活中与智能设备沟通的桥梁。

当你使用科大讯飞的语音输入法时,它能够实时将你的语音转换为文字,无论是撰写短信、邮件还是记录笔记,都能轻松应对。科大讯飞的语音识别技术在教育领域也有广泛应用,如智能语音教具,能够实时将教师的授课内容转换为文字,方便学生复习和整理笔记。

计算机听觉技术的发展,让机器能够更好地理解和响应人类的语音指令,极大地提升了人机交互的自然性和便捷性。

2.4　人工智能的典型应用

人工智能与各行业领域的深度融合,正悄然重塑传统行业格局,为人类社会的生产与生活带来全方位的变革。在医疗领域,人工智能助力医生精准诊断疾病,提升治疗效率;智能家居让生活更加便捷舒适,实现设备的智能互联与自动化控制;智能制造推动生产流程优化,提高生产效率与产品质量;智能交通优化交通管理,提升出行效率与安全性;智能安防强化安全防护,保障社会安全稳定;智能物流提升物流效率,优化供应链管理。这些应用不仅提高了各行业的运营效率,还改善了人们的生活质量,展现了人工智能强大的赋能潜力,预示着其将在未来发挥更为关键的作用,持续推动社会的智能化发展。

2.4.1　智能医疗

智能医疗是人工智能与医疗健康深度融合的产物,通过构建覆盖预防、诊断、治疗、康复全流程的智慧医疗生态系统,正在解决传统医疗体系资源不均、效率不足等痛点。从影像识别到药物研发,AI 技术正在重塑医疗健康行业格局。

传统医疗面临优质资源分布不均、诊断漏诊率高、专业医生培养周期长等挑战。智能医疗通过技术创新为这些痛点提供解决方案:腾讯觅影 AI 系统通过深度学习肺部 CT 影像,在 8~10s 内可识别早期肺癌病灶,准确率超 95%;北京协和医院 AI 平台将肺结节检出率从 75% 提升至 98%;阿里健康"云诊室"实现远程影像会诊,使基层患者也可获得三甲医院专家诊断。

智能问诊与健康管理正在改变传统就医模式,如图 2-9 所示。平安好医生"AI医生"系统自然语言处理技术可理解症状,常见病诊断准确率达75%;科大讯飞"智医助理"可辅助书写病历,减少医生40%文书工作时间;"丁香医生"等App集成AI问诊功能,可提供初步健康建议,缓解医疗资源紧张问题。

药物研发领域,AI技术显著加速了新药开发进程。英国Exscientia公司利用AI算法将药物发现时间从4.5年缩短至12个月,开发出全球首款AI设计抗抑郁药;百度"螺旋桨PaddleHelix"平台预测药物分子与靶点相互作用,提高了筛选效率;未来患者将获得更多高效低副作用的创新药物。

基因测序与AI结合推动精准医疗发展。华大基因"基因组云计算平台"可快速分析全基因组数据,提供个性化治疗方案;23魔方消费级基因检测价格降至千元,提供遗传病风险评估等服务;精准医疗正从概念走向普及。

临床决策支持系统成为医生"智能助手"。IBM Watson for Oncology分析全球肿瘤案例和文献,可提供个性化治疗方案;复旦大学中山医院AI系统实时分析病历数据,可推荐最佳诊疗路径;这些系统将医学研究成果转化为临床实践指导。

智能医疗应用边界不断拓展。达芬奇手术机器人可辅助完成高精度微创手术,如图2-10所示;可穿戴设备结合AI算法可实时监测生命体征;5G远程手术已在中国多省份成功实施,使优质资源跨越地理限制。

图 2-9 医疗智能助手

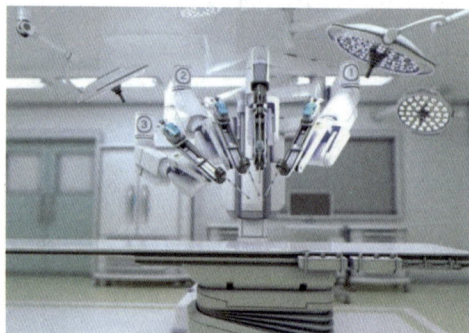

图 2-10 达芬奇手术机器人

从影像识别到药物研发,从智能问诊到精准医疗,人工智能技术已全方位重塑医疗健康行业。这些创新提高了医疗服务效率和质量,扩大了优质资源覆盖范围,为解决"看病难、看病贵"问题提供了新可能。随着技术进步和数据积累,智能医疗将在疾病全流程管理中发挥更关键的作用,助力实现"健康中国2030"目标,让更多人享受科技带来的健康福祉。

2.4.2　智能家居

　　智能家居作为人工智能的典型应用,借助物联网技术将家中各类设备连接,构建出一个能自主感知和智能决策的智慧生活空间,如图 2-11 所示。它超越了简单的家电自动化,通过人工智能赋予家居"思考"和"决策"能力,实现从被动响应到主动服务的转变,为人们带来更舒适、便捷、节能的生活体验。

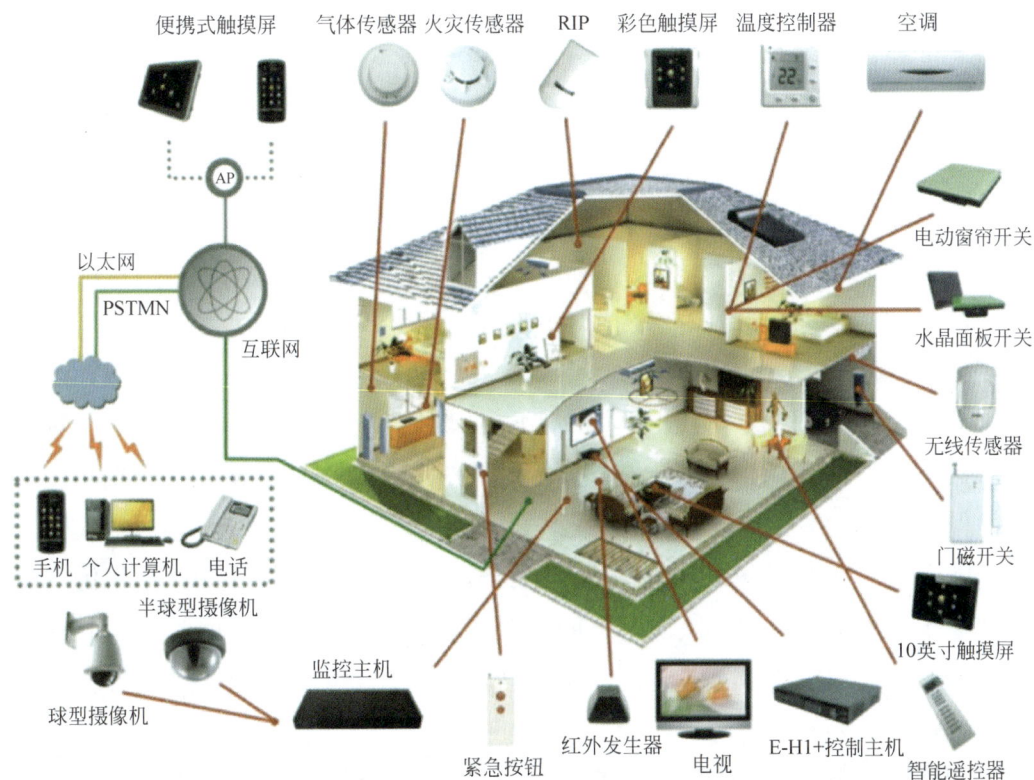

图 2-11　智能家居

　　设想一下这样的场景:下班途中,家中的温湿度传感器已将数据传至控制中枢,空调自动调节至舒适温度;到家时,人脸识别门锁迅速验证身份并解锁,玄关灯光依光线条件自动调节亮度;厨房语音助手识别声音后播放你喜爱的音乐;做饭时,抽油烟机自动调风速,烤箱按预设菜谱预热。这一切无须手动操作,全由智能家居系统依生活习惯和环境数据自主完成。

　　语音交互技术成为智能家居核心控制方式。智能音箱不仅能响应简单语音指令,还能学习用户习惯提供个性化服务。例如,早上说"早安",系统会播报天气和日程,自动开窗帘、启动咖啡机。先进的语音识别技术能理解方言,让各年龄段用户轻松地与家居系统交流,消除数字鸿沟。

机器学习算法赋予智能家居"预测未来"的能力。智能电视通过分析观看历史和评分数据,构建个性化推荐模型,识别不同家庭成员偏好;智慧冰箱通过图像识别记录食物取用习惯,结合保质期和营养知识提醒食物过期并推荐菜谱,减少浪费。这些功能的背后是海量数据训练出的精准预测模型,持续优化用户体验。

生物识别技术提升家居安全性和便利性。智能门锁集成多种验证方式,识别速度快、错误率低;智能猫眼结合人脸识别技术监控门口动态,区分家庭成员与陌生人,对异常行为报警并通知主人;高端系统应用声纹识别技术,实现高度个性化服务。

环境感知与自适应控制技术使家居系统适应居住者的需求变化。智能照明系统依光线和人体存在自动调节亮度;空气净化设备监测空气质量指标自动调整净化强度;恒温系统学习用户偏好和作息,提前调节室温,离家后节能,节省能源消耗。

智能家居安全防护从被动防御转向主动预警。智能安防套装整合多种传感器,通过边缘计算即时分析异常,仅在真实风险时报警,降低误报率;智能摄像头搭载 AI 芯片,识别家庭成员行为模式,紧急情况时通知监护人。

随着 5G、边缘计算和云计算技术融合,智能家居向更智能化、互联化方向发展。统一控制平台实现家电、照明、安防等系统协同,用户可通过一个 App 控制所有设备,创建个性化模式;全屋智能解决方案采用新型物联网技术,无网络时也能稳定运行。

从语音控制到安防系统,从环境调节到个性化服务,人工智能技术重新定义了居住体验。智能家居提高了生活便利性和舒适度,节能降耗助力可持续发展。技术成熟普及后,未来的家将成为理解、适应并预测居住者需求的智慧生态系统,让科技服务于人类福祉,创造美好生活品质。

2.4.3　智能制造

智能制造为传统工厂注入了"大脑"和"神经系统",使机器变得智能化。在现代化工厂中,机器人有序工作,设备自动调整参数,生产线灵活适应订单变化,这正是智能制造带来的变革。它让机器不仅能完成重复劳动,还能"思考"如何更高效、更节省地完成任务,实现了从传统制造向智能化、柔性化生产的转变,重塑了制造业生态格局。

　　智能装备是智能制造的基础,相当于工厂的"智能工人"。现代工厂的设备集成了多种传感器,能够感知环境变化、传输数据并自主决策。例如,具备视觉检测能力的质检机器人能快速检测出微小缺陷;智能搬运机器人根据订单自动调整路线和重量分配;机械臂通过数据积累优化动作轨迹;数控机床根据材料特性自动调整加工参数,如图 2-12 所示。这些设备的智能化得益于人工智能技术,如图像识别、机器学习和大数据分析,大幅提高了生产效率和产品质量,降低了人力成本和安全风险。

图 2-12　智能装备

　　智能工厂是智能制造的核心,相当于制造业的"智慧大脑",如图 2-13 所示。在智能工厂中,设备通过物联网技术互联互通,形成一个有机整体。消费者下单后,工厂能立即调整生产线,实现个性化定制。设备之间互相通信,异常情况能迅速调整工作节奏,避免生产中断。智能仓储系统根据销售预测自动调整库存,生产数据实时分析实现预防性维护。例如,某运动鞋品牌工厂的生产线能同时生产多种款式鞋子,系统自动调整生产参数,实现快速交付。这种柔性生产能力使企业能快速响应市场变化,满足个性化需求。

　　智能服务是智能制造的延伸,赋予产品"售后服务专家"的能力。在智能制造模式下,产品全生命周期都处于可监控、可优化状态。设备具备自我诊断能力,能自动修复小问题,提前通知维修人员处理大故障,减少停机时间。工厂通过分析产品使用数据,提前更换可能损坏的零件,避免损失。消费者可通过手机 App 追踪产品生产进度,汽车行业的远程升级服务更是方便了车主。这种服务模式转变提高了客户满意度,创造了新的商业模式和价值增长点。

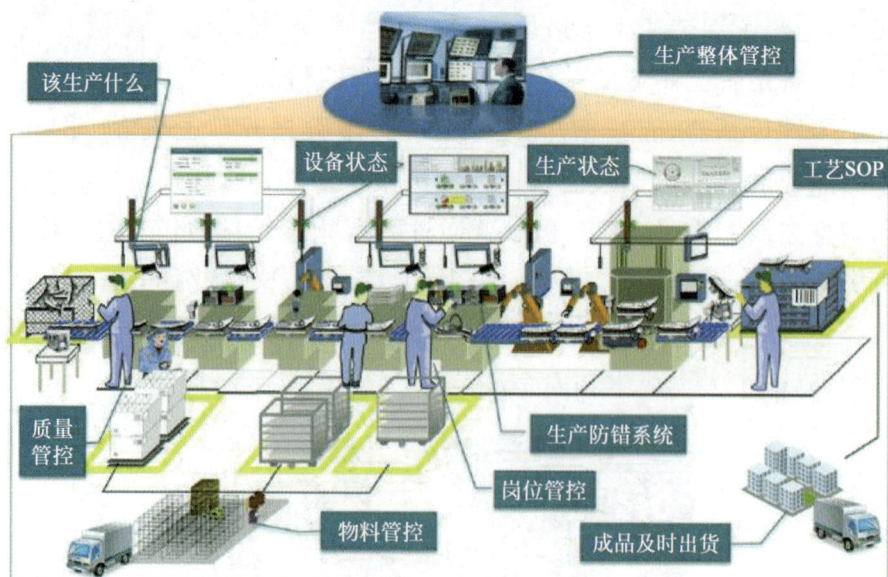

图 2-13　智能工厂

　　智能制造与日常生活紧密相连。定制化产品、快速更新换代的电子产品、电商平台的快速配送以及智能家电的普及，背后都有智能制造系统的支持。智能制造不仅改变了消费方式，也提升了生活品质。

　　智能制造的重要性体现在多个层面。对企业而言，它降低生产成本、提高产品质量、加快上市速度；对消费者来说，提供个性化、高品质、实惠的产品和服务；对社会而言，减少资源浪费、降低能耗和碳排放，推动绿色可持续发展，创造新的就业机会和产业形态。

　　随着人工智能、物联网、大数据等技术进步，智能制造将向着自主化、协同化和可持续化方向发展。未来的智能工厂将具备更强的自我学习和适应能力，不同工厂通过工业互联网紧密协同，绿色制造理念与智能制造深度融合，实现可持续生产。智能制造是一场技术革命，更是制造业生产方式和商业模式的全面革新，将为经济发展注入新活力，创造美好未来。

2.4.4　智能物流

　　当你在网上下单购买一本教材，几个小时后手机就收到短信通知"您的包裹已到达校园快递站"，这种"光速"物流体验的背后，正是智能物流技术在悄然发力。智能物流就像给传统物流装上了"智慧大脑"，通过物联网、大数据、人工智能等前沿技术，让货物运输、仓储管理、配送服务等环节变得更加聪明高效。从京东无人仓的智能机器人,到校园快递柜的"刷脸取件"功能,智能物流技术已经深度融入人们的日常生活,只是我们很少注意到这些"隐形"的科技力量。

传统物流主要依靠人力和简单的机械化设备,效率有限。而智能物流则像配备了导航仪和自动驾驶系统的现代司机,不仅能实时规划最优路线,还能根据路况自动调整车速。在仓储环节,现代物流中心变成了"钢铁森林",智能 AGV 机器人(自动导引车)在货架间穿梭,通过地面的磁条或二维码导航,准确地将货物运送到指定位置,如图 2-14 所示。先进的京东无人仓,由智能机器人通过人工智能算法协同工作,实现了高度自动化,订单处理速度提升了数倍,商品出库时间从几小时缩短到几分钟。

图 2-14 现代物流中心(无人仓)

物流运输环节的智能化变革同样令人惊叹。一套复杂的智能调度系统综合考虑天气、路况、载重、时效等多重因素,实时计算出最优配送路线。一些物流公司已经开始使用自动驾驶卡车进行长途运输,这些"无人车"配备了多种传感器,能像人类司机一样感知周围环境,展现出巨大的应用潜力。包裹在送达前可能已经经历了全程智能化的"奇幻漂流"。

智能物流最贴近我们日常生活的应用是快递服务。智能快递柜通过条形码扫描或人脸识别技术,让用户可以随时自助取件,解决了错过配送时间的问题。一些生鲜快递柜支持"刷脸取件",操作便捷又卫生。智能冷链物流系统监控温度和湿度,确保生鲜食品新鲜送达;智能包装系统自动调整包装材料,减少运输损伤。这些智能化的物流服务让网购体验更加顺畅愉快。

大数据和人工智能技术正在重塑物流行业的"思考方式"。智能物流通过分析海量历史数据,建立精准的需求预测模型,提前预测商品需求量,指导仓库备货和车辆调度。电商平台显示的"预计送达时间"正是智能算法考虑多个变量后给出的最优预估。

智能物流还在不断拓展技术边界。计算机视觉技术让物流分拣更加精准,智能摄像头指导机械臂进行精确抓取,如图 2-15 所示;区块链技术为跨境物流提供透明可追溯的解决方案;无人机配送在偏远地区展现出独特优势。这些技术有些已经投入实际应用,有些正在加速落地。

图 2-15   机械臂精准抓取

从仓库到配送站,从快递柜到配送车,智能物流技术正在重塑商品流通的每个环节。它不仅提高了物流效率,降低了运营成本,还为我们带来了更便捷的消费体验。作为数字时代的原住民,我们既是智能物流服务的享受者,也将是未来物流创新的参与者。下次收到快递时,不妨想想这个包裹背后可能蕴含的高科技,这些看不见的"智慧大脑"正让物流世界变得越来越聪明。

2.5   人工智能伦理与社会影响

伦理是处理人与人之间关系、人与社会之间关系的道理和秩序规范。人类历史上,重大的科技发展往往带来生产力、生产关系及上层建筑的显著变化,成为划分时代的一项重要标准,也带来对社会伦理的深刻反思。人类社会于 20 世纪中后期进入信息时代后,信息技术伦理逐渐引起了广泛关注和研究,包括个人信息泄露、信息鸿沟、信息茧房、新型权力结构规制不足等。信息技术的高速变革发展,使得人类社会迅速迈向智能时代,其突出表现在带有认知、预测和决策功能的人工智能算法被日益广泛地应用在社会各个场景之中；前沿信息技术的综合运用，正逐渐发展形成一个万物可互联、万物可计算的新型硬件和数据资源网络，能够提供海量多源异构数据供人工智能算法分析处理；人工智能算法可直接控制物理设备，也可为个人决策、群体决策乃至国家决策提供辅助支撑；人工智能可以运用于智慧家居、智慧交通、智慧医疗、智慧工厂、智慧农业、智慧金融等众多场景，还可能被用于武器和军事之中。然而，迈向智能时代的过程如此迅速，使得我们在传统的信息技术伦理秩序尚未建立完成的情况下，又迫切需要应对更加富有挑战性的人工智能伦理问题，积极构建智能社会的秩序。

现阶段人工智能既承继了之前信息技术的伦理问题，又因为深度学习等一些人工智能算法的不透明性、难解释性、自适应性、运用广泛等特征而具有新的特点，可能在基本人权、社会秩序、国家安全等诸多方面带来一系列伦理风险。

2.5.1　人工智能的伦理问题

人工智能的发展机遇与挑战并存。从人与技术的关系看，人工智能威胁人的主体性。其模拟人脑和思维方式，与一般人造物仅延伸体力不同。控制论创始人维纳曾预言，机器可能在各层面取代人类。若强人工智能诞生，可能颠覆人的主体地位。

从技术与社会关系看，控制技术消极作用是难题。人工智能带来利益，也产生社会问题。企业可借此收集用户数据，造成权利不对称。它推动专业化分工和创造新工作机会，但也会使部分人结构性失业。在一些情境中，还导致法律责任归属困难。

1. 自动驾驶：效益与伦理的双重挑战

自动驾驶作为人工智能的典型应用，通过导航、传感器与智能算法实现无人驾驶，涵盖汽车、飞机、船舶等领域。其潜在效益显著：以无人驾驶汽车为例，可减少人为失误导致的交通事故（WHO 数据显示全球每年车祸致死超120 万人），提升老年人及残障人士出行便利性，并通过优化路线降低拥堵与污染。但技术并非完美——特斯拉等企业的事故案例表明，安全隐患依然存在。

更深层的挑战在于伦理困境。自动驾驶难以破解传统道德难题，甚至衍生新的"二难选择"。例如，当车辆必须急刹（可能导致乘客伤亡）或不刹（可能撞孕妇)时,算法如何决策?人类司机可依赖直觉,而自动驾驶的预设程序受限于功利论与义务论之争,面对未知场景只能随机类推或匹配数据库案例,缺乏普适伦理准则支撑。

自动驾驶更颠覆了传统责任体系。传统车祸责任基于驾驶员过错(如酒驾、疲劳),而自动驾驶事故中,过错主体模糊化——既无主观故意,也难归因于操作失误。责任归属问题随之复杂化:设计者、制造商、使用者或智能系统本身,谁应担责?若承认智能系统具备主体地位,其"承担责任"的具体形式又是什么?现有法律与道德框架均无法给出明确答案。

2. 人形智能机器人:重构人伦关系的未来挑战

人工智能进军婚恋家庭领域引发震动:爱情作为排他性神圣情感、家庭作为"社会细胞",正遭遇前所未有的冲击。智能机器人的拟人化演进,不仅模糊了人机界限,更动摇传统伦理根基。

人形智能机器人技术迅猛发展,其外貌、情感理解力与行为复杂度持续突破。它们能解析海量情感信息,模拟细腻情感体验,甚至通过虚拟技术实现"超限行为"。专家预测,至2050年,机器人或将与真人无异——具备完美容貌、温柔性情及全方位互动能力,既能承担家务、情感陪伴,亦可定制为伴侣,满足生理与心理需求,甚至介入生育过程。

当具备自主意识的机器人以保姆、伴侣或"家庭成员"身份融入生活,深层矛盾随之浮现:人与机器能否建立真实情感?利益纠葛如何界定?传统家庭结构会否瓦解?更具颠覆性的是,若定制机器人伴侣因"完美特质"引发婚姻诉求,这种反传统关系能否被社会接纳?法律又该如何回应?

现实已初现端倪。2017年,沙特授予机器人索菲亚公民身份,如图2-16所示;科幻电影《她》中人类与操作系统相恋却遭遇"非排他性情感"的冲突,均揭示人机关系的复杂性。身体构造、思维模式与价值观的差异,使得人机互动超出现有伦理框架的调节能力。情感依赖、利益冲突与身份认同问题交织,亟需构建新的治理体系。

人形智能机器人的社会化进程远超预期,其引发的伦理震荡已从理论走向实践。如何在技术创新与伦理守护间寻求平衡,将成为定义人类未来的关键命题。

3. 人工智能的双刃剑:效率跃升与人替困境

人工智能的快速发展既推动了社会生产力飞跃,也深刻地改变了人伦关

图 2-16　索菲亚——第一位"机器人公民"

系与社会结构,人与智能机器的关系成为亟待探索的新课题。

　　作为最前沿的高新科技,人工智能的复杂性与进化速度远超人类掌控。全球范围内,科技、经济及个体能力的差异导致信息化、智能化水平极度不均衡,数字鸿沟已成为不可忽视的现实。不同国家、地区和群体接触、使用人工智能的机会与能力存在显著差距,叠加既有地域、城乡与贫富分化,进一步催生了"数字穷困地区"与"数字穷人"。全球治理体系的不平等加剧了这一趋势,"贫者愈贫,富者愈富"的马太效应愈发凸显。

　　智能机器的大规模应用还带来异化风险。在高度自动化的生产线上,普通劳动者因知识与技能局限,难以理解甚至参与生产过程,逐渐沦为系统的"零部件"。人的身体与头脑在庞杂的数据、复杂的系统面前显得原始而笨拙,绝大多数人可能成为"智能机器的附庸"。

　　更严峻的是结构性失业危机。资本为追求利润最大化,正加速用智能机器人替代人类劳动力。这些机器不仅能胜任脏累危险的工作,更开始侵占手术、教育、艺术创作等传统人类专属领域。它们可无限复制、不知疲倦、效率倍增,正从基础岗位向高技能领域蔓延。文化科技素质不足的劳动者面临双重困境:既难适应产业升级,又可能因"无剥削价值"被社会彻底抛弃。正如社会学家卡斯特所言,这类"数字穷人"被排除在全球化体系之外,既不被需要,也失去反抗对象,沦为"美丽新世界的多余者"——社会进步的狂欢中,他们是被遗忘的荒谬存在。

4. 虚拟智能技术:体验革命与伦理危机

　　虚拟现实技术通过智能算法将人类意识中的"虚拟"功能推向新高度,创造出沉浸式的交互体验。人们得以突破物理限制,在数字世界中重构身份与行为模式,医疗、教育等领域已实现远程诊疗、智能辅助等应用。

然而,技术革新伴随伦理隐忧。虚拟医疗虽提升效率,却消解了传统医患间的信任与温情;智能服务工具弱化了人际互动的温度。更严峻的是,电子游戏等虚拟场景中充斥的暴力、色情内容,因缺乏现实反馈而钝化道德感知——美国士兵将实战视为"游戏"的案例,揭示了虚拟体验对道德判断的侵蚀风险。

过度沉溺虚拟世界更导致现实疏离。人们依赖智能终端构建"数字器官",逐渐丧失真实社交能力,产生孤僻、冷漠等心理问题。虚拟交往虽能快速建立利益连接,却难以实现心灵共鸣,加剧人际关系的形式化与荒诞感。

当虚拟与现实边界日益模糊,传统道德体系面临解构危机。技术创造的"可能世界"冲击着现实伦理规范,责任归属变得模糊不清,社会秩序濒临瓦解边缘。

5. 脑机接口技术:突破与伦理困境

2020年8月,埃隆·马斯克(Elon Musk)展示Neuralink脑机接口技术,通过植入芯片实时监测小猪脑电信号,引发全球关注。该技术通过人脑与设备直接交互实现功能,分为侵入式(信号质量优)与非侵入式两类。随着微型传感器、脑科学认知及电池技术进步,其临床应用日趋可行,成为当前学术研究前沿。

市场需求推动技术快速发展。脑机接口在医疗领域潜力巨大:或可缓解老年痴呆症、修复残疾患者神经功能、治疗抑郁症,并通过神经增强提升人类记忆与计算能力。成功案例包括:脑深部电刺激技术(FDA批准用于帕金森病治疗)、视觉脑机接口帮助盲人重建光幻视(1978年,威廉·多贝尔在一个盲人的视觉皮层植入68个电极阵列,助其产生低清图像),以及人造海马体恢复老鼠记忆功能(伯杰团队实验)。这些突破印证了技术也向日常生活渗透的趋势不可逆转。

然而,脑机接口技术也带来前所未有的伦理挑战。

其一,隐私危机加剧。大脑电信号若被破译,个人思想可能被窃取或操控。从解码猫脑神经元重建视觉图像的实验可见,人类思维透明化并非遥不可及。商家、雇主甚至国家可能借此实施精准操纵,逐步侵蚀个人自由。技术进步史即隐私萎缩史——公共领域扩张伴随私人领域压缩。脑机接口时代,植入设备可轻易获取脑电信号,个人或机构利用信息实施操控(如促销、雇员监视、国家监控),人类将沦为"透明人",自由根基被动摇。此类风险呈现"温水煮青蛙"效应,微小侵害累积终致质变。

其二,认知能力"军备竞赛"。计算机在计算、记忆等领域远超人类,植入芯片实现人机整合将造就"认知超人"。正常人无论如何努力均无法匹敌芯片的记忆与运算速度,这种差距一旦形成便无法逆转,导致"不增强即淘汰"的恶性竞争。更严峻的是,神经增强彻底颠覆自然选择的公平准则——优秀不再是人类能力的体现,而是设备性能的比拼,人类价值体系面临重构危机。此外,技术早期的高昂成本注定其被权贵阶层垄断,进一步固化社会分层,破坏社会秩序稳定性。

面对双重困境,必须构建全流程伦理规范。当前技术风险呈现"微小恶累积成严重问题"的特征,需建立分布式伦理责任体系:将责任分解至技术研发、生产、应用等各环节主体,避免风险集中爆发。唯有通过前瞻性伦理约束,明确各环节责任,才能实现技术红利与社会福祉的平衡,避免人类沦为技术的附庸或分层的牺牲品。

2.5.2　人工智能的伦理原则

2018 年,微软发表了《未来计算》(*The Future Computed*)一书,其中提出了人工智能开发的 6 大原则:公平、可靠和安全、隐私和保障、包容、透明、责任。

1. 公平

公平性要求人工智能对所有人平等,不应存在歧视。训练数据的选择是可能产生不公的第一个环节。以面部识别和情绪检测系统为例,如果只对成年人脸部图像进行训练,系统可能无法准确识别儿童的特征或表情。此外,种族主义和性别歧视也可能混入社会数据。例如,一个帮助雇主筛选求职者的人工智能系统,如果用公共就业数据进行筛选,系统可能会"学习"到大多数软件开发人员为男性,从而在选择软件开发人员职位的人选时偏向男性。因此,需要对人进行培训,使其理解人工智能结果的含义和影响,弥补人工智能决策中的不足。

2. 可靠和安全

自动驾驶车辆是人工智能可靠性与安全性的重要案例。2018 年,一辆特斯拉汽车在高速行驶时系统死机,司机无法重启自动驾驶系统。自动驾驶车辆的安全性应受到严格监管,但目前监管力度不足。另一个案例是旧金山一名醉酒司机启动自动驾驶系统后睡在车里,认为这样不违法,但实际上这属于违法行为。可靠性、安全性是人工智能非常需要关注的领域,自动驾驶车只是其中之一,其他领域如医疗设备、工业自动化等同样重要。

3. 隐私和保障

隐私和保障问题在人工智能应用中尤为突出。例如,美国流行的健身应用 Strava 允许用户上传骑行数据,但这些数据可能泄露军事基地的位置信息。美国军事基地的位置是高度保密的,但通过 Strava 的数据,军事基地的地图信息被轻易泄露。因此,人工智能应用必须确保用户数据的隐私和安全,防止数据泄露和滥用。

4. 包容

人工智能必须考虑到包容性的道德原则,关注各种功能障碍的人群。例如,领英的一项服务"领英经济图谱搜索"显示,男性 MBA 毕业生在自我推荐时通常比女性更积极。招聘者在使用这些数据时,需要调整数据信号的权重,避免性别偏见。数据本身可能包含偏见,因此需要从人工智能和伦理的角度更好地把握偏见的程度,实现包容性。

5. 透明

透明度是人工智能的重要原则之一。深度学习模型虽然准确度高,但存在不透明的问题。例如,AlphaGo 的许多棋局是人类棋手无法理解的。透明度和准确度无法兼得,需要在二者之间权衡取舍。透明度的重要性在于,如果人工智能系统不透明,就存在潜在的不安全问题。例如,20 世纪 90 年代卡内基-梅隆大学的一项研究发现,哮喘患者死于肺炎的概率低于一般人群,这显然违背常识。如果人类能读懂这个规则,就可以对其进行判断和校正。因此,当人工智能应用于关键领域,如医疗、刑事执法时,必须非常小心,确保决策过程透明。

6. 责任

人工智能系统在采取行动或做出决策时,必须为其结果负责。问责制是一个非常有争议的话题,尤其在自动驾驶领域。例如,美国已发生多起因自动驾驶系统导致的车祸。如果机器代替人决策导致不良结果,到底谁来负责?我们的原则是不能让机器或人工智能系统当替罪羊,人必须承担责任。

但目前的问题是,全球法律体系中没有明确的先例可以作为法庭裁决的法律基础。例如,自动化武器杀伤人类的案件应如何裁定? 这涉及法律中的法人主体问题,人工智能系统是否可以作为法人主体存在? 如果可以,它是否享有接受法律援助的权利? 因此,我们认为法律主体必须是人类。

微软提出的 6 大原则——公平、可靠和安全、隐私和保障、包容、透明、责任,为人工智能的发展提供了重要的伦理和法律框架。在实际应用中,需要不断探索和实践,确保人工智能的发展符合人类的价值观和利益。

2.5.3　人工智能的伦理治理

随着人工智能深度融入社会生活,伦理治理成为全球焦点。从 AlphaGo 击败人类棋手到自动驾驶事故频发,技术狂飙突进的同时,隐私泄露、算法歧视、就业冲击等问题接踵而至。全球至少 60 个国家已制定 AI 治理政策,英国、欧盟、美国等通过立法、行业标准和企业自律构建治理框架,中国也在顶层设计与实践探索中寻求平衡。

1. 全球 AI 伦理治理实践

国际社会形成了政府主导、行业协同、学术支撑的立体化治理体系。

1) 政府主导

欧盟率先通过《欧盟人工智能法案》确立分级监管模式,美国以《算法问责法案》强化生物特征识别技术监管,英国发布《机器人和机器系统的伦理设计指南》要求企业将伦理规范嵌入产品设计全流程。

2) 行业协同

新加坡、日本等国相继出台区域性治理标准,国际标准化组织(ISO)正加快制定人工智能伦理国际准则。在企业层面,微软设立负责任人工智能办公室,研发算法偏见检测工具;Google 暂停人脸识别项目开发,调整信贷算法以避免歧视性决策;IBM、亚马逊等科技巨头纷纷成立伦理委员会,将道德风险评估纳入技术研发环节。

3) 学术支撑

学术界则聚焦算法公平性、人机责任划分、数据隐私保护等核心议题,牛津大学、麻省理工学院等顶尖高校在黑石集团、马斯克基金会等机构的资助下开展跨学科研究,为政策制定提供理论支撑。

2. 中国 AI 伦理治理框架

中国政府将人工智能伦理治理提升至国家战略高度。

1）政策顶层设计

2022 年 3 月 23 日,中共中央办公厅、国务院办公厅印发《关于加强科技伦理治理的意见》(以下简称"意见"),首次从国家层面确立人工智能伦理治理框架,明确提出"伦理先行、敏捷治理"原则。

(1)在道德规范领域,要求科研机构和企业建立伦理委员会,将伦理准则嵌入研发全流程。

(2)在技术管控方面,加强算法审计与数据安全评估,构建风险预警机制。

(3)在法律保障层面,推动人工智能专项立法进程,重点填补自动驾驶、医疗 AI 等新兴领域的监管空白。

2）分层实施策略

实施层面采取分层推进策略。

(1)认知引导与社会共识:面向公众开展科普宣传,消除对人工智能的误解(如自动驾驶安全性);组织跨学科研讨,重新定义人机关系、公平正义等核心概念,为立法奠定理论基础。

(2)政策调节与缓冲机制:建立政府主导、多元参与的治理体系,设立伦理听证会制度,推动企业成立风险应对部门,引入第三方机构参与评估;对医疗 AI 等高风险技术设置"沙盒"试点,在可控环境中验证风险。

(3)制度创新与权责划分:国家层面成立人工智能伦理委员会统筹制定国家标准,要求企业设立专职伦理岗位并定期披露风险报告;同步推进法律革新,探索算法侵权责任认定标准,明确人工智能错误导致的损失分担机制。

3. 三重现实挑战

1）技术复杂性带来的治理滞后

深度学习模型的"黑箱"特性导致决策过程不可解释,在医疗诊断、司法判决等高风险领域已引发责任认定难题,亟需开发可解释 AI 工具并建立算法影响评估制度。

2）全球化竞争与伦理标准分化

全球化背景下,欧盟严格立法与美国灵活监管的模式差异正在形成技术壁垒,中国需要积极参与国际规则制定,在数据跨境流动、AI 武器化等领域推动多边合作。

3）传统文化与现代伦理的融合

中国传统伦理强调"和谐""仁爱",这与西方个人主义价值观下的隐私保护理念存在差异，如何在人脸识别、算法推荐等应用中平衡效率与公平、创新与安全的关系成为独特命题。

4. 未来方向

构建人类命运共同体伦理观为中国人工智能治理指明方向。人工智能伦理治理的本质是回应技术革命对人类文明的冲击。中国应坚持如下几点。

第一，底线思维。必须坚持底线思维，明确禁止社交评分、强制情感操控等违背人类尊严的技术应用。

第二，开放协同。秉持开放协同理念，与国际组织、跨国企业共建共享治理经验。

第三，文化自信。深入挖掘儒家"中庸""慎独"思想精髓，将"以人为本"的文化基因转化为具有东方智慧的全球治理方案。

唯有将技术创新置于人类福祉框架下，才能实现科技向善目标，避免技术异化风险，为全球人工智能伦理治理贡献中国力量。

小　　结

人工智能，就像是打开未来世界大门的神奇钥匙，充满了无限的魔力和惊喜！它不仅能像侦探一样从海量数据中发现隐藏的规律，还能像艺术家一样创作诗歌和绘画！现在的 AI 已经学会了"看"（计算机视觉）、"听"（语音识别）、"说"（自然语言处理），甚至开始拥有"思考"的能力（机器学习）。现在，科学家们正在教它更多酷炫的技能——如像医生一样诊断疾病，像老师一样个性化辅导学生，或者像城市规划师一样优化交通。未来，它可能会成为你的超级助手，帮你解锁更多生活的乐趣；甚至在浩瀚的宇宙中，人工智能探测器可以代替我们去探索未知的星球。

习　　题

1. 简述什么是人工智能。
2. 简述人工智能的 4 个要素及其关系。
3. 对弱人工智能、强人工智能和超级人工智能进行比较分析。
4. 简述图灵测试的内容和深远影响。
5. 结合实例说明自动驾驶技术在伦理责任归属上面临的主要挑战。

第 3 章

知识表示与推理

完成智能任务是以相关知识为基础的。知识表示是将人类的知识形式化或模型化，以便计算机能够存储、管理和提供访问。谓词逻辑、产生式、框架、语义网络及本体表示法是常用的知识表示方法；人工构建知识库和自动抽取知识构建知识库是知识获取的主要途径。建好知识库有助于更好地完成智能任务。知识推理是对知识的运用和处理，是从已知的知识出发，通过运用各种逻辑规则和方法，推导出新的知识或结论的过程。

3.1 知识表示概述

3.1.1 知识

知识是驱动智能涌现的基础，知识表示则是让机器"读懂"知识的关键密码。知识涵盖人类认知与经验的精华，而知识表示作为连接人类智慧与机器智能的桥梁，旨在将抽象知识转化为计算机可处理的结构化形式。这不仅关乎知识的高效存储与检索，更决定着智能系统的推理、决策能力。

1. 知识的定义

知识是人类在长期实践中积累的认识和经验。不同的领域对知识的界定也有所不同。1994 年，图灵奖获得者、知识工程之父费根鲍姆认为：知识是经过消减、塑造、解释和转换的信息。英国著名教育学家伯恩斯坦（Basil Bernstein）认为：知识是由特定领域的描述、关系和过程组成的。从知识库的观点来看，知识是某领域中所涉及的各有关方面的一种符号表示。

从本质上说，知识是人们在长期实践活动中，通过对客观事物及其规律的观察、分析和总结所形成的经验体系。它是将零散信息通过逻辑关联构建而成的结构化认知系统，反映了人类对世界的理解。

2．知识的分类

知识可以根据其内容、形式、逻辑、可靠性及其确定性进行分类，如图 3-1 所示。

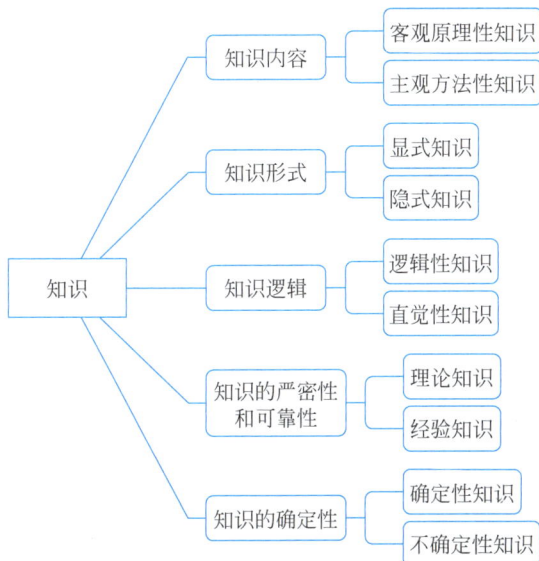

图 3-1　知识分类

1）按知识内容

按知识内容，知识可分为（客观）原理性知识和（主观）方法性知识两大类。（客观）原理性知识指对客观事物及其规律的认识，包括对事物的现象、本质、属性、状态、关系、联系和运动等的认识，即对客观事物的原理的认识。（主观）方法性知识指利用客观规律解决实际问题的方法和策略，既包括解决问题的步骤、操作、规则、过程、技术、技巧等具体的微观方法，也包括诸如战术、战略、计谋、策略等宏观方法。

2）按知识形式

按知识形式，知识可分为显式知识和隐式知识。显式知识指可用语言、文字、符号、形象、声音及其他人能直接识别和处理的形式，明确地在其载体上表示出来的知识。例如，学习的书本知识就是显式表示的知识。隐式知识则是不能用上述形式表达的知识，即那些"只可意会，不可言传或难以言传"的知识，如游泳、驾车、表演的知识就属于隐式知识。

3）按知识逻辑

按知识逻辑，知识可分为逻辑性知识和直觉性知识。逻辑性知识基于严密推理规则、因果关系与系统论证，如数学定理、物理定律等都属于逻辑性知识。直觉性知识源于个人经验、感知与潜意识判断,属"顿悟"或"本能反应",难以用逻辑拆解。如消防员凭浓烟特征判断火情,艺术大师靠灵感与审美直觉创作,皆为直觉性知识的体现。

4)按知识的严密性和可靠性

按知识的严密性和可靠性,知识可分为理论知识和经验知识(即实践知识)。理论知识一般是严密而可靠的,经验知识一般是不严密或不可靠的。例如,命题"正方形的面积等于边长的平方"就是一条理论知识,而命题"在雪地上行走容易跌跤"就是一条经验知识。

5)按知识的确定性

按知识的确定性,知识可分为确定性知识和不确定性知识。例如,命题"若天阴,则下雨"就是一条不确定性知识。

3.1.2　知识表示

1. 知识表示的概念

在知识处理中总要问到以下问题:如何表示知识,怎样使机器能懂这些知识,能对之进行处理,并能以一种人类能理解的方式将处理结果告诉人们。知识表示是人工智能研究中最基本的问题之一。

知识表示(Knowledge Representation)就是对人类的知识进行形式化或者模型化,以便计算机能够存储、管理和提供访问。知识表示的目的是能够让计算机存储和使用人类的知识。知识表示方法是面向计算机的知识描述或表达形式和方法,是一种数据结构与控制结构的统一体。既考虑知识的存储又考虑知识的使用。知识表示可看成一组事物的约定,把人类知识表示成机器能处理的数据结构。

同一知识可采用不同的表示方法,不同的表示方法可能产生不同的效果。知识表示的目的在于通过有效的知识表示,使人工智能程序能利用这些知识做出决策,获得结论。

已有的知识表示方法大都是在进行某项具体研究时提出来的,各有其针对性和局限性。

2. 知识表示的方法

知识表示是为了让机器"理解"人类知识。它如同搭建一座连接人类智慧与机器智能的桥梁,将散落的概念、规则和经验转化为机器可处理的符号或结构。随着研究的不断深入，已发展出多种知识表示方法，如谓词逻辑表示法、产生式表示法、状态空间表示法、框架表示法、语义网络表示法、脚本表示法及本体表示法等。下面简要介绍 5 种常见的知识表示方法。

1) 谓词逻辑表示法

谓词逻辑是基于数学逻辑的形式化方法，通过谓词、量词和逻辑连接词精确描述知识，详细介绍见 3.2.1 节。它的优势在于逻辑严谨，适合表示具有明确逻辑关系的知识，如数学定理、科学规律等。

例如，描述"所有鸟都会飞"可表示为

$$\forall x \, (Bird \, (x) \to Fly \, (x))$$

此例通过全称量词（$\forall$）、谓词（Bird (x) Fly (x)）及逻辑连接词（$\to$，表蕴涵）表示命题。这是自动定理证明和逻辑推理的基础。

2) 产生式表示法

产生式以 IF-THEN 规则形式表示知识，由条件（前件）和结论（后件）组成，适合描述经验性规则和决策逻辑，详细介绍见 3.2.2 节。其核心是"模式匹配-规则触发"机制，广泛应用于专家系统、工业控制等领域。

示例：医疗诊断中的规则

IF 患者体温> 38℃ (条件 1) ∧ 咳嗽持续三天以上(条件 2) ∧ 白细胞数升高(条件 3)
THEN 建议进行肺部 CT 检查(结论)

其中，∧ 是连接符号，表示并且的意思。

这种方法将专家经验转化为可执行的规则链，使机器能像人类专家一样逐步推导结论。

3) 语义网络表示法

语义网络通过节点（概念或对象）和有向边（关系）构建知识图谱，直观展示事物间的关联。常见关系包括分类（is-a）、属性（has-a）、部分整体（part-of）等，适合表示百科知识、常识推理等。图 3-2 是一个语义网络简单示例。

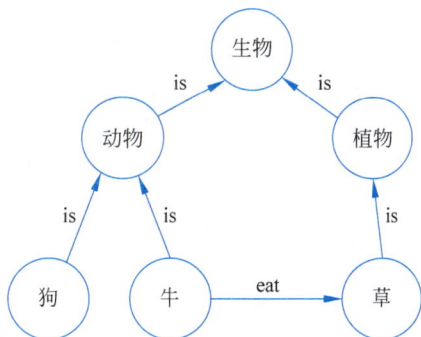

图 3-2 语义网络知识表示

这种图形化结构符合人类联想思维，是知识图谱技术的重要基础，详细介绍见 3.2.3 节。

4）框架表示法

框架表示法将知识组织为具有层次结构的模板，每个框架包含"槽位"和"侧面"，用于描述对象的属性和关系。它擅长表示具有固定结构的领域知识，如物体类别、事件流程等。

5）本体表示法

本体表示法通过定义领域内的概念、属性及其关系，构建标准化的知识体系。它比语义网络更严格，包含概念分类、公理约束和逻辑推理规则，常用于跨领域知识整合和语义搜索。

例如，医学本体可定义"疾病—症状—药物"的层级关系如下。

概念：疾病、症状、药物。

关系：疾病→有→症状；药物→治疗→疾病。

约束：一种症状可属于多种疾病，但每种疾病至少有一个典型症状。

这种方法确保知识的一致性和互操作性，是构建大规模知识库的核心技术。

3. 知识表示的目标

知识表示是将人类知识、经验和信息以计算机能够理解和处理的形式进行编码的过程。其核心目标包含实现知识的有效存储、高效处理，且能准确表达人类认知。这些目标相互关联、相互影响，共同推动着人工智能系统的发展与完善。

1）有效存储

知识表示的首要目标是实现知识的有效存储。随着信息爆炸式增长，海量知识需要以合理的结构进行存储，避免数据冗余和混乱。例如，语义网络通过节点和链接的形式，将知识以结构化的方式存储，使得计算机能够快速定位和访问相关信息，提升存储效率和空间利用率。

2）高效处理

知识表示致力于支持知识的高效处理。人工智能系统需要对知识进行推理、检索、更新等操作。通过合适的知识表示形式，如谓词逻辑、产生式规则等，能够将知识转化为计算机可执行的逻辑运算，实现自动推理和决策。以专家系统为例，基于产生式规则的知识表示，能够依据输入的条件，快速匹配规则库中的知识，得出相应结论，为用户提供专业建议。再者，知识表示要促进知识的共享与重用。在不同的人工智能应用场景和系统之间，实现知识的互通和复用可以降低开发成本、提高效率。本体论作为一种知识表示方法,通过定义概念、关系和属性,建立起统一的知识模型,使得不同领域、不同系统的知识能够以标准化的形式进行交流和整合,打破信息孤岛。

3）准确表达

知识表示追求对人类认知的准确表达。人工智能的发展目标之一是模拟人类的智能行为,这就要求知识表示形式能够贴近人类的认知和思维方式,准确捕捉知识的语义和内涵。例如,自然语言处理领域中,利用语义角色标注等技术对文本知识进行表示,使得计算机能够理解自然语言表达的含义,实现人机之间更自然的交互。

3.2　常见的知识表示方法

3.1 节中简单介绍了知识表示的一些常用方法,本节将对谓词逻辑、产生式及语义网络进行进一步说明。

3.2.1　谓词逻辑

谓词逻辑可以紧凑地表示知识。例如,"小龙是一个学生"可以表示为"Student(小龙)"。这里的"Student"是一个符号,称为谓词。使用谓词表示的知识可以用于推理和学习。该方法适合表示确定性知识。

1. 命题

类似上例的一个陈述句称为一个断言,而具有真假意义的断言称为命题。命题的真值,用 T 表示命题的意义为真,用 F 表示命题的意义为假。一个命题不能同时既为真又为假。一个命题可在一定条件下为真,而在另外一些条件下为假。命题可以分为简单命题和复合命题。简单命题就是最简单的、不能再分的原子命题。复合命题是指由多个简单命题通过连接词组合而成的命题。

2. 谓词

谓词演算是指用谓词表达命题。带有参数的命题包括实体和谓词两个部分,可用谓词公式表示。谓词公式的一般形式是

$$P(x_1, x_2, \cdots, x_n)$$

其中,P 是谓词符号(简称谓词);$x_i (i = 1, 2, \cdots, n)$是参数项,简称为项,可以是常量、变量、函数等。例如,谓词 WH 表示是白的,而实体 s 代表白雪,实体

c 代表煤炭,那么 WH(s)＝T,WH(c)＝F。通过谓词对参数进行演算,演算的结果要么为真,要么为假。

3. 连接词

1）连接词的用途

连接词用于复合命题中简单命题的组合。

例如,命题"小龙是一个男学生",可以表示为

$$\text{Male(小龙)} \wedge \text{Student(小龙)}$$

其中:

"Male(x)"是谓词,表示"x 是男性"。

"Student(x)"是谓词,表示"x 是学生"。

"$\wedge$"是逻辑连接词,表示"并且",用于连接两个属性("是男性"和"是学生")。

2）常用的连接词

常用的连接词如下。

（1）$\wedge$：合取,表示与、并且。

（2）$\vee$：析取,表示或者。

（3）$\neg$：否定,表示非、取反。

（4）$\rightarrow$：蕴涵,表示生成。

（5）$\equiv$：等价。

上述连接词的真值表如表 3-1 所示。

表 3-1　常用连接词的真值表

P	Q	$\neg P$	$P \wedge Q$	$P \vee Q$	$P \rightarrow Q$
T	T	F	T	T	T
T	F	F	F	T	F
F	T	T	F	T	T
F	F	T	F	F	T

表 3-1 中从左到右,第 1 列是 P 的值,第 2 列是 Q 的值;第 3 列是 P 的否定值;第 4 列是 P 和 Q 的合取值,当且仅当 P 和 Q 都为真的时候合取值为真,否则为假;第 5 列是 P 和 Q 的析取值,当且仅当 P 和 Q 都为假的时候析取值为假,否则为真;第 6 列为 P 与 Q 的蕴涵式,当且仅当 P 为真、Q 为假的时候蕴涵式的值为假,否则为真。

4. 量词

谓词逻辑还有一个重要的概念是量词。

例如,命题"所有长得高的男生都打篮球",可以表示为

$$\forall x((\mathrm{Male}(x) \wedge \mathrm{Student}(x) \wedge \mathrm{Tall}(x)) \rightarrow \mathrm{PlayBasketball}(x))$$

其中:

"$\forall x$"是全称量词,表示"对于所有个体 x"。

"$\mathrm{Male}(x)$"表示"x 是男生"。

"$\mathrm{Student}(x)$"表示"x 是学生"。

"$\mathrm{Tall}(x)$"表示"x 长得高"。

"$\mathrm{PlayBasketball}(x)$"表示"$x$ 打篮球"。

"$\wedge$"是合取连接词,表示"并且"。

"$\rightarrow$"是蕴含连接词,表示"如果……那么……"(即"若 x 是长得高的男生,则 x 打篮球")。

谓词逻辑中常用的有两个量词,分别是全称量词 $\forall$ 和存在量词 $\exists$。$\forall$ 一般用于表示某个论域中的所有(任意一个)个体 x 都有 $P(x)$ 的值为 T,$\exists$ 用于表示某个论域中至少存在一个个体 x 使 $P(x)$ 的值为 T。上述两个符号分别是 A(all 的首字母)和 E(exist 的首字母)进行翻转得到的。

5. 一阶谓词逻辑

在谓词演算中,如果限定不允许在谓词、连词、量词和函数名位置上使用变量进行量化处理,且参数项不能是谓词公式,则这样的谓词演算是一阶的。一阶谓词演算不允许对谓词、连词、量词和函数名进行量化。

一阶谓词逻辑知识表示的优势在于,采用简洁的符号体系,以直观的形式对知识进行描述,降低了理解门槛。它适合表示事物的状态、属性、概念等事实性知识,也可以用来表示事物间具有确定因果关系的规则性知识。它根据对象和对象上的谓词(即对象的属性和对象之间的关系),通过使用连接词和量词来表示世界。

3.2.2　产生式

一阶谓词逻辑适用于需要严格逻辑证明的领域。在经验性、规则性知识的表示与推理中往往会采用产生式系统。产生式表示法又称为产生式规则表示法。它是人工智能中使用最广泛的知识表示方法之一。"产生式规则"

这一术语是由美国数学家波斯特(E. Post)在 1943 年首先提出的。产生式通常用于表示事实、规则以及它们的不确定性度量,适合表示事实性知识和规则性知识。

1. 事实的表示

事实可分为确定性事实与不确定性事实。事实可看成描述一个对象的值或多个对象关系的陈述句。

1) 确定性事实

确定性事实一般用三元组表示。三元组是一种非常简单又非常高效的知识表示方式,有以下两种情况。

- (对象,属性,值)
- (关系,对象 1,对象 2)

其中,(对象,属性,值)表示对象的某个属性具有指定的值,而(关系,对象 1,对象 2)则表示对象 1 和对象 2 具备指定的关系。

例如,"老李的年龄是 45 岁"可以表示为(LaoLi,Age,45),这里使用的是(对象,属性,值)这种表示方式。"老李和老王是朋友"则可以表示为(Friend,LaoLi,LaoWang),这里使用的是(关系,对象 1,对象 2)这种表示方式。

2) 不确定性事实

不确定性事实一般用四元组表示,与表示确定性事实的三元组相比,多了一个置信度。

例如,"老李年龄很可能是 45 岁"表示为(LaoLi,Age,45,0.8),这里的置信度为 0.8,表示很可能。"老李和老王不大可能是朋友"则可以表示为(Friend,LaoLi,LaoWang,0.1),这里用置信度 0.1 表示可能性比较小。

2. 规则的表示

规则可分为确定性规则与不确定性规则。规则描述的是事物间的关系。

1) 确定性规则

使用产生式表示确定性规则,其基本形式如下。

$$\text{IF} \quad P \quad \text{THEN} \quad Q$$

或者　　$P \rightarrow Q$

其中,P 是产生式的前提,用于指出该产生式是否可用的条件;Q 是一组结论或操作,用于指出当前提 P 所指示的条件满足时,应该得出的结论或应该执行的操作。上面的产生式的含义是:如果前提 P 被满足,则结论 Q 成立

或执行 Q 所规定的操作。

例如, r_1: 如果动物会飞并且动物会下蛋,那么该动物是鸟类。

其中, r_1 是该产生式规则的编号,"动物会飞并且动物会下蛋"是前提 P, "该动物是鸟类"是结论 Q。

2）不确定性规则

与确定性规则相比,不确定性规则增加了一个置信度,放在规则的最后面。

例如,在医学专家系统 MYCIN 中有这样一条产生式规则:

如果　该微生物的染色斑是革兰氏阴性,

　　　该微生物的形状呈杆状,

　　　病人是中间宿主,

那么　该微生物是绿脓杆菌(0.6)。

该不确定性规则表示:当前提条件中列出的各项都得到满足时,结论"该微生物是绿脓杆菌"可以相信的程度为 0.6。这里用 0.6 表示知识置信度的强度。

产生式表示法与人类的判断性知识基本一致,既直观、自然,又便于推理。其产生式规则都是独立的知识单元且不存在相互调用,具有模块性。

3.2.3　语义网络

1. 定义

语义网络主要用于表示事物之间关系的知识,形式上是一个带有标识的有向图。图中的节点表示事物、概念、状态,节点之间的弧表示节点之间的关系。图 3-3 就是非常简单的两个基本语义单元。一个表示 Liming is a student, 另一个表示 China has the Great Wall。这种表示方法非常灵活和简单。当然,语义网络表示的任意性导致对其的使用变得困难。

2. 结构

从整体结构上来看,语义网络一般由多个基本语义单元组成,形式如图 3-4 所示。这些基本的语义单元称为语义基元,可用三元组表示为节点 1、弧、节点 2。图 3-3 的语义网络三元组的形式表示为(Liming,IsA,Student)(China,has,the Great Wall)。用三元组形式表示时,一个大的语义网络可以用一组三元组形式的数据保存。

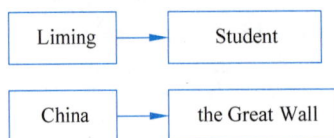

图 3-3　两个基本语义单元

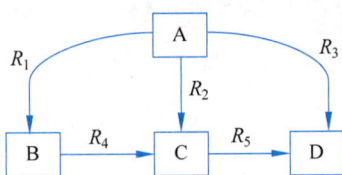

图 3-4　语义网络结构

3. 语义关系

语义网络除了可以描述事物本身,还可以描述事物之间错综复杂的关系,如类属关系、聚类关系、属性关系等。基本语义联系是构成复杂语义联系的基本单元,也是语义网络表示知识的基础,因此用一些基本的语义联系组合成任意复杂的语义联系是可以实现的。这里给出类属关系中一些经常使用的基本语义关系。

类属关系是指具有共同属性的不同事物间的分类关系、成员关系或实例关系,是最常用的一种语义关系,常用的类属关系介绍如下。

ISA(Is-a):表示一个事物是另一个事物的实例。

AKO(A-Kind-of):表示一个事物是另一个事物的一种类型。

AMO(A-Member-of):表示一个事物是另一个事物的成员。

一个实例节点可以通过 ISA 与多个类节点相连接,多个实例节点也可以通过 ISA 与一个类节点相连接,从而将分立的知识片段组织成语义丰富的知识网络结构。例如,"生物的分类"可以表示为如图 3-5 所示的语义网络。

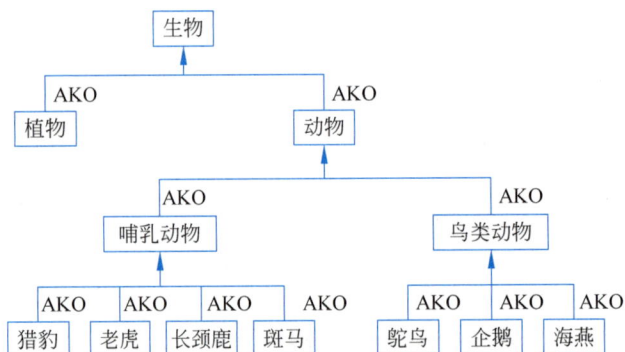

图 3-5　AKO 连接实例

在图 3-5 中,通过 AKO 将生物分类问题领域中的所有类节点组成一个 AKO 层次网络,给出生物分类系统中的部分概念类型之间的 AKO 联系描述。

又如,"苹果树是一种果树,果树又是树的一种,树有根、有叶而且是一种植物",其对应的语义网络如图 3-6 所示。

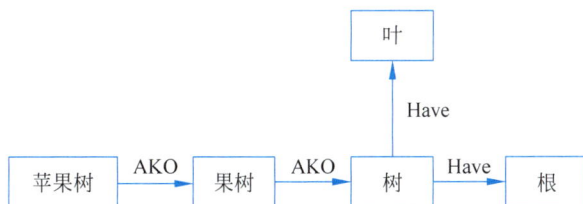

图 3-6　苹果树的语义网络

在图 3-6 中,涉及"苹果树""果树"和"树"这三个对象,树的两个属性为"有根""有叶"。首先,建立"苹果树"节点,为了说明苹果树是一种果树,增加一个"果树"节点,并用 AKO 联系连接这两个节点。为了说明果树是树的一种,增加一个"树"节点,并用 AKO 联系连接这两个节点。为了进一步描述树"有根""有叶",引入"根"节点和"叶"节点,并均用 Have 联系使它们与"树"节点连接。

3.3　知识的获取与管理

3.3.1　知识的人工获取与自动获取

知识获取与知识表示常常是分不开的。知识的表示方法也决定了知识的获取方法。

1. 人工构建知识库

在 20 世纪 70 年代至 20 世纪 80 年代末,知识库构建主要依赖人工输入方式,将知识逐条录入计算机系统,这一实践推动了基于知识的专家系统研究。其中,Cyc 和 WordNet 是该时期典型的人工构建知识库。WordNet 由普林斯顿大学于 1985 年启动开发,其聚焦于刻画名词、动词、形容词及副词间的语义关系,尤其是名词体系中的蕴涵关系(即上位/下位关系),例如,"猫科动物"作为上位概念,自然涵盖"猫"这一下位概念。

人工构建知识库的模式存在显著局限性。首先,该方式面临高昂的人力成本与漫长的建设周期。以专家系统 MYCIN 为例,其研发过程需要人工智能领域与医学领域的专家团队协作,耗时约 5 年才最终形成包含数百条规则知识的系统。这种长时间、多人力的投入,极大地限制了知识库的快速扩展与更新。

其次,全面构建大型知识库,特别是涵盖常识类知识的体系,存在难以逾越的障碍。常识作为人类认知的基础,广泛存在于日常生活中,如"物体无法同时处于两个空间位置""人类具备五官"等。然而,这些看似简单的常识,若要完整、系统地进行形式化描述却极为困难。在实际操作中,人类记忆具有局限性,极易出现知识遗漏。以旅行准备为例,人们在规划携带物品时,若缺乏他人提醒或历史记录参考,往往会遗漏重要物品,直至实际需要时才察觉。这种现象在知识构建中同样存在,脱离实际场景,仅依靠实验室环境下的设计与回忆,难以获取完整、准确的知识。

Cyc 是一个常识知识库。它由 Douglas Lenat 于 1984 年开始创建,最初目标是建立人类最大的常识知识库。历经 10 年建设,虽积累了 50 多万条规则,但仍存在明显缺陷。其知识分布零散,缺乏系统性架构,知识覆盖领域不均衡,且常识类知识严重缺失。即使是看似简单的知识构建任务,如罗列所有水果名称,人工操作也面临诸多挑战:一方面,个体记忆存在偏差,难以穷举所有实例;另一方面,受认知范围限制,单个构建者掌握的知识仅是整体的一部分,难以实现全面覆盖。这充分凸显了人工构建知识库在完整性与准确性上的固有局限,也促使学界探索更为高效、智能的知识获取与表示方法。

2. 自动抽取知识构建知识库

随着互联网的迅猛发展,知识获取模式迎来革新,自动抽取知识构建知识库成为新趋势。互联网作为庞大的知识载体,维基百科、百度百科等专业知识平台,以及海量网页,均蕴含着丰富的知识资源。2006 年前后,学界围绕互联网知识自动抽取展开深入研究,逐步形成两种主流技术思路。

第一种思路基于结构化数据获取,要求网页内容按预定义格式录入,以便程序高效采集并提取知识。典型代表为 DBPedia 知识库,其构建依赖于百科类网站结构化的词条内容。以"计算机视觉"词条为例,网页中明确设置"定义""原理""应用"等细分条目,程序可通过预设规则,精准定位这些条目,并将对应文本内容提取为结构化知识。这种方法的优势在于知识抽取准确性高、结构清晰,便于后续的知识整合与应用,但局限性在于对网页内容格式要求严苛,适用场景相对较窄。

第二种思路聚焦自然语言处理,利用语言本身的语法和语义规律,从非

结构化文本中自动抽取知识。以微软 ProBase 知识库为例,其核心技术之一是基于稳定的语言模板进行知识挖掘。在英语文本中,"NP such as{NP,NP,…,(and|or)}NP"是常见且稳定的句子结构(NP 代表名词短语)。例如,在句子"I like fruits,such as apples and pears."中,程序可识别"fruits"为概念集合名称,"apples"和"pears"为集合元素,进而构建"fruits={apple,pear}"的知识单元。当文本中出现"He likes fruits,such as apples and peaches."时,基于相同概念名称,程序自动合并两条知识,更新为"fruits={apple,pear,peach}",并记录元素出现频次。通过编写算法匹配"such as"关键词,提取前后名词短语,即可高效完成知识抽取。实际上,英语中存在多种类似的稳定句式结构,ProBase 正是凭借扫描数十亿文档、匹配多元模板,在数月内成功构建起包含数百万概念及其成员的庞大知识库。

当前,知识获取已形成多元格局。传统人工构建虽存在成本高、周期长、常识覆盖难等问题,但在专业领域知识体系构建中仍具有不可替代性;自动构建技术依托互联网海量数据与智能算法,实现了知识的快速扩展与积累;而预训练语言大模型的兴起,为知识获取开辟了新路径。大模型通过海量文本预训练,将大量常识与专业知识隐式编码于模型参数中,虽难以直接解读,但在语言理解、知识推理等任务中展现出强大能力。例如,我们在和 DeepSeek 聊天时会发现,它包含大量的知识,包括常识。它能够对"亚里士多德用过计算机吗?"等很多问题进行有条理地回答。

人工构建、自动构建与预训练三种知识获取模式各有优劣、互为补充,共同推动知识工程领域不断向前发展,为人工智能的知识储备与应用创新提供了坚实支撑。

3.3.2 知识的存储、更新与管理

在人工智能从数据驱动迈向知识驱动的进程中,知识的存储、更新与管理成为连接理论建模与实际应用的关键枢纽。随着知识规模的爆发式增长与应用场景的复杂化,将碎片化知识组织为高效可用的体系,确保其在动态环境中保持准确性与时效性,是构建智能系统的核心基础。

1. 知识存储

知识存储是人工智能系统高效运行的基石,其物理结构设计技术如同搭建一座稳固且智能的"知识仓库",直接影响知识存取的效率与可靠性。

　　知识存储的物理结构设计旨在解决"知识如何在计算机中存放"的问题，核心目标是让计算机能够快速、准确地找到并处理所需知识。这就好比建造一座大型仓库，不仅要考虑空间利用，更要设计合理的布局和检索路径，确保货物存取便捷。根据不同的应用场景与需求，主要有基于文件系统、数据库系统以及分布式存储系统等多种存储方式。

　　基于文件系统的存储是较为基础的方式，它将知识以文本或二进制的形式直接保存在计算机文件中。文本文件存储简单直观，如将规则知识以特定语法写入 TXT 文件，但检索效率较低，如同在堆满杂物的仓库里翻找物品；二进制文件则通过将数据转换为字节流，节省存储空间且读取速度快，不过缺乏通用性。

　　数据库系统为知识存储提供了更结构化的解决方案。关系数据库采用表格形式，将知识拆解为行与列，通过主键、外键建立关联，适合处理结构化、有明确逻辑关系的知识，就像将货物按类别整齐摆放在货架上，便于快速检索和统计，图 3-7 是关系数据库的建立过程。Oracle、Microsoft Server、MySQL 等都属于关系数据库。图数据库则以节点和边的形式存储知识，能直观呈现知识间复杂的关联关系，例如，在用于欺诈检测的知识图谱中，各种实体关系可清晰展示，如图 3-8 所示。Neo4j、GraphDB 是常见的图数据库。

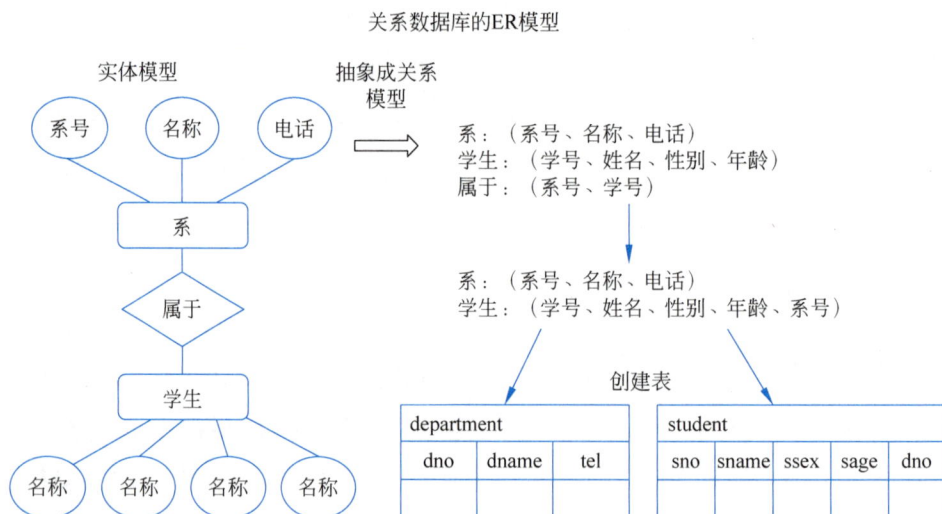

关系数据库的ER模型

实体模型　　　　抽象成关系模型

系：（系号、名称、电话）
学生：（学号、姓名、性别、年龄）
属于：（系号、学号）

系：（系号、名称、电话）
学生：（学号、姓名、性别、年龄、系号）

创建表

department				student				
dno	dname	tel		sno	sname	ssex	sage	dno

图 3-7　关系数据库

　　随着数据规模的爆炸式增长，分布式存储系统应运而生。它如同将多个小型仓库联网，把知识分散存储在多台计算机上，通过特定的算法和协议实

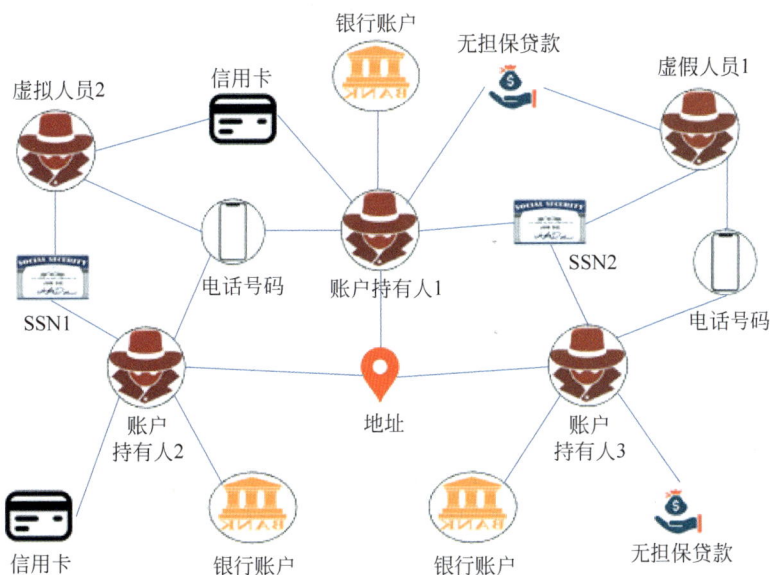

图 3-8　用于欺诈检测的图数据结构

现数据的协同管理。这种方式不仅解决了单机存储容量有限的问题，还能提高数据的可靠性与读写性能，就像在多个仓库间灵活调配货物，满足不同区域的需求。

此外，索引技术也是知识存储物理结构设计的关键一环。索引如同仓库的导航图，通过建立数据与存储位置的映射关系，大幅提升检索速度。常见的 B 树索引、哈希索引等，能根据不同的查询需求，快速定位知识所在位置，让计算机在海量知识中也能"一键直达"目标信息。

2. 知识库的维护与更新

知识更新是维持知识体系生命力的关键，如同为"知识仓库"注入新鲜血液，确保其内容始终贴合现实需求、准确无误。随着知识不断迭代与拓展，增量更新和版本控制作为核心技术，从动态补充与历史追溯两个维度，共同保障知识系统的稳健运行。

知识更新围绕"如何让知识与时俱进且可追溯"展开，核心在于平衡新知识的引入与历史版本的管理。在现实场景中，知识并非一成不变，无论是新闻资讯的实时更新，还是学术理论的迭代演进，都要求知识系统具备动态响应能力。增量更新与版本控制就像仓库的"补货员"和"档案管理员"，前者负责及时补充新内容，后者则妥善记录每个阶段的状态，避免知识更新过程中出现混乱或信息丢失。

　　增量更新专注于新知识的动态补充,避免对整个知识体系进行大规模重构。当新数据产生时,系统会精准识别差异,仅将新增或修改的部分融入现有知识。例如,在金融领域,股票交易数据、政策法规变动等信息时刻更新,增量更新技术可实时捕捉这些变化,将新数据快速整合到知识库中,而无须重新处理所有历史数据。这种方式不仅节省了计算资源,还能显著提升知识更新的时效性,确保系统始终基于最新信息做出决策。

　　版本控制则侧重于记录知识的演变历史,就像为知识体系拍摄不同时期的"快照"。每当知识发生修改、删除等操作时,系统会自动创建一个新的版本,保留修改前的内容,并记录变更细节。在软件开发中,代码库会随着功能迭代产生多个版本,开发者可随时回溯到某个稳定版本,排查问题或复用代码;在学术文献管理中,版本控制能保存论文的各个修改阶段,方便作者追溯思路变化。通过版本控制,知识系统既能实现灵活的版本切换,又能确保知识变更的可审计性,避免因误操作或错误更新导致数据丢失。图 3-9 中每个版本都有一个 id,分别是 id:11111、id:22222、id:33333。系统取值时,默认情况下通常会从最新版本文件中读取数据。

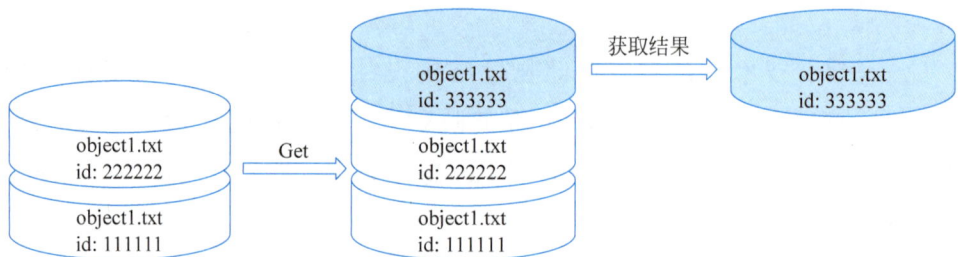

图 3-9　版本控制

　　增量更新与版本控制相辅相成,前者保障知识的时效性,后者维护知识的稳定性。二者协同工作,让知识系统既能快速适应环境变化,又能保持历史脉络的完整性,为智能应用提供持续可靠的知识支持。

3. 知识管理

　　知识管理是知识体系的"中枢神经",如同一位经验丰富的仓库主管,统筹协调知识的全生命周期,确保知识的质量、一致性和可用性。在多源异构数据不断涌入的背景下,知识管理通过一致性维护、知识融合等关键技术,将零散、矛盾的知识整合成有序、可靠的资源,为智能系统的高效运行奠定坚实基础。

知识管理的核心任务在于解决知识体系中存在的矛盾、冗余和碎片化问题,旨在构建一个结构清晰、逻辑一致、内容完整的知识生态。随着知识来源的日益多元化,从文本、图像到数据库记录,不同渠道的数据往往存在格式不统一、语义冲突等问题。一致性维护和知识融合就像仓库主管的两大得力工具,前者负责规范知识的"言行一致",后者专注于整合分散的"知识孤岛",共同提升知识的整体价值。

一致性维护致力于消除知识体系中的矛盾与冲突,确保知识表述的统一性和准确性。在大型电商平台中,同一商品的价格、规格等信息可能在不同页面、不同系统中出现差异,这不仅会误导用户,还可能引发交易纠纷。一致性维护技术通过制定严格的规则和约束条件,实时监测知识的变动,一旦发现矛盾数据,立即触发自动校验和修正机制。例如,通过数据校验算法比对库存系统与销售系统中的商品数量,及时纠正偏差,保障数据的准确性和一致性。

知识融合则聚焦于整合来自不同源头的知识,打破数据壁垒,形成完整的知识图谱。在医疗领域,患者的病历信息、基因检测数据、临床研究成果等分散在不同机构和系统中,知识融合技术能够运用自然语言处理、机器学习等手段,对这些异构数据进行清洗、匹配和关联,构建全面的医疗知识库。通过实体对齐技术识别不同数据中的同一实体,利用关系抽取算法挖掘潜在联系,最终将零散的知识片段拼接成一张相互关联的知识网络,为精准医疗和医学研究提供强大的知识支持。

一致性维护与知识融合相互配合,前者为知识体系筑牢稳定的根基,后者则不断拓展知识的广度和深度。二者共同发力,使知识管理成为推动知识创新和智能应用发展的核心引擎,助力各类智能系统释放更大的价值。

3.4　推理与知识图谱

3.4.1　推理

1. 推理的概念

推理是指从一个或几个已知判断(前提)逻辑推导出新判断(结论)的过程,其本质是事物客观联系在意识中的反映。例如,由"张珊是中国公民""张珊年满18周岁""年满18周岁的中国公民有选举权"三个前提,可必然推出

"张珊有选举权",这一过程体现了前提与结论间的逻辑关联,是人类解决问题的核心思维机制。

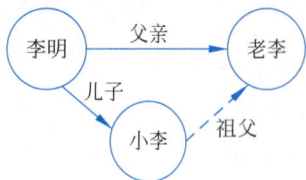

图 3-10　家庭关系

具体到语义网络中,可以通过网络中的知识(三元组),得到一些新的实体的属性或实体间的关系。如(李明,父亲,老李)和(李明,儿子,小李),通过推理,可以得到(小李,祖父,老李),如图 3-10 所示。

2. 推理的分类

推理有不同的分类方法。本节介绍按推理途径与推理知识确定性两种分类方法。

1) 按推出判断的途径

按推出判断的途径,推理可分为演绎推理、归纳推理和默认推理。

(1) 演绎推理是从全称判断推导出特称判断或单称判断的过程。演绎推理有多种形式,其中最常用的是三段论式。

三段论式包括以下三部分。

① 大前提:已知的一般性知识或假设。

② 小前提:关于所研究的具体情况或个别事实的判断。

③ 结论:由大前提推出的适合小前提所示情况的新判断。

例如:

所有金属都能导电(大前提,一般性原理知识)

铜是金属(小前提,事实)

铜能导电(结论)

在任何情况下,由演绎推导出的结论都蕴涵在大前提的一般性知识中。只要大前提和小前提是正确的,则由它们推出的结论必然是正确的。

(2) 归纳推理是从足够多的事例中归纳出一般性结论的推理过程,是一种从个别到一般的推理。归纳推理可分为完全归纳推理、不完全归纳推理。

① 完全归纳推理是在进行归纳时考察了相应事物的全部对象,并根据这些对象是否都具有某种属性,从而推出这个事物是否具有这个属性。例如,一个班期末考核,考查每个学生的成绩都是合格的,则可以得出结论,全班所有学生期末考核都是合格的。

② 不完全归纳推理是指只考查了相应事物的部分对象就得出了结论。

例如,一个车间某批次产品,经随机抽检三分之一的产品合格,则推论本批次的所有产品合格。

（3）默认推理又称为缺省推理,是在知识不完全的情况下假设某些条件已经具备而进行的推理。默认推理一般基于常规经验或默认假设进行推理,若没有反例出现,结论就暂时成立。

例如：麻雀是鸟。

默认假设：鸟会飞（基于常规经验的默认规则）。

推理结论：麻雀会飞。

2）按推理时所用知识的确定性

按推理时所用知识的确定性,推理可分为确定性推理、不确定性推理。

（1）确定性推理

确定性推理是指推理时所用的知识都是精确的,推出的结论也是确定的,其值或为真,或为假,没有第三种情况出现。演绎推理与归纳推理都属于确定性推理。

（2）不确定性推理

不确定性推理是指推理时所用的知识不都是精确的,推出的结论也不完全是肯定的。现实世界大多数事物都是不精确的,这些不精确的事物很难用精确的数学模型进行描述与处理,因此,不确定性推理研究应用十分广泛。

以 MYCIN 医学专家系统为例,其中的很多规则都是不确定性规则,带有置信度,因此,该专家系统中的很多推理都是不确定性推理,推理时需要计算推论的置信度。可见,在进行不确定性推理时,需要解决置信度传递的问题。

3.4.2 知识图谱

知识图谱起源于早期的知识表示和推理技术。随着互联网的快速发展,信息量呈指数级增长,传统的知识管理方式难以应对如此庞大的数据。为了更有效地组织和利用这些信息,研究人员开始探索新的方法来表示和推理知识,知识图谱应运而生。它不仅能够表示复杂的知识结构,还能通过推理技术从已有知识中推导出新的信息。随着技术的发展,知识图谱已融合了语义网络、框架模型、谓词逻辑、向量表示等多种知识表示方法,取各方法之长,构建的知识体系兼具直观性、结构性、逻辑性和高效计算能力的特点。它既是一种知识表示方法,也是一种知识应用典型方式。

1. 知识图谱的基本概念

知识图谱是一种通过图形化结构来表示知识和信息的形式,它通过实体与实体之间的关系来描述、组织知识。实体是知识图谱中的基本单位,指的是可以独立存在的具体或抽象的事物。实体可以是人、地点、组织、产品、事件等,实际上几乎任何事物都可以作为实体来进行建模。属性是描述实体的特征或性质的要素,为每个实体提供了丰富的上下文信息,使得知识图谱不仅能够识别实体,还能理解它们的特征和状态。关系是知识图谱中用来表示实体之间联系的要素,关系可以是单向的,也可以是双向的,它们定义了实体之间的各种互动和依赖。实体、属性、关系构成了知识图谱的基本单元,并且通常以圆圈和连线来展示实体和关系,如图 3-11 所示,每个圆圈代表一个实体,它们之间的连线则表示不同实体之间的联系。例如,"C 罗"是一个实体,"金球奖"也是一个实体,它们俩之间有一个语义关系就是"获得奖项"。"运动员""足球运动员"都是概念,后者是前者的子类(对应于图中的子类关系)。这种图形化的表示方式使得复杂的知识体系变得直观易懂。

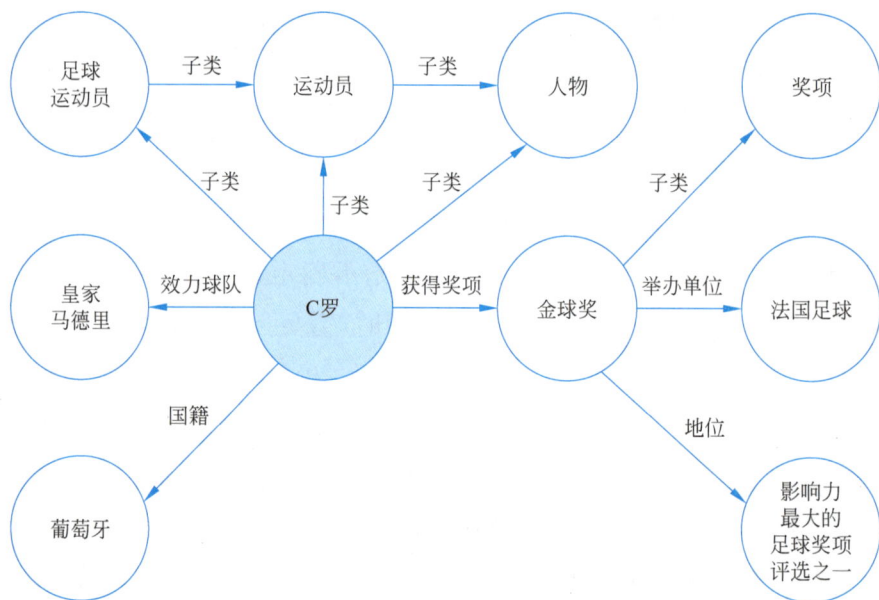

图 3-11   知识图谱局部示例

现实世界中的很多场景非常适合用知识图谱来表达。例如,在一个社交网络图谱里,既可以有"人"的实体,也可以包含"学校"的实体。人和人之间的关系可以是"朋友"关系,也可以是"同学"关系。人和学校之间的关系可以是"在读"或者"毕业"的关系。每个人又可以有"专业""年级"等属性。知识图谱应用的前提是已经构建好了知识图谱,因此也可以把它看作一个知识库。这也是为什么它可以用来回答一些与医学相关的问题,如在医学知识图谱中输入"什么是胰腺癌的主要症状?"可以直接得到答案,如"黄疸、体重减轻、腹痛等"。这是因为在系统层面上已经创建好了一个包含"胰腺癌"这一疾病及其相关症状的实体,以及这些症状之间的关系。因此,当进行查询时,系统可以通过关键词抽取(如"胰腺癌""症状""黄疸"等)以及知识库的匹配,直接提供最终的答案。这种搜索方式与传统的医疗信息检索系统不同,后者往往返回的是相关网页和文献,而不是直接的答案,因此用户需要自行筛选和过滤信息。知识图谱使得信息获取变得更加高效和精确,极大地提升了医生和患者获取医学知识的便利性。

2. 知识图谱的构建

构建知识图谱的过程涉及多个步骤,涵盖了从获取原始数据到融合、清理以及更新、维护知识、分析与推理的全过程。构建知识图谱的关键步骤如下。

步骤 1:确定实体、属性和关系等知识元素。

步骤 2:收集数据。收集与目标实体相关的数据。

步骤 3:数据预处理。对收集的数据进行清洗、去重及标准化等处理,以便于后续的知识表示与处理。

步骤 4:知识表示。将实体、属性和关系等知识元素表示为节点、边和链接等形式。

步骤 5:构建网络。将知识表示的结果构建成语义网络。

步骤 6:分析和推理。通过分析语义网络的结构、关系和属性等信息,得到实体之间的关系和属性。

构建知识图谱是一项复杂而持续的工作,需要综合利用多种数据处理技术与自动化工具,以确保知识图谱的准确性、完整性和时效性,有效地组织和利用复杂的知识体系,实现对知识的有效管理和利用。

3. 知识图谱的应用

知识图谱作为一种用于表示复杂关系和知识结构的工具,在不同领域的应用潜力巨大。随着各类数据的快速增长,知识图谱能够有效地整合、管理和利用这些信息,从而提高决策的质量、效率和准确性。

1）辅助决策系统

辅助决策系统是知识图谱在各个领域的重要应用之一。这些系统利用知识图谱的语义表示和推理能力,帮助决策者在各类情境中做出更为精准的选择。例如,某医疗机构进行经营决策,系统知识图谱会整合医疗机构财务数据、全院 KPI 数据、医生患者数据等信息,推导出该机构面临的行业竞争环境,评估本机构经营风险和发展机会等。如图 3-12 所示为某医疗机构智能辅助决策系统的基本组成示意图。

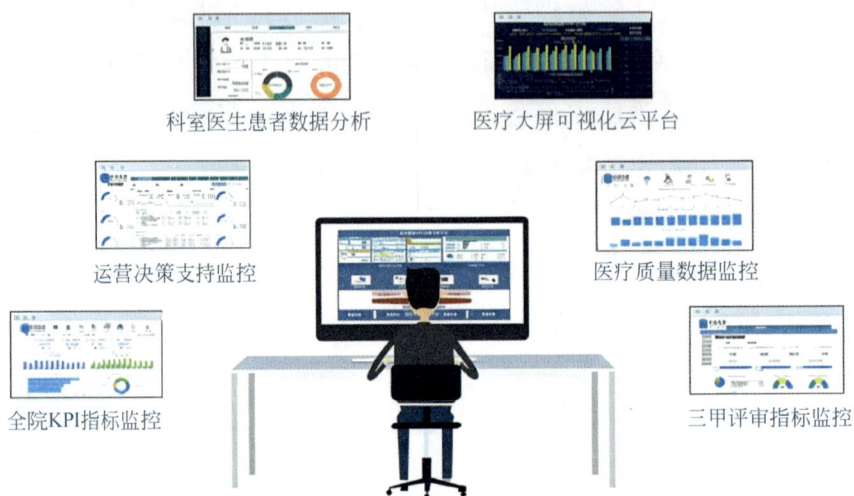

科室医生患者数据分析   医疗大屏可视化云平台

运营决策支持监控   医疗质量数据监控

全院KPI指标监控   三甲评审指标监控

图 3-12   某医疗机构智能辅助决策系统

2）信息检索

知识图谱在信息检索中的应用十分广泛。例如,在法律领域,律师和法律研究人员常常需要快速找到相关的案例和法律条款。传统的信息检索方法往往依赖关键词匹配,而知识图谱则通过结构化的语义关系,实现了更为精准的信息定位。例如,通过输入某一法律问题,系统能够快速识别相关的判例及法律法规,并基于图谱中的关系提供更加细致、关联度更高的检索结果,提高信息获取的效率。

3）智能问答系统

知识图谱适用于教育、客户服务等领域的智能问答系统。通过构建特定主题的知识图谱,系统能够理解用户提出的各种问题,并根据图谱中的关系提供准确的答案。例如,在教育领域,学生可能会询问"如何准备研究生入学考试?"或"量子力学的基本概念是什么?",知识图谱可以通过分析问题中的关键词,在图谱中快速找到相关的信息和指导,从而实时提供回答。这种智能问答系统不仅提升了用户的体验,也减轻了教师或客服人员的工作负担。图 3-13 是用户询问问答系统"姚明妻子出生地是哪里?"时智能问答系统的工作过程。

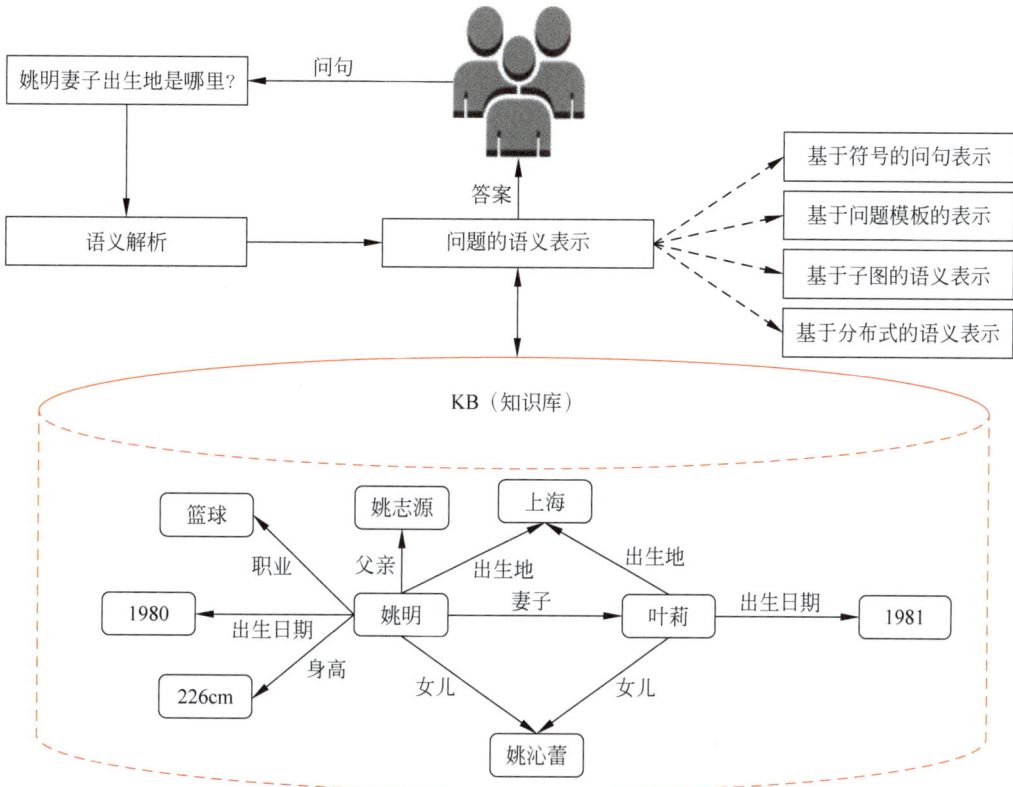

图 3-13　智能问答系统

　　知识图谱在不同领域的应用不仅提升了服务的质量和效率,也为研究人员和决策者提供了更为全面的知识支持。随着人工智能、大数据等技术的发展,知识图谱将继续在商业、法律、教育、市场研究等领域发挥更大的作用。知识图谱的构建与应用不仅丰富了信息的组织方式,也为未来的智能决策提供了坚实的基础,预示着信息处理和利用的新时代的到来。

　　知识图谱是人工智能知识表示和知识库在互联网环境下的大规模应用,显示出知识在智能系统中的重要性,是实现智能系统的基础知识资源。目前知识图谱的研究热点有以下几个方面。

　　(1)研究建立知识图谱构建的平台。

（2）研究知识表示和获取的新理论和新方法。

（3）研究如何进一步推进知识驱动的智能信息处理应用。

小　　结

本章围绕知识表示与推理展开。知识表示是将人类知识形式化以便计算机处理，其目标包括有效存储、高效处理等，介绍了谓词逻辑、产生式等多种知识表示方法，以及知识获取的人工和自动途径，还有知识存储、更新与管理的相关技术。知识推理是从已知推新知的过程，分为演绎、归纳等类型。知识图谱作为知识组织方式，在构建和应用上融合多种技术，在语义搜索等领域发挥重要作用，是知识表示与应用的关键。

习　　题

1. 什么是知识表示？知识表示的目标是什么？

2. 谓词逻辑和产生式系统分别如何表示知识？请举例说明。

3. 什么是推理？按推出判断的途径，推理可分为哪几类？

4. 知识更新中的"增量更新"和"版本控制"分别指什么？

5. 构建知识图谱的关键步骤是怎样的？

## 第 4 章

问题求解与搜索

人工智能的多个领域从求解现实问题的过程来看,都可以抽象为问题求解过程。问题求解过程本质上是一个搜索过程。第 3 章探讨了知识的表示方法,把一个现实问题用适当模式表示出来,但浩瀚如海的知识并不一定都对求解过程有用,要根据实际情况不断寻求可利用知识,构造出一条代价较小的推理路线,使问题得到圆满的解决。因此,本章着重研究问题求解过程的另一项核心技术——搜索技术。本章阐述了搜索的基本概念,分析了常见的搜索算法及其实际应用,包括广度优先搜索、深度优先搜索和启发式搜索。

4.1 问 题 求 解

4.1.1 问题求解概念

问题求解是运用特定方法和策略,使问题从初始状态过渡到目标状态的过程。该过程有三个基本特征:一是目的指向性,问题求解须有明确目标;二是操作序列性,涵盖发现、分析、提出假设和检验假设 4 个主要阶段;三是认知操作性,涉及思维和认知活动。使问题初始表示到解决的关键过程即搜索过程,其依赖规则、过程和算法等搜索技术来寻求问题的解。

在人工智能领域,许多任务解决可抽象为通用问题求解过程,本质是搜索过程,涵盖计算机科学众多技术手段。1974 年,尼尔森(Nils J. Nilsson)对人工智能研究归纳出以下 4 个基本问题。

第一个问题:知识的模型化和表示,即有效建模和表示现实知识供计算机处理。

第二个问题:常识性推理、演绎和问题解决,利用常识推理和演绎解决实际问题。

第三个问题:启发式搜索,利用启发式信息提高搜索效率。

第四个问题：人工智能系统和语言，包括系统设计实现及研究用的编程语言和工具。

问题求解的核心是搜索答案（目标状态），其本质是探索状态空间寻找解决方案。当智能系统面临多种未知选项时，先检验可能导向已知评价状态的行动序列，再从中遴选最优行动序列，此即搜索机制。搜索过程依赖经验积累，运用已有知识结合具体情境，寻找可应用知识点构建低代价的推理路径，实现问题解决。

4.1.2　搜索技术概述

1. 搜索的定义

按照一定的策略或规则，从知识库中寻找可利用的知识，从而构造出一条使问题获得解决的路线的过程，称为搜索。在人工智能中，搜索问题一般包括两个重要的问题：搜索什么、在哪里搜索。前者通常指的是搜索目标，后者通常指的是搜索空间。搜索空间通常是指一系列状态的汇集，因此也称为状态空间（图）。与通常的搜索空间不同，人工智能中大多数问题的状态空间在问题求解之前通常并非全部已知。所以，人工智能中的搜索可以分成两个阶段：状态空间的生成阶段和该状态空间中对所求问题状态的搜索阶段。

2. 搜索的要素

每个搜索问题涉及三个主要因素：搜索空间 S，是问题所有可能解的集合；起始状态 S_0，是行动者开始搜索时的状态；目标测试 F，用于判断当前状态与目标状态 S_g 是否相同的方法。

下面介绍搜索技术的应用场景：在即时战略游戏里，搜索技术可用于坦克或间谍在地图上移动的路径规划；求解迷宫问题、八数码问题也需运用搜索技术。

图 4-1 是一个迷宫，需要找到一条从入口 S_0 开始到出口 S_g 的路径。图中的黑色实线代表障碍，行进时需要避开，虚线代表从入口到出口的一条行走路径。这个迷宫问题的求解需要使用搜索技术。

如图 4-2 所示是八数码问题。在 3×3 的棋盘上摆有 8 个棋子，每个棋子上标有 $1 \sim 8$ 的某一数字（数字不重复）。棋盘上还有一个空格，与空格相邻的棋子可以移到空格中。要求解决的问题是给出一个初始状态和一个目标状态，找出一种从初始状态转变成目标状态的移动步骤。在给定的初始状态中，从 1 到 8 的数字顺序是混乱的，不是有序的，而目标状态则是从 1 到 8 按顺时针有序排列。现在需要找到移动的办法，从初始状态到目标状态，这个问题的求解也需要使用搜索技术。

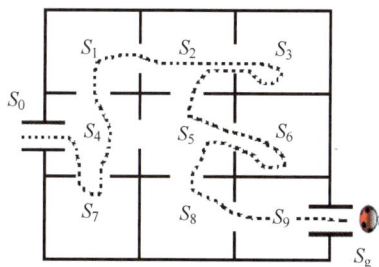

图 4-1　迷宫

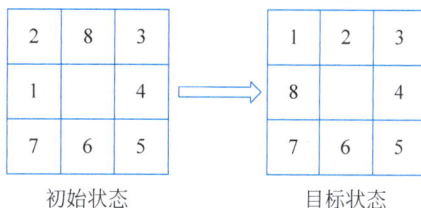

图 4-2　八数码问题

3. 搜索技术分类

根据在问题求解过程中是否运用启发性知识，搜索分为盲目搜索和启发式搜索。

1）盲目搜索

盲目搜索是指在问题的求解过程中，不运用启发性知识，只按照一般的逻辑法则或控制性知识，在预定的控制策略下进行搜索，在搜索过程中获得的中间信息不用来改进控制策略。由于搜索总是按预先规定的路线进行，没有考虑到问题本身的特性，这种方法缺乏对求解问题的针对性，需要进行全方位的搜索，而没有选择最优的搜索途径。因此，这种搜索具有盲目性，效率较低，容易出现"组合爆炸"问题。典型的盲目搜索有深度优先搜索和广度优先搜索。

2）启发式搜索

启发式搜索是指在问题的求解过程中，为了提高搜索效率，运用与问题相关的启发性知识，即解决问题的策略、技巧、经验等领域知识，来指导搜索朝着最有希望的方向前进，从而加速问题求解过程并尽可能找到最优解。典型的启发式搜索有 A 算法和 A* 算法。

按问题的表示方式，搜索还可以分为状态空间搜索和与或树搜索。状态空间搜索是指用状态空间法求解问题时进行的搜索。与或树搜索是指用问题归约法求解问题时进行的搜索。本章主要介绍状态空间搜索。

4.2　状态空间

在搜索问题中,"状态空间"是一个非常重要的概念,它用于描述问题求解过程中所有可能的状态以及状态之间的转换关系。许多经典智力问题,如八数码问题、汉诺塔问题、旅行商问题、八皇后问题、农夫过河问题等,以及一些实际应用问题,如路径规划、定理证明、演绎推理、机器人行动规划等,都可以被抽象为在某一状态空间中寻找目标状态或有效路径的问题。这类问题通常可以采用状态空间方法进行求解。

4.2.1　状态空间方法

1. 状态空间的定义

状态空间是一个有向图,其中包括节点和有向边。

1) 节点(状态)

状态在有向图中也称为节点,表示问题求解过程中的每一个可能状态。状态是对问题某个阶段的完整描述,包含所有相关信息。

2) 有向边(操作符)

操作符在有向图中也称为边,表示从一个状态到另一个状态的转换,通常对应问题求解过程中的一个操作或动作。也称为状态转换规则。状态空间采用有向图表示,所以把状态空间简称为状态图。

2. 状态空间的表示

状态空间包含一个问题的全部状态以及这些状态之间的相互关系,可以使用三元组(S,F,G)表示状态空间,其中,S为问题的初始状态的集合,F为问题的操作符号集合或问题的状态转换规则的集合,G为问题的目标状态的集合。

3. 状态空间方法

状态空间方法是将问题求解所涉及的每个可能的步骤表示成一个状态。全部状态以及状态之间的所有转换构成一个以图的形式来表示的状态空间。在状态空间中,存在两个或两组特殊的状态,分别是初始状态和目标状态。初始状态对应于问题的起始阶段,目标状态对应于问题的终止阶段。状态空间中任何一条从初始状态到目标状态的路径为一个可能的解。于是,问题求解的过程是在状态空间中搜索一条最优的或可行的从初始状态到目标状态的路径的过程。

【例 4.1】 迷宫问题。以如图 4-1 所示的迷宫为例,每个节点作为一个状态,如 S_0、S_1 等。每一条有向边表示一个操作,如 (S_0, S_4)。迷宫问题状态空间描述如下。

初始状态集 S:S_0。

状态转换规则集 F:$\{(S_0, S_4), (S_4, S_1), (S_1, S_4), (S_1, S_2), (S_2, S_1),$
$(S_2, S_3), (S_3, S_2), (S_4, S_7), (S_7, S_4), (S_4, S_5), (S_5, S_4), (S_5, S_2), (S_2,$
$S_5), (S_5, S_6), (S_6, S_5), (S_5, S_8), (S_8, S_5), (S_8, S_9), (S_9, S_8), (S_9, S_g)\}$。

目标状态集 G:S_g。

这时,迷宫问题状态图可以表示为图 4-3,起点 S_0 到达节点 S_4,记为 (S_0, S_4),然后节点 S_4 可以分别到达节点 S_1、S_5、S_7,记为 (S_4, S_1),(S_4, S_5),(S_4, S_7),我们可以选择其中任何一个节点继续往下搜索,但是在搜索过程中约定不能出现回路,即相同节点不能重复搜索,也就是说,

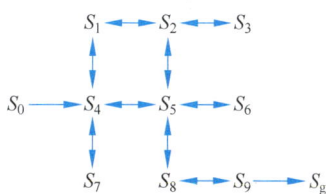

图 4-3 迷宫问题状态空间图

在搜索过程中,需记住已走过的节点,同时需明确下一步可走的节点,一步一步搜索。那么如果选择 S_5 节点,下一个节点可以是 S_2,S_6,S_8,记为 (S_5, S_2),(S_5, S_6),(S_5, S_8),下一步选择 S_8,则可以到达 S_9,记为 (S_8, S_9),经过 S_9 最终到达目标节点 S_g,记为 (S_9, S_g)。那么迷宫问题的一条搜索路径即为 $S_0, S_4, S_5, S_8, S_9, S_g$。该路径是迷宫问题的一个可行解。

在智能系统中,为了进行问题求解,必须先用某种形式把问题表示出来,其表示是否适当将直接影响到求解效率。状态空间表示法是用来表示问题及其搜索过程的一种方法,是人工智能科学中最基本的形式化方法,也是问题求解技术的基础。

4.2.2 状态图搜索

状态图搜索是指在状态图中寻找目标或路径的搜索,就是从初始节点出发,沿着与之相连的边试探地前进,寻找目标节点的过程(也可以反向进行)。问题的解是从初始状态到目标状态的路径上所有状态依次构成的一条完整路径。在路径中,通过施加不同的操作完成状态的转换。通常,状态空间可

能存在多条解答路径,但最短路径往往只有一条或少数几条。描述状态空间的一般图规模很大,通常无法直观地绘制,因此常将其视为隐式图,在搜索解答路径的过程中只画出搜索时直接涉及的节点和边,构成所谓的搜索图。

1. 状态图搜索策略

计算机实现状态图搜索的两种最基本方式,如图 4-4 所示。

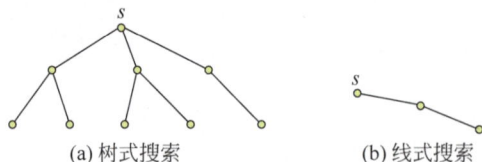

(a) 树式搜索　　　(b) 线式搜索

图 4-4　树式搜索和线式搜索

1) 树式搜索

所谓树式搜索,形象地讲就是以"画树"的方式进行搜索,即从树根(初始节点)一笔一笔地描绘出一棵树来。准确地讲,树式搜索就是在搜索过程中记录所经过的所有节点和边。所以,树式搜索所记录的轨迹始终是一棵"树",这棵树也就是搜索过程中所产生的搜索树。

2) 线式搜索

所谓线式搜索,形象地讲就是以"画线"的方式进行搜索。准确地讲,线式搜索在搜索过程中只记录那些当前认为是处在所找路径上的节点和边。所以,线式搜索所记录的轨迹始终是一条"线"(折线)。

线式搜索的基本方法可分为不回溯的和可回溯的两种。不回溯的线式搜索就是每到一个"岔路口"仅沿一条路继续前进,即对每个节点始终都仅生成一个子节点(如果有子节点的话)。生成一个节点的子节点也称为对该节点进行扩展。这样如果扩展到某一个节点,该节点恰好就是目标节点,则搜索成功;如果不能再扩展时,还未找到目标节点,则搜索失败。可回溯的线式搜索也是对每个节点都仅扩展一条边,但是当不能再扩展时,则退回一个节点,然后再扩展另一边(如果有的话)。这样,要么最终找到目标节点,则搜索成功;要么一直回溯到初始节点也未找到目标节点,则搜索失败。

由上所述可以看出,树式搜索成功后,还需再从搜索树中找出所求路径,而线式搜索只要搜索成功,则"搜索线"就是所找的路径,即问题的解。

那么,又怎样从搜索树中找出所求路径呢? 这只需在扩展节点时记住节

点间的关系即可,这样,当搜索成功时,从目标节点反向沿搜索树按所做标记
追溯回去一直到初始节点,便得到一条从初始节点到目标节点的路径,即问
题的一个解。本章实例均采用树式搜索实现。

2. 八数码问题

作为一般状态图搜索的另一个例子,下面观察智力游戏八数码问题。

八数码游戏在由 3 行和 3 列构成的九宫棋盘上进行,棋盘上放置数码为
1～8 的 8 个棋牌,剩下一个空格,游戏者只能通过棋牌向空格的移动来不断
改变棋盘的布局。这种游戏求解的问题是给定初始布局(即初始状态)和目
标布局(即目标状态),如何移动棋牌才能从初始布局到达目标布局。显然,
解答路径实际上是一个合法的走步序列。为了用一般状态图搜索方法解决
该问题,应先为问题建立初始状态和目标状态如图 4-5 所示,再制定操作
规则。

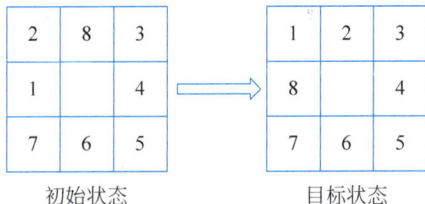

图 4-5　八数码问题的初始状态和目标状态

定义操作规则的直观方法是为每个棋牌制定一套可能的走步:左、上、
右、下 4 种移动。简单易行的方法是仅为空格制定这 4 种走步,因为只有紧靠
空格的棋牌才能移动,空格移动的唯一约束是不能移出棋盘。例如,在图 4-5
中,从初始状态开始,下一步可以将 1 向右移动,也可以将 8 向下移动,或者将
4 向左移动,或者将 6 向上移动,那么就会得到 4 个新的状态。假设在搜索过
程的每一步都能选择最合适的操作,一次搜索过程涉及的状态所构成的搜索
树如图 4-6 所示,其中虚线代表一条搜索路径。

八数码游戏可能的棋盘布局(问题状态)共 9!＝362 880 个,由于棋盘的
对称性,实际只有这个总数的一半。显然,我们无法直观地画出整个状态空
间的一般图,但搜索树小得多,可以图示。所以,尽管状态空间可以很大(如
国际象棋),只要确保搜索空间足够小,就能在合理的时间范围内搜索到问题
解答。

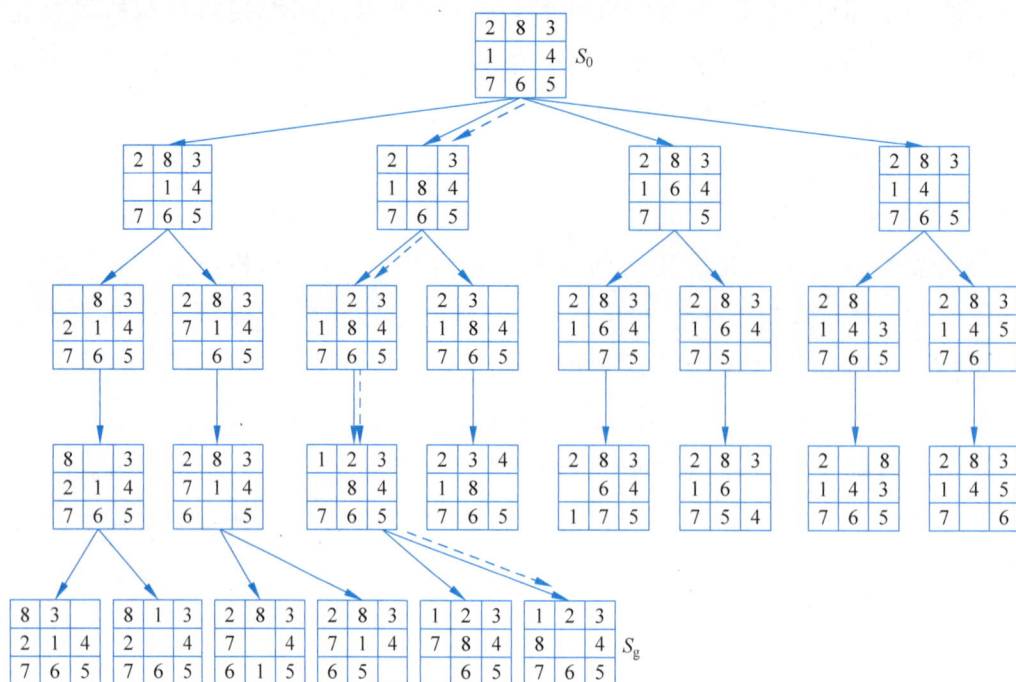

图 4-6　八数码问题的一次搜索树

4.3　盲目搜索

盲目搜索又叫作无信息搜索、无向导搜索。盲目搜索通常是按预定的搜索策略进行搜索,而不会考虑到问题本身的特性。这使得这样的搜索带有盲目性,效率不高。因此,通常适用于求解一些简单问题。常用的盲目搜索有广度优先搜索和深度优先搜索两种。

4.3.1　广度优先搜索

广度优先搜索(Breadth-First Search,BFS)是最常见的树或图的遍历策略,其基本思想是从初始节点 S_0 开始逐层地对节点进行扩展并考察它是否为目标节点 S_g。逐层是指广度优先搜索先查找离起始节点最近的节点,然后依次向外搜索次近的节点。在第 n 层的节点没有全部扩展并访问之前,不对第 $n+1$ 层的节点进行扩展。算法的实现依赖先进先出(First In First Out,FIFO)的队列结构。

广度优先搜索算法的优点在于,只要问题存在解,一定会提供一种解决方案。若问题存在多个解,广度优先搜索将会给出所含步数最少的解。然而,为了对下一层节点进行拓展,树的每一层都需要存储,因此广度优先搜索需要耗费大量的内存空间。此外,如果对应最终解的叶节点距离根节点较远,广度优先搜索还需要较长的运行时间。

广度优先搜索的搜索顺序遵循以下两条原则。

第一条原则:广度优先搜索在对第 n 层的节点全部考查并扩展之前,不对第 $n+1$ 层的节点进行考查和扩展。

第二条原则:同层节点的搜索次序可以任意。

【例 4.2】　八数码问题:利用广度优先搜索算法绘制出从初始状态 S_0 到目标状态 S_g 的搜索树,如图 4-7 所示,每个表格上方的数字为搜索的顺序。从初始节点 S_0 开始进行节点扩展,考察 S_0 的第 1 个子节点是否为目标节点,若不是目标节点,则对该节点进行扩展;再考察 S_0 的第 2 个子节点是否为目标节点,若不是目标节点,则对其进行扩展;对 S_0 的所有子节点全部考察并扩展以后,再分别对 S_0 的所有子节点的子节点进行考察并扩展,如此向下搜索,直到发现目标状态 S_g 为止。

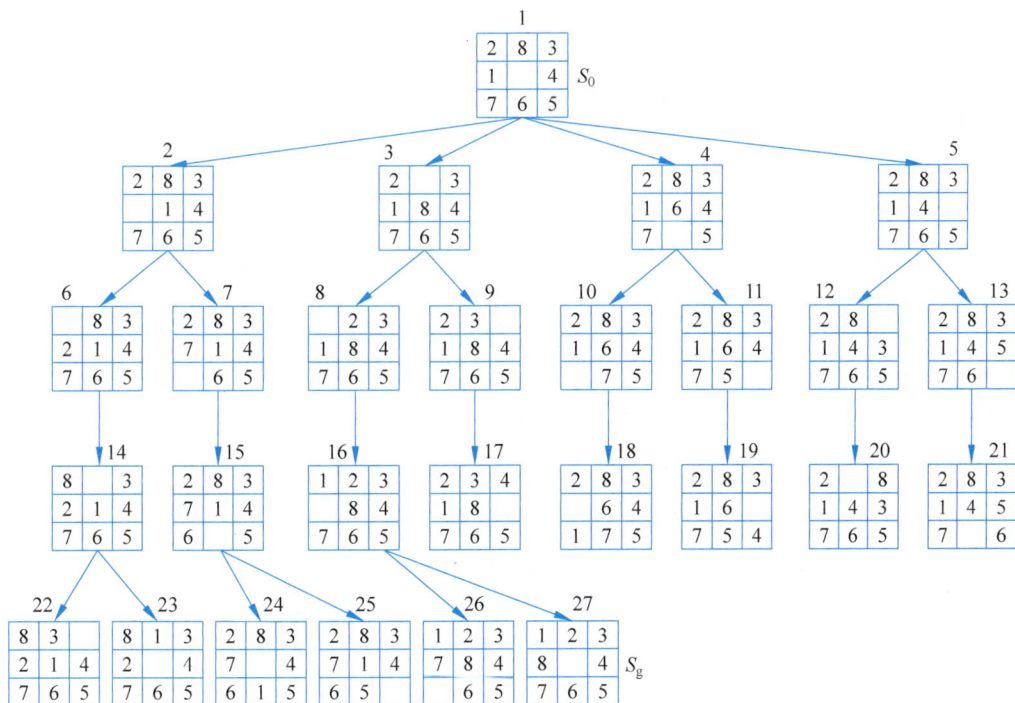

图 4-7　八数码问题广度优先搜索树

广度优先搜索的优势是只要问题有解，用广度优先搜索总可以得到解，但是其缺点是广度优先搜索的盲目性较大，当目标节点离初始节点较远时，将会产生许多无用节点，搜索效率低。

4.3.2　深度优先搜索

深度优先搜索(Depth-First Search，DFS)是一种遍历树或图的递归算法，它从起始节点 S_0 开始扩展，若没有到达目标节点 S_g，则选择最后产生的子节点进行扩展，若还是不能到达目标节点，则再次对最后产生的子节点进行扩展，一直如此向下搜索。当到达某个子节点，且该子节点既不是目标节点又不能继续扩展时，才选择其兄弟节点进行考查。深度优先搜索的设计过程与广度优先搜索类似，但是其具体实现通过栈结构来完成，并最终利用回溯获得所有可能的解。

相较于广度优先搜索，深度优先搜索的优点是需要更少的内存空间和更短的搜索时间。因为当深度优先搜索沿着合理的路径进行遍历时，只需要用一个栈来存储从根节点到当前节点的路径所经过的那些节点。但是，深度优先搜索无法保证一定会找到一个解，且搜索过程中会不停地访问相同的状态。另外，深度优先搜索会进行深入搜索从而陷入无限循环。

【例 4.3】　八数码问题：利用深度优先搜索算法绘制出从初始状态 S_0 到目标状态 S_g 的搜索树。其搜索过程如图 4-8 所示，每个表格上方的数字为搜索的顺序。从初始节点 S_0 开始进行节点扩展，考查 S_0 的第 1 个子节点是否为目标节点，若不是目标节点，则对该节点进行扩展；再考查 S_0 的第 1 个子节点的子节点是否为目标节点，若不是目标节点，则对其继续进行扩展；值得注意的是，节点 5 访问结束后，没找到目标节点，则访问节点 5 的兄弟节点 6，节点 6 没有其他兄弟节点且还未找到目标节点，进行回溯继续访问节点 7，节点 7 仍不是目标节点则继续往下访问，直至找到目标。

在深度优先搜索中，搜索一旦进入某个分支，就将沿着该分支一直向下搜索。如果目标节点恰好在此分支上，则可较快地得到问题的解。但若目标节点不在该分支上，且该分支又是一个无穷分支，则无法保证得到解。所以，深度优先搜索是不完备的搜索策略。

盲目搜索主要包含广度优先搜索和深度优先搜索。盲目搜索效率较低，可能耗费过多的计算空间与时间。此类搜索方法没有利用问题本身的特征

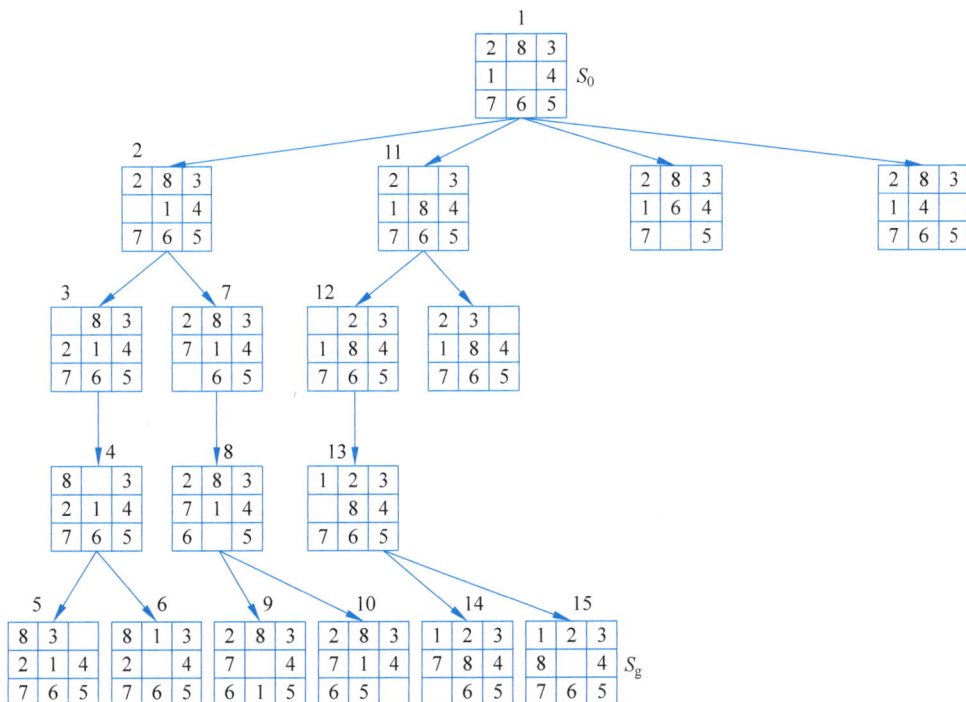

图 4-8　八数码问题深度优先搜索树

信息,在决定要扩展的节点时,并未考虑该节点在解路径上的可能性大小,是否有利于问题求解以及求出解是否为最优解等。广度优先搜索和深度优先搜索都是按照预定的规则进行搜索的,两者主要的差别在于待扩展节点的选取顺序不同,在实际应用中,应根据具体问题的特点和要求选择合适的搜索策略。

4.4　启发式搜索

鉴于盲目搜索的不足之处,人们试图找到一种方法可以排列待扩展节点的顺序,即选择最有希望的节点进行扩展,降低复杂性,然后通过删除某些状态及其延伸来得到解,如此,搜索效率将会大为提高。进行搜索一般需要某些有关具体问题领域特性的、与具体问题求解过程相关的、可指导搜索过程朝着最有希望方向前进的控制信息,这些控制信息就叫作启发式信息。把利用启发式信息进行搜索的搜索方法叫作启发式搜索方法。使用问题本身的定义之外的特定知识来构造代价函数 $g(x)$ 和启发函数 $h(x)$,并依据它们指引的方向进行搜索。常见启发式搜索算法有贪心算法、A^* 算法、遗传算法、模拟退火算法等,本节主要介绍 A^* 算法。

　　人工智能问题求解者在以下两种基本情况下运用启发式策略。

　　一个问题由于在问题陈述和数据获取方面固有的模糊性可能使它没有一个确定的解。医疗诊断即是一例。所给出的一系列症状可能有多个原因，医生运用启发式搜索来选择最有可能的论断并依此产生治疗计划。

　　一个问题可能有确定解，但是求解过程中的计算机代价令人难以接受。在很多问题(如国际象棋)中，状态空间的增长特别快，可能的状态数随着搜索的深度呈指数级增长、分解。在这种情况下，穷尽式搜索策略诸如深度优先或广度优先搜索，在一个给定的较实际的时空内很可能得不到最终的解。

4.4.1　启发式信息

　　启发式信息是指与问题相关的，能够帮助评估不同状态或搜索路径优劣的经验性知识或规则，启发式信息用于决定要扩展的下一个节点，以免像在广度优先搜索或深度优先搜索中那样盲目地扩展。例如，在八数码问题中，启发式信息可以是计算当前状态下每个数字位置与目标位置的距离之和，距离越小，说明当前状态越接近目标状态。

4.4.2　评估函数

　　用于评价节点重要性的函数、评估节点被探索价值的量度，称为评估函数(也称估价函数)，其任务就是估计各节点的重要程度。评估函数用符号 f 标记，一般形式为

$$f(n) = g(n) + h(n) \tag{4-1}$$

式中，$f(n)$ 表示节点 n 的评估函数值，$g(n)$ 为从初始节点到节点 n 的实际代价，$h(n)$ 为从节点 n 到目标节点的最优路径的估计代价。启发式信息主要体现在 $h(n)$ 中，其形式要根据问题的特性来确定。因此，$f(n)$ 是从初始节点通过节点 n 而到达目标节点的最小代价路径上的一个估算代价。

　　虽然启发式搜索有望很快到达目标节点，但需要花费一些时间来对新生节点进行评价。因此，在启发式搜索中，评估函数的定义是十分重要的。若定义不当，则上述搜索算法不一定能找到问题的解，即使找到解，也不一定是最优的。

4.4.3　A* 算法

A* 算法是目前最有影响的、针对状态空间的启发式图搜索算法。除了基于状态空间的问题求解以外，下面描述的 A* 算法稍加修改后，还可应用于其他组合优化问题。

A* 算法通过对评估函数施加约束，以保证得到最优解。设 $g^*(n)$ 表示从初始节点到节点 S_n 的最小代价，$h^*(n)$ 表示从节点 S_n 到目标节点的最小代价，则节点 S_n 处实际最小代价函数为

$$f^*(n) = g^*(n) + h^*(n) \tag{4-2}$$

如果节点估值都按实际最小代价函数计算，则启发式搜索能够保证得到最优解。但通常实际最小代价是未知的。为了保证得到最优解，A* 算法对启发式函数施加如下约束。

$$h(n) \leqslant h^*(n), \quad \forall S_n \in \boldsymbol{S} \tag{4-3}$$

其中，$\boldsymbol{S}$ 表示状态空间中所有节点的集合。通俗地说，该约束是要求通过启发式函数估计出的代价值一定要小于等于实际最小代价。

【例 4.4】　八数码问题：在状态图搜索过程中应用 A* 算法排列节点。

首先，采用简单的评估函数，令 $f(n) = d(n) + h(n)$，$d(n)$ 是顶点 S_n 在状态空间中的深度，即从根顶点到 S_n 所经历的层次数。显然，以 $d(n)$ 作为从初始顶点到当前顶点的实际代价是合适的。至于 $h(n)$，我们采用 $h(n) = W(n)$，这里 $W(n)$ 定义为顶点 S_n 中不在目标位置上的数码的个数。以图 4-9 为例，初始状态 S_0 中总共有三个数码不在目标位置上，因此 $h(S_0) = 3$，而 $d(S_0) = 0$，则 $f(0) = 0 + 3$，采用启发函数时，通过对"不在位"数码个数的估计，可以得出至少要移动 $W(n)$ 步才能到达目标，即 $W(n) \leqslant h^*(n)$，满足 A* 算法的约束条件。

八数码问题采用启发函数的搜索树如图 4-9 所示，每个表格旁边的数字表示该节点的评估函数值 $f = d + h$，圆圈中的数字表示节点搜索的顺序。图中所求路径与之前讲过的算法解的路径是相同的，但是评估函数的应用可以减少扩展的节点数。对上述算法分析可以发现，如果取评估函数等于节点深度[即 $f(n) = d(n)$]，则它将退化为广度优先搜索；如果取评估函数等于"不在位"数码个数[即 $f(n) = h(n)$]，只估计代价，则它将退化为贪心算法。

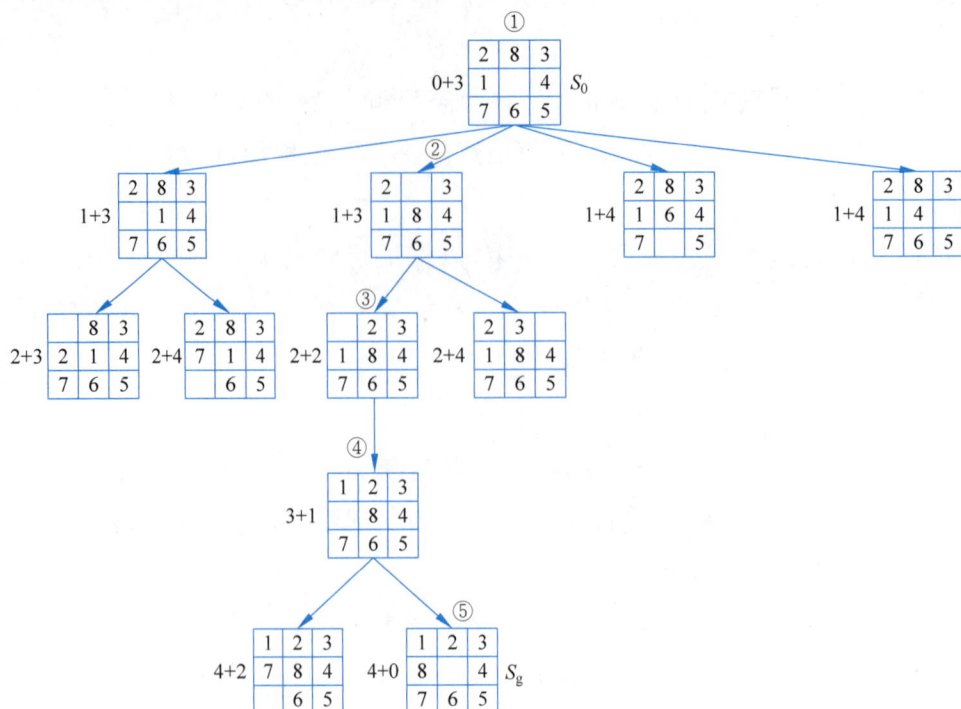

图 4-9　八数码问题的 A* 算法搜索树

4.5　搜索问题的典型应用

人工智能可以用来解决诸多现实问题,其中许多属于搜索问题。搜索问题大致可分为两大类:一类是路径规划问题,如最短路径问题、旅行销售员问题等;另一类是智力游戏问题,如 N 皇后问题、八数码问题、迷宫问题等。

4.5.1　路径规划

现实生活中,有很多关于路径规划的问题,都可以通过搜索技术进行求解。

1. 最短路径

最短路径是图论研究中的一个经典算法问题,已知起点和终点,寻找两点之间的最短路径。

如图 4-10 所示,给定一个由若干快递网点构成的网点布局图,每个节点表示一个快递网点,连接两个节点的边表示快递网点间的路径,每条边上的数字表示该路径的代价(km)。求解从初始节点 S 到目标节点 G 两个快递网点之间的最短距离。可见,$S \rightarrow A \rightarrow D \rightarrow K \rightarrow G$ 为最短路径。

2. 旅行销售员

旅行销售员问题是一个经典的组合优化问题,给定一系列城市和每对城市之间的距离,求解访问每一座城市一次并回到起始城市的最短路径。

如图 4-11 所示为旅行城市分布图,一名销售员从西安出发,途经成都、北京、哈尔滨、杭州 4 个城市,且每个城市访问一次,最终回到西安,求出该销售员旅行所用最短路径。通过后续启发式搜索策略的学习,可以很容易地求出西安 $\rightarrow$ 北京 $\rightarrow$ 哈尔滨 $\rightarrow$ 杭州 $\rightarrow$ 成都 $\rightarrow$ 西安为此问题的最佳路径。

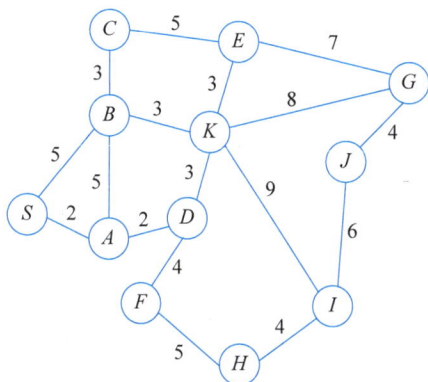

图 4-10　快递网点布局图

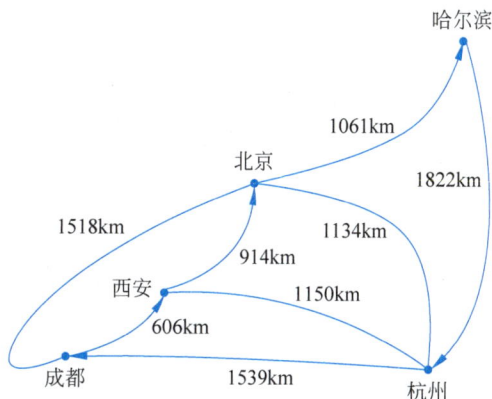

图 4-11　旅行城市分布图

除了以上两种问题外,现实生活中还有很多关于路径规划的实例,如基于道路网的路径规划问题、基于电子地图和 GPS 定位的最佳路径搜索问题、路由问题等。

4.5.2　智力游戏

从小到大,我们玩过很多智力小游戏,其中有很多游戏可以归结为人工智能的搜索问题,如 N 皇后问题、八数码问题、迷宫问题等。

1. N 皇后问题

N 皇后问题是计算机科学领域的经典问题之一,以国际象棋为背景,研究的是如何将 N 个皇后放置在 $n \times n$ 的棋盘上,并且使任意两个皇后之间不能互相攻击(当两个皇后出现在同一行、同一列、同一斜线时可以互相攻击)。

其中，当 N 为 8 时，就是八皇后问题，需在 8×8 的棋盘上放置 8 个皇后。为简化问题，我们以四皇后为例，采用深度优先算法来描述。

【例 4.5】   四皇后问题。在 4×4 的棋盘上放置 4 个皇后，共有多少种摆法？约束条件：任意两个皇后都不能处在同一行、同一列或同一斜线上。要想在 16 个格中摆放 4 个皇后，排列组合应有 $C_{16}^4 = 1820$ 种情况，如图 4-12 所示为从这 1820 种情况中选取的 4 种摆法。其中，图 4-12(a) 和图 4-12(b) 违背了约束条件，皇后之间互相攻击；图 4-12(c) 和图 4-12(d) 没有违背约束条件，即为问题的解。

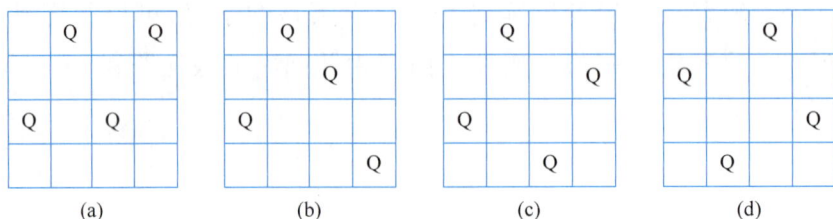

图 4-12   四皇后问题

1）四皇后问题解题思路

四皇后问题是经典的盲目搜索算法应用案例，目标是在 4×4 的方格棋盘上放置 4 个皇后，使它们彼此不能相互攻击（即不在同一行、同一列或同一斜线上），本案例采用深度优先算法。

（1）问题的状态表示

① 问题解的状态：用数组记录每行皇后位置，设 4 个皇后为 x_i，分别在第 i 行 $(i=1,2,3,4)$；那么可以用 $(1, x_1), (2, x_2), \cdots, (4, x_4)$ 表示 4 个皇后的位置；由于行号固定，可简单记为 (x_1, x_2, x_3, x_4)，例如 $(4,2,1,3)$。

② 问题的解空间：(x_1, x_2, x_3, x_4)，$1 \leqslant x_i \leqslant 4 (i=1,2,3,4)$，共 4! 个状态。

③ 构造状态空间树：状态空间树的根为空棋盘，每个布局的下一步可能是该布局节点的子节点。由于可以预知，在每行中有且只有一个皇后，因此可采用逐行布局的方式，即每个布局有 n 个子节点。

（2）搜索算法

① 从空棋盘起，逐行放置棋子。

② 每在一个布局中放下一个棋子，即推演到一个新的布局。

③ 如果当前行上没有可合法放置棋子的位置，则回溯到上一行，重新布

放上一行的棋子。

　　一个解的搜索过程如图 4-13 所示。我们来看看四皇后放置棋子的过程，首先在第一行放置 1 个皇后，标记为(1,1)，如图 4-13(a)所示，那么第二个棋子必须从第二行开始放置，根据约束条件，可以放置在(2,3)位置，如图 4-13(b)所示。但是放第三个棋子时，由于第三行没有合规则的位置，那么向上回溯一行，将第二个棋子列向后移动得到(2,4)位置。继续放第三个棋子，如图 4-13(d)所示。同理，在放第四个棋子时，没有合适位置，再次回溯到第一行，将棋子向后移动一列，如图 4-13(f)所示。那么图 4-13(g)和图 4-13(h)即为放置第二、三、四个棋子的过程。

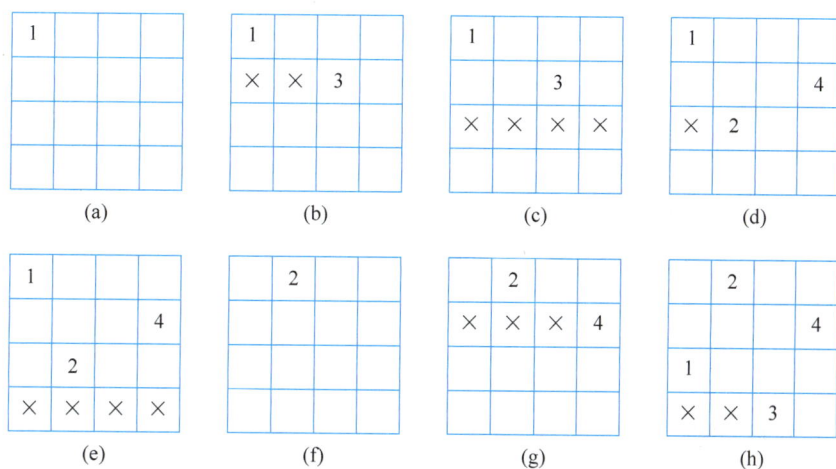

图 4-13　四皇后棋盘的布局状态

2）四皇后问题的 Python 代码实现

```python
def solve_4queens():
    solutions = []      #用一个列表存储皇后的位置，索引表示行，值表示列
    queens = [-1] * 4   #初始化，-1 表示该位置暂未放置皇后

def is_safe(row, col):
    """检查在(row, col)位置放置皇后是否安全"""
    for r in range(row):
        c = queens[r]   #检查同一列或同一斜线
        if c == col or abs(row - r) == abs(col - c):
            return False
    return True

def backtrack(row):
```

```
"""回溯放置皇后"""
if row == 4:                              # 所有行都放置好了皇后,记录解决方案
    # 将皇后位置转换为可视化棋盘格式
    solution = ['.' * col + 'Q' + '.' * (3 - col) for col in queens]
    solutions.append(solution)
    return
# 尝试在当前行的每一列放置皇后
for col in range(4):
    if is_safe(row, col):
        queens[row] = col                # 放置皇后
        backtrack(row + 1)               # 继续下一行
        queens[row] = -1                 # 回溯,移除皇后

backtrack(0)                             # 从第 0 行开始
return solutions

# 打印所有解决方案
solutions = solve_4queens()
print(f"四皇后问题共有{len(solutions)}种解决方案: ")
for i, sol in enumerate(solutions, 1):
    print(f"\n 解决方案 {i}: ")
    for row in sol:
        print(row)
```

2. 八数码问题

在 3×3 的棋盘上摆有 8 个棋子,每个棋子上标有 1~8 的某一数字(数字不重复)。棋盘中留有一个空格,空格周围的棋子可以移到空格中。要求解的问题:给出一种初始布局(初始状态)和目标布局(目标状态),找到一种最少步骤的移动方法,实现从初始状态到目标状态的转换。八数码问题的状态图如图 4-5 所示。八数码问题这一类型的智力游戏在现实中还有很多,如通过不断移动滑块复原原图像以及华容道等。

1) 问题描述

八数码问题也称为九宫问题。在 3×3 的棋盘摆有 8 个棋子,每个棋子上标有 1~8 的某一数字,不同棋子上标的数字不相同。棋盘上还有一个空格,与空格相邻的棋子可以移到空格中。要求解决的问题是给出一个初始状态和一个目标状态,找出一种从初始状态转变成目标状态的移动棋子步数最少的移动步骤。

要解决这个问题,必须先把问题转换为数字描述,由于八数码是一个 3×3

的矩阵,但在算法中不使用矩阵,而是将这个矩阵转换为一个一维数组,使用这个一维数组来表示八数码,但是移动时要遵守相关规则。八数码问题形式化描述如下。

(1) 初始状态:规定数组中各分量对应各位置上的数字。把 3×3 的棋盘按从左到右、从上到下的顺序写成一个一维数组。可以设定初始状态数组为 $(2,8,3,1,0,4,7,6,5)$,目标状态数组为 $(1,2,3,8,0,4,7,6,5)$。

(2) 后继函数:按照某种规则移动数字得到的新数组。例如:

$(2,8,3,1,0,4,7,6,5) \rightarrow (1,2,3,4,5,6,7,8,0)$

(3) 目标测试:新数组是否是目标状态。即 $(1,2,3,4,5,6,7,8,0)$ 是目标状态吗?

(4) 路径耗散函数:每次移动代价为 1,每执行一条规则后总代价加 1。

2) 八数码问题的 A* 算法解题过程

首先,采用简单的评估函数,令 $f(n) = d(n) + h(h)$,$d(n)$ 是节点 S_n 在状态空间中的深度,即从初始节点到 S_n 所经历的层次数。显然,以 $d(n)$ 作为从初始节点到当前节点的实际代价是合适的。至于 $h(n)$,本案例以采用 $h(n) = P(n)$,这里 $P(n)$ 定义为每一个数码与其目标位置之间的距离(不考虑夹在其间的数码)的总和。如图 4-14 所示,相对于目标状态 S_g,初始状态 S_0 中总共有三个数码不在目标位置上,即"1""2""8",各自距离目标位置的距离分别是 1、1、2,于是 $P(0) = 4$,$f(n) = 0 + 4$,同样可以断定从节点 n 出发,至少要移动 $P(n)$ 步才能到达目标状态,因此有 $P(n) \leqslant h^*(n)$,满足 A* 算法的约束条件。

八数码问题采用启发函数的搜索树如图 4-14 所示,每个表格旁边的数字表示该节点的评估函数值 $f = d + h$,圆圈中的数字表示节点搜索的顺序。

其算法流程图如图 4-15 所示,求解八数码问题的步骤如下。

步骤一:把 S_0 放入 OPEN 表(记录当前待考查节点的数据结构),计算其 f 值,令 CLOSED 表(记录考查过节点的数据结构)为空表。

步骤二:判断 OPEN 表是否为空,若为空,则搜索结束;否则,从 OPEN 表中取出 f 值最小的节点放入 CLOSED 表中。如果该节点是目标节点,则搜索结束;否则,对该节点进行扩展。

步骤三:将扩展得到的子节点放入 OPEN 表中,计算各子节点的 f 值并排序。

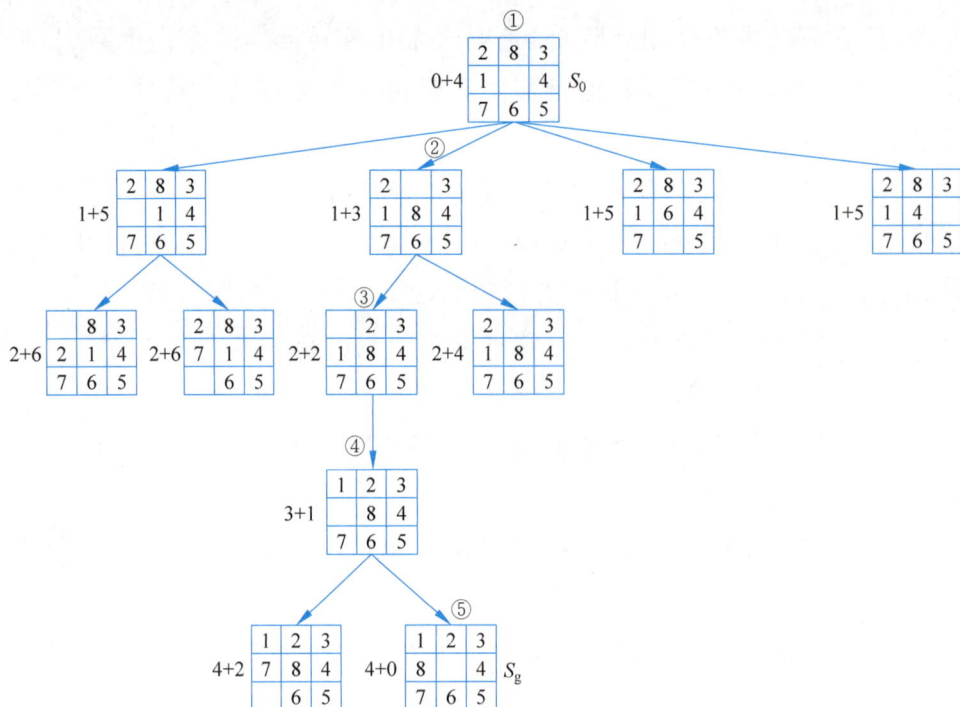

图 4-14　八数码问题的 A* 算法搜索树

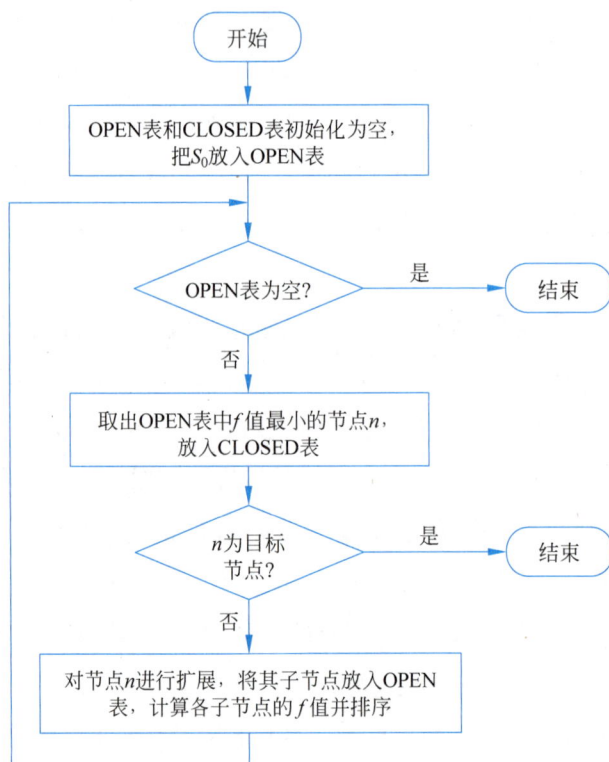

图 4-15　八数码问题的 A* 搜索算法流程

步骤四：重复步骤二和步骤三直到搜索结束。

3）八数码问题的 A* 算法 Python 语言实现

以下 Python 代码展示了如何使用 A* 搜索算法来解决八数码问题，它通过估算每一步的代价来指导搜索过程，使得搜索更高效。八数码问题的 Python 代码如下。

```python
import numpy as np
import operator
from copy import deepcopy
A = list(map(int, input("初始状态: ").split()))          #初始状态输入
B = list(map(int, input("目标状态: ").split()))          #目标状态输入
z = 0
M = np.zeros((3, 3), dtype = int)
N = np.zeros((3, 3), dtype = int)
for i in range(3):
    for j in range(3):
        M[i][j] = A[z]
        N[i][j] = B[z]
        z = z + 1
openlist = []                                          #OPEN 表


class State:
    def __init__(self, m):
        self.node = m                    #节点状态
        self.f = 0                       #总代价 f(n) = g(n) + h(n)
        self.g = 0                       #已走路径代价 g(n)
        self.h = 0                       #启发式函数估计代价 h(n)
        self.father = None               #父节点,用于路径回溯
init = State(M)                          #初始状态
goal = State(N)                          #目标状态
#启发函数
def h(s):
    distance = 0
    for i in range(3):
        for j in range(3):
            num = s.node[i][j]
            if num != 0:                 #跳过空格
                goal_i, goal_j = np.where(goal.node == num)
                distance += abs(i - goal_i[0]) + abs(j - goal_j[0])
                                         #计算到目标的距离
```

```
        return distance

#新增函数：定位空格位置
def find_zero(board):
    for i in range(3):
        for j in range(3):
            if board[i][j] == 0:
                return i, j

#按照估值函数值对节点列表进行排序
def list_sort(l):
    cmp = operator.attrgetter('f')
    l.sort(key = cmp)
#A*搜索算法
def A_star(s):
    global openlist              #全局变量可以让 OPEN 表进行实时更新
    openlist = [s]               #初始化 OPEN 表
    closed_set = set()           #新增 CLOSED 表
    while openlist:              #当 OPEN 表不为空
        get = openlist[0]        #取出 OPEN 表第一个节点,f 值最小的节点
        if (get.node == goal.node).all():   #检查是否与目标节点一致
            return get
        openlist.remove(get)     #将 get 移出 OPEN 表

        #状态哈希避免重复
        state_hash = tuple(get.node.flatten())
        if state_hash in closed_set:
            continue
        closed_set.add(state_hash)
        #重构邻居生成
        a, b = find_zero(get.node)            #空格位置
        directions = [(0, 1), (1, 0), (0, -1), (-1, 0)]
                                              #方向右、下、左、上
        for dx, dy in directions:
            i, j = a + dx, b + dy             #移动目标位置
            if 0 <= i < 3 and 0 <= j < 3:     #边界检查
                new_board = deepcopy(get.node)    #深拷贝
                new_board[a][b], new_board[i][j] = new_board[i][j], new_
board[a][b]
                new_state = State(new_board)
                #更新 g,h,f 及父节点
                new_state.g = get.g + 1           #新节点与父节点的距离
```

```
                new_state.h = h(new_state)
                new_state.f = new_state.g + new_state.h   #估价函数值
                new_state.father = get
                openlist.append(new_state)
        list_sort(openlist)                        #按 f 排序

#递归打印路径
def print_path(f):
    if f is None:
        return
    print_path(f.father)                           #递归回溯父节点
    print(f.node)                                  #输出当前状态

if __name__ == "__main__":                         #主函数
final = A_star(init)
if final:
    print("问题的解为: ")
    print_path(final)
else:
    print("无解")
```

4）运行结果示例

运行程序，输入八数码问题的初始状态 2 8 3 1 0 4 7 6 5 和目标状态 1 2 3 8 0 4 7 6 5，搜索过程如图 4-16 所示。

```
初始状态: 2 8 3 1 0 4 7 6 5
目标状态: 1 2 3 8 0 4 7 6 5
问题的解为:
[[2 8 3]
 [1 0 4]
 [7 6 5]]
[[2 0 3]
 [1 8 4]
 [7 6 5]]
[[0 2 3]
 [1 8 4]
 [7 6 5]]
[[1 2 3]
 [0 8 4]
 [7 6 5]]
[[1 2 3]
 [8 0 4]
 [7 6 5]]
```

图 4-16　搜索过程

小　　结

　　人工智能中的每个研究领域都有其特点和规律,但就求解问题而言都可抽象为一个问题求解过程。问题求解过程是搜索答案(目标)的过程,因此问题求解技术也叫作搜索技术,是通过对状态空间的搜索而求解问题的技术。搜索技术有不同的类型。根据搜索中是否使用启发式信息,搜索可以分为盲目搜索和启发式搜索。按问题的表示方式,搜索还可以分为状态空间搜索和与或树搜索。关于盲目搜索介绍了广度优先搜索、深度优先搜索。盲目搜索的缺点是会导致组合爆炸,因此,人们又提出利用问题的某些控制信息引导搜索的启发式搜索。启发式搜索的优点是深度优先、效率高、无回溯,其缺点是不能保证得到最优解。

习　　题

　　1. 在状态空间表示法中,状态的意义是什么? 目标状态是问题的解吗? 如不是,目标状态与问题的解之间是什么关系?

　　2. 请用状态空间法求解农夫过河问题。该问题是:一农夫带着一只狼、一只羊和一筐菜来到河边,欲乘船到河对岸。但船太小,农夫每次只能带一样东西过河。而在没有农夫看管的情况下,狼会吃羊,羊会吃菜。农夫应该怎样做,才能在没有任何损失的情况下把所有东西带到河对岸?

　　3. 什么是广度优先搜索? 什么是深度优先搜索? 它们有何不同?

　　4. 如果将评估函数中的 $g(n)$ 去掉,即 $f(n)=h(n)$,则此时启发式搜索采用哪一种算法?

第5章

自然语言处理

自然语言处理(Natural Language Processing,NLP)是计算机科学领域与人工智能领域中的一个重要方向。它研究能实现人与计算机之间用自然语言进行有效通信的各种理论和方法。自然语言处理是一门融语言学、计算机科学、数学于一体的科学。因此,这一领域的研究将涉及自然语言,即人们日常使用的语言,所以它与语言学的研究有着密切的联系,但又有重要的区别。自然语言处理并不是一般地研究自然语言,而在于研制能有效地实现自然语言通信的计算机系统,特别是其中的软件系统,因而它是计算机科学的一部分。自然语言处理主要应用于机器翻译、舆情监测、自动摘要、观点提取、文本分类、问题回答、文本语义对比、语音识别等方面。本章介绍自然语言处理技术,主要介绍自然语言处理的概念、自然语言理解,对自然语言处理的典型应用——机器翻译、问答系统等。

5.1　自然语言处理概述

自然语言,就是我们每个正常人类每天说的话、写的字,以及其他各种以语言形式记录的内容等,如说话、社交平台的聊天记录、笔记、博客、新闻、文献、铭文、石刻……理解自然语言,对于人类似乎是自然而然的,甚至不费吹灰之力。然而,对于目前"万能"的计算机系统来说却是一个老大难问题。

5.1.1　自然语言处理的概念

自然语言处理是用机器处理人类语言的理论和技术。它作为语言信息处理技术的一个高层次的重要研究方向,一直是人工智能领域的核心课题。由于自然语言的多义性、上下文有关性、模糊性、非系统性和环境密切相关性、涉及的知识面广等原因,自然语言处理困难重重。自然语言处理的研究

希望机器能够执行人类所期望的某些语言功能,这些功能包括:

功能一,回答问题。计算机能正确地回答用自然语言输入的有关问题。

功能二,文摘生成。机器能产生输入文本的摘要。

功能三,机器能用不同的词语和句型来复述输入的自然语言信息。

功能四,翻译。机器能把一种语言翻译成另外一种语言。

自然语言处理主要研究如何有效地实现自然语言通信的算法、模型、计算机系统,通过计算机对自然语言的音、形、义等各种信息进行处理和分析,实现对自然语言不同层次如字、词、句、篇章的操作与加工。实现人与计算机之间的自然语言通信与交互一般包含以下两方面的内容。

(1)自然语言理解。根据自然语言的不同表现形式,自然语言理解可分为口语理解与文字理解两方面。口语理解就是让计算机能够“听懂”人们所说的话;文字理解就是让计算机能够“看懂”输入计算机中的文字资料,并能用文字做出响应。例如,我们对小米手机说“小爱同学,打电话回家”,小爱就会自动为你打电话回家。

(2)自然语言生成。自然语言生成是按照一定的语法和语义规则将计算机数据转换为自然语言。例如,我们对小米手机说“小爱同学,现在几点了?”小爱同学回复说:“现在是下午 2:08”,机器能够自己生成自然语言。

图 5-1 列出了自然语言处理两大任务及对应的研究。

5.1.2　自然语言处理的发展历程

自然语言处理的历史几乎与人工智能的历史一样长。计算机出现之后就有了人工智能的研究,而最早的人工智能研究就已经涉及自然语言处理和机器翻译。一般认为,自然语言处理的研究是从机器翻译系统的研究开始的。

1. 20 世纪 50～70 年代——基于规则方法阶段

自然语言处理起源于 20 世纪 50 年代。1950 年,图灵在《计算机器与智能》中提出“图灵测试”,为人工智能和自然语言处理发展奠定了理论基础。1954 年,IBM 公司的乔治·阿特金森(George Atkinson)和诺伯特·威纳(Norbert Wiener)开发了首个机器翻译系统——乔治三世系统,尝试将俄语译成英语,虽翻译质量有限,但开启了机器翻译先河。这一时期,自然语言处理主要采用基于规则的方法,研究人员编写大量语法和词汇规则来解析和生成语言。如 1964 年,丹尼尔·鲍勃罗(Daniel Bobrow)开发了 ELIZA 系统,

自然语言处理
- 自然语言理解
  - 词
    - 分词
    - 词性标注
    - 命名实体识别
  - 句子
    - 句法结构解析
    - 依存关系解析
  - 文档
    - 情感解析
    - 主题建模
- 自然语言生成
  - 文本转文本
    - 文本摘要
    - 机器翻译
    - 语法纠错
    - 文本重写
  - 数据转文本
    - 天气预报
    - 人物简介
    - 金属报告
    - 体育新闻
  - 视觉转文本——图片/视频生成

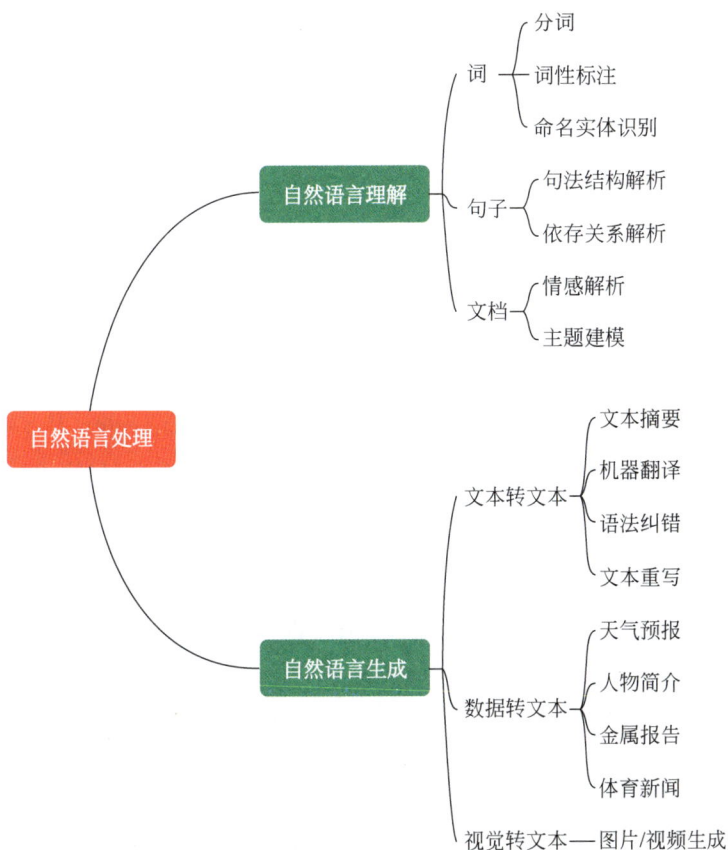

图 5-1　自然语言处理的两大任务

它是世界上首款聊天机器人系统,通过预设模式匹配和规则生成回应,能与用户简单对话,如模仿心理医生与患者交流。

2. 20 世纪 70 年代到 21 世纪初——基于统计方法阶段

这个时期自然语言处理研究的突出标志是引入基于统计的方法,提出语料库语言学并发挥重要作用。语料库语言学从大规模真实语料获取语言知识,使对自然语言规律认识更客观准确,因而受到越来越多研究者的青睐。20 世纪 90 年代,随着 Web 的快速发展,语料获取更便捷,语料库规模变大、质量提高,语料库语言学的兴起推动了自然语言处理其他相关技术的发展,一系列基于统计模型的自然语言处理系统开发成功,如隐马尔可夫模型、支持向量机、条件随机场、贝叶斯网络、决策树、浅层神经网络等。基于统计的方法通过使用一定的数据进行训练,自动学习并调整模型参数,能更好地处理不确定性,并可以进行一定的模型迁移推广。

3. 2008—2019 年——基于深度学习方法阶段

2010 年左右,深度学习技术开始在自然语言处理领域崭露头角。2013 年,托马斯·米科洛夫等人提出词嵌入(Word to Vector,Word2Vec)模型,它能够将单词映射到高维向量空间中,并通过训练学习单词之间的语义关系,为自然语言处理提供了强大的词嵌入表示方法。此后,循环神经网络(Recurrent Neural Network,RNN)、长短期记忆(Long Short-Term Memory,LSTM)网络、门控循环单元(Gated Recurrent Unit,GRU)等深度学习模型被广泛应用于文本生成、机器翻译、情感分析等任务。

2018 年,Google 提出了 BERT(Bidirectional Encoder Representations from Transformers)模型,它通过预训练大量无监督文本数据,学习语言的通用特征,然后在特定任务上进行微调,取得了显著的效果。BERT 的出现引发了自然语言处理领域的预训练模型热潮,随后出现了 GPT(Generative Pre-trained Transformer)等更强大的预训练模型。这些模型在自然语言理解、文本生成、问答系统等任务上取得了前所未有的性能,推动了自然语言处理技术的飞速发展。

4. 2019 年至今——多模态与实用化阶段

自然语言处理正与计算机视觉、语音识别等融合,形成多模态人工智能。例如,结合文本与图像、视频等信息,实现更全面自然的人机交互,如视觉问答系统可理解图像内容并作答。随着模型规模扩大,优化预训练模型训练效率、降低计算成本成为研究热点,同时研究人员也在探索将其应用于医疗、金融、教育等实际领域解决问题。自然语言处理发展历经规则驱动、数据驱动到深度学习驱动,在语言理解、生成和交互等方面成就显著,将继续推动人工智能发展。

5.2   自然语言处理技术与方法

5.2.1   自然语言处理的层次

自然语言处理的处理对象一般有图像、语音还有文本,但无论是图像还是语音,经过识别都是转换成文本之后再进行处理,所以文本处理是自然语言处理中最重要的一项任务。无论是婴儿牙牙学语还是小学生学习写字,都是按照字、词、句这样的顺序,所以自然语言的处理层次也由下而上分为字词级分析、段落级分析和篇章级分析,如图 5-2 所示。但中文的单个字和英文的单个字母,表意能力都很差,所以中文和英文一般都是按照词的级别处理。既然按词级别处理,则文本分析处理就需要有分词、词性标注、命名实体识别这样的层次来做底层处理,这三项工作都是围绕词进行的,所以通常也统称为词法分析。

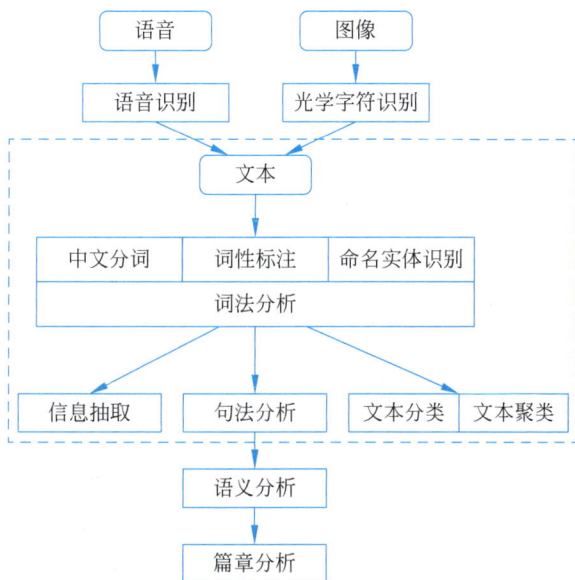

图 5-2　自然语言处理任务的层次

词法分析之后,文本里包含的信息已经进行了结构化处理,变成了有意义的列表组织形式,并且单词还附有自己的词性以及其他标签。利用这些单词和标签可以抽取出一些有用的信息,通常是实体、关系、事件这些有用信息,并以一定的框架显示。例如,可以从一个新闻的文本中抽取出事件发生的时间、地点和关键人物;也可以从一个技术文档中抽取出公司名称、产品名称、性能指标等专业术语。信息抽取算法中用到的一些统计信息,还可以用于其他自然语言处理任务,无论是在信息检索、问答系统还是情感分析中,信息抽取都有广泛的应用。

除了上述信息抽取之外,我们还能以文章为单位做进一步分析。例如,按照情感极性把微博文本分为正面和负面两类;又如,以邮件是否是垃圾邮件为标准进行整理。这种把文本文档进行分门别类整理的 NLP 任务就称作文本分类。

在底层词处理基础之上对文本进行基于内容的分析与处理的重要手段则是句法分析。句法分析的主要任务是根据给定的语法,自动识别出句子所包含的句法单位以及句子中词汇间的依存关系,其结果通常以句法树的形式来表示。较之句法分析,语义分析侧重的非语法而是语义,包括词义消歧、语义角色标注、语义依存分析等,句法分析仍属于文本信息处理的基础研究。

篇章是指有多个句子,或者段落构成的有组织、有意义的文本。在这个层面,研究者关心句子之间是如何衔接的,从而让语义连贯。在这个层面涉及的任务有问答系统、自动摘要、指代消解等。

5.2.2　自然语言处理的技术

自然语言处理常用的技术手段主要包括以下几个方面,这些技术是支撑自然语言处理各项功能实现的基础,广泛应用于文本分析、语言理解、信息提取等多个环节。

1. 中文分词

1) 分词的概念

分词是将连续字(或单词)序列按规范重新组合成词(或词组)序列的过程。英文以空格自然分隔,中文词语间无明显形式分隔,计算机切词处理即分词,它是自动识别句子中的词并加入分隔符,但实践复杂。中文分词困难与中文文法有关,具体表现如下。

(1) 中文继承古代汉语传统,词语无分隔,古代汉语多单字为词,现代汉语多双字或多字词。

(2) 中文"词"和"词组"边界模糊,因人们认识水平不同,难以区分。

(3) 中文分词主要的困难是分词歧义,如"毕业的和尚未毕业的都在"有不同分词方式,此外,未登录词、分词粒度等也会影响分词效果。

2) 基于规则的中文分词方法

基于规则的分词是机械分词法,通过维护词典,将语句字符串与词表词逐一匹配,匹配则切分,否则不切分。

(1) 正向最大匹配(Maximum Matching,MM)。假定词典中最长词含 k 个汉字,先将待分词句子前 k 个字作匹配字串查词典,匹配成功则切分,失败则将前 $k-1$ 个字重新匹配,直至匹配成功或为单字,完成一轮匹配后继续处理剩余句子。例如,对"南京市长江大桥"分词,先匹配"南京市长江",失败后匹配"南京市长"成功,再处理"江大桥",最终分为"南京市长""江""大桥"。

(2)逆向最大匹配(Reverse Maximum Matching,RMM)。原理与 MM 相同,但切分方向相反,从文档末端开始匹配,使用逆序词典。先将文档倒排,再用正向最大匹配法处理逆序文档。如"南京市长江大桥",最终得到"南京市""长江大桥"。因汉语偏正结构多,从后向前匹配可提高精确度,统计显示,单纯正向最大匹配错误率为 1/169,单纯逆向最大匹配错误率为 1/245,逆向误差更小。

(3)双向最大匹配法(Bi-direction Matching)。比较正向和逆向最大匹配结果,按最大匹配原则选取词数切分最少的作为结果,例如,"南京市长江大桥"最终结果为"南京市""长江大桥"。

3)基于统计的中文分词方法

基于统计的自然语言处理需人工标注数据集。分词通常用 B、E、M 和 S 标注汉字在词语中的作用,B、E、M 分别表示词语首字、尾字和中间字,S 表示独字词语,如"我们是中国人"标注为"我 B 们 E 是 S 中 B 国 M 人 E",对应分词"我们/是/中国人"。收集大量标注数据后,可对汉字及其标注进行统计。

2. 词性标注

词性即词类,是词语的基本语法属性。词性标注是计算机判定句子中每个词的语法范畴并标注其词性的过程。常见词性有动词、名词、形容词等。例如,"这儿是个非常漂亮的公园"标注结果为"这儿/代词　是/动词　个/量词　非常/副词　漂亮/形容词　的/结构助词　公园/名词"。

词性标注需有规范,如用 n、adj、v 分别表示名词、形容词、动词。中文领域尚无统一标注标准,主流的是北大和宾州两类标注集。

很多中文词有多个词性,且词在不同句子里语法成分不同,词性也可能不同,这给标注带来困难。不过,多数实词最多有两个词性,高频词性标注准确率超 80%,能覆盖多数场景。

3. 命名实体识别

命名实体识别(Named Entity Recognition,NER)是自然语言处理基础任务,是多种自然语言处理技术的必要组成部分,其目的是识别句子中的人名、地名、组织机构名等实体。因实体数量不断增加且构成规律多样,通常需独立处理识别。

实体分为三大类(实体类、时间类、数字类)和 7 小类(人名、地名、组织机构名、时间、日期、货币、百分比）。数量、时间等实体识别可用模式匹配,人名、地名、机构名较复杂,是研究重点。

命名实体识别包括实体边界划分和类型识别。英文实体有明显形式标志,识别相对容易,难点是类型识别;中文识别类型和边界都难。

中文命名实体识别有以下 4 个难点。

第一,数量众多。人民日报 1998 年 1 月语料库中,人名达 19 965 个,多为未登录词。

第二,构成规律复杂。人名识别可细分,机构名组成方式多样,用词广泛,结尾用词相对集中。

第三,嵌套情况复杂。命名实体常组合成更复杂实体,机构名嵌套现象最明显。

第四,长度不确定。机构名长度和边界难定,常见人名、地名多为2～4个字,机构名长度变化大,10 字以上占比高。

4. 句法分析

1) 基本概念

句法分析(Parsing)是自然语言处理核心技术、深层次理解语言的基石,是从单词串得到句法结构的过程,实现该过程的工具或程序叫作句法分析器(Parser)。其主要任务是识别句子的句法成分及关系,结果一般用句法树表示,句法分析树如图 5-3 所示。

句法分析有两个难点:一是自然语言存在大量歧义现象;二是句法分析复杂,模型训练的句法树个数随语料库句子增多呈指数级增长,搜索空间巨大,需设计合适的解码器以便在可容忍时间内找到最优解。

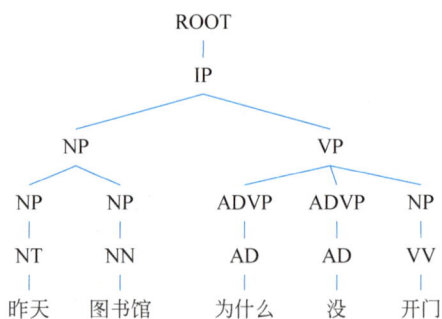

图 5-3 句法分析树

2) 上下文无关文法

一门语言一定有语法(也称文法),也就是词语形成句子的规则。上下文无关文法(Context-Free Grammar,CFG)是语法的形式化表达方式,将语法表示为 4 元组 $G=(N,T,S,R)$,其中,N 是"非终结"符号或变量的有限集合,代表不同类型短语或子句结构;T 是"终结符"有限集合,与 N 不相交,如中文词为终结符；S 是开始符，表示整个句子，是 N 中元素；R 是规则集，每条规则（也叫产生式）表示为 $U \rightarrow w$，其中，$U \in N$，$w \in (N \cup T) *$。

由上下文无关文法定义的语言是上下文无关语言。很多计算机语言都是上下文无关语言，自然语言的语法也可以表示为上下文无关文法，但是可能会生成诸如"咬死猎人的猎人""咬死狗的狗"和"咬死狗的猎人"这样的合法句子，但显然这些句子不太可能出现在人们日常的对话中。这也意味着 CFG 产生的合法句子数量将是无限的，但是大多数都没有意义。因此，一门采用 CFG 表示的自然语言的合法语句理论上是无限的，但实际上人类常用的语句并不是无限的。

3）概率上下文无关文法

根据 CFG 文法，采用不同的推导规则，计算机可以为句子"咬死了猎人的狗"自动构建出两棵不同的句法分析树，也就是存在语法歧义。这两棵树分别表示咬死的是猎人或咬死的是狗，因此存在语义歧义。

为了消除歧义，计算机需要对这两棵句法树进行评价。概率上下文无关文法（Probabilistic Context-Free Grammar，PCFG）是常见的句法树评价方法，也就是句法分析方法。PCFG 方法计算每棵句法树（也就是句子结构）在树库中出现的概率，概率越大表示这棵句法树的句法分解越可能是正确的，这就是概率上下文无关文法（PCFG）的基本思想。

PCFG 表示为 5 元组 (N, T, S, R, P)，N、T、S、R 定义与 CFG 相同，P 是概率集合，包含 R 中每条规则的概率。当一句话有多棵候选句法树时，PCFG 计算每棵树得分，选得分最高的作为句法分析结果以消歧，如算出前面图中两棵树的 PCFG 得分，得分高者为结果。

5. 文本分类

文本分类指根据内容自动确定类别，是自然语言处理的重要技术。最基础的分类是将文本归到两个类别中，即二分类问题或判断是非问题。例如，垃圾邮件过滤只需要判断一封邮件"是""否"是垃圾邮件。分类是典型的机器学习任务，过程主要分为两个阶段：训练阶段和预测阶段。在训练文本分类器之前，需要提取文本的特征。常见的分类器有逻辑回归（Logistic Regression，LR）、支持向量机（Support Vector Machine，SVM）、K 近邻（K-Nearest Neighbor，KNN）、决策树（Decision Tree，DT）、神经网络（Neural Network，NN）等。技术人员需要根据场景选择合适的文本分类器。

5.2.3　自然语言处理的方法

在前面的内容中提到过,早期的 NLP 尝试是以机器翻译为开端的,但效果不太理想。因为早期大部分自然语言处理系统还是基于人工规则的方式,使用规则引擎或者规则系统来实现问答、翻译等功能。直到 20 世纪 90 年代,统计机器学习技术出现,随之建成大量优质的语料库,NLP 技术则转为采用统计模型和基于传统机器学习的方法。深度学习兴起后对 NLP 领域影响非常大,深度学习不需要特征工程,可以大大节省这一块花费的时间。下面分别介绍进行自然语言处理的三种方法。

1. 基于规则的方法

早期的自然语言处理科学家们都陷入了一个误区,他们认为要让机器理解语言,则必须让机器拥有人类这样的智能。我们要学好一门外语,要学习它的词性、语法规则、构词规则等,这其实就是基于规则的自然语言处理过程。例如,可以使用工具针对一句话,构造出一棵语法分析树,标出主谓宾,以及词语间的修饰关系,即建立一套转换生成语法,通过规则的分析方法,用有限的、严格的规则来描述无限的语言现象。

显然,这种方法面对稍长一点的句子时就显得有些力不从心了。首先,要通过文法规则覆盖真实语句,文法规则的数量动辄数万条;其次,即使能写出涵盖所有自然语言现象的语法规则集合,用计算机解析它也是相当困难的,因为自然语言不像编程语言,自然语言有上下文相关性,并时刻都在发生变化。

2. 基于机器学习的方法

1990—2000 年,随着计算机技术的发展和机器学习的兴起,自然语言处理领域采用了基于机器学习的方法进行自然语言的理解分析。在这个阶段,不再依靠人工编写规则,而是让机器从大量的标记数据中自动学习规则。例如,可以通过计算词语的共现频率、词频统计等信息来进行词性标注、句法分析和语义理解。基于机器学习的方法一般需要首先对输入文本进行预处理,包括分词、词性标注等。对处理好的文本再进行特征提取,该阶段需要提取具有良好表达的特征信息,最后再通过机器学习模型进行最终的任务输出。常见的机器学习的模型有隐马尔可夫模型(Hidden Markov Model,HMM)、条件随机场(Conditional Random Field,CRF)等。这种方法的优点是能够通过大量数据来学习语言的隐藏规律,但缺点是可解释性相对较差,并且通常需要大量的标注数据进行训练。

机器学习进行自然语言处理的流程如图 5-4 所示,其中最关键的步骤就是特征工程。即利用数据领域的相关知识将预处理过的语料数据转换为特征的过

Step1	Step2	Step3
语料预处理	特征工程	选择分类器

图 5-4 机器学习的 NLP 处理流程

程,这些特征能很好地描述数据,且利用它们建立的模型在未知数据上的表现性能也可以达到最优。取决于不同的用途,文本特征可以通过句法分析、实体/N 元模型/基于词汇的特征、统计特征和词嵌入等方法来构建。

3. 基于深度学习的方法

如果将传统的机器学习中的特征工程用多层感知机替代,尝试自动地学习合适的特征及其表征,学习多层次的表征及输出,便是基于深度学习的自然语言处理方法。和传统方法相比,深度学习的重要特点就是用向量表示各种级别的元素,用向量表示单词、短语、句子和逻辑表达式,然后搭建多层神经网络进行自主学习。深度学习在 NLP 的一些应用领域上有显著的效果,如机器翻译、情感分析、问答系统等,但其在 NLP 领域中的基础任务如词性标注、句法分析上表现并不突出。

5.3 语料库和语言知识库

语料库是自然语言处理的基础资源,是自然语言模型训练的基础,而语言知识库是语言规则与概念关系的系统存储,它不直接包含原始文本,而是提炼、抽象出的语言规律(如语法规则)、概念定义(如词义)及概念间关联(如同义词、上下位关系)。一方面,语料库是语言知识库的重要"原料库",许多语言知识库的构建依赖于对语料库的分析——通过挖掘大规模真实文本中的语言现象,提炼出规律、抽取概念关系。另一方面,语言知识库是处理和利用语料库的"工具包",语料库的标注(如句法结构标注)需要借助语言知识库中的语法规则,对语料库内容的深层理解(如语义解析)也依赖于知识库中的概念关系。

5.3.1 语料库

语料库是指存放在计算机中的原始语料文本或经过加工后带有语言学

信息标注的语料文本。可以把语料库看作一个特殊的数据库，能够从中提取语言数据，以便对其进行分析、处理。如何建立语料库呢？针对不同的自然语言处理任务需要选择、收集不同的语料然后进行不同深度的加工。按语料来源，语料可分为以下几类。

积累语料：行业、领域、机构、单位以及业务部门等组织一般会在业务发展过程中保存积累大量文本资料，可能是纸质资料，也可能是电子资料。收集、整理这些资料可以建设为特定领域语料库。

公开语料：针对通用的自然语言处理任务，可以采用国内外开放的标准语料库，如国内的国家语委现代汉语语料库、人民日报标注语料库、搜狗语料等，国外的联合国官方资料库、美国当代英语语料库、美国历史英语语料库等。

下载语料：如果公开的语料库不能满足任务需要，可以在允许情况下使用爬虫等工具自己去抓取一些数据，然后建立自己的语料库。

本节介绍几个代表性语料库。

1. Brown 语料库

布朗语料库（Brown Corpus）由美国布朗大学于 1963—1964 年收集，是首个计算机存储的美国英语语料库。Brown 语料库包含 100 万单词的语料，包括 500 个连贯英语书面语，每个文本超过 2000 个单词，整个语料库约 1 014 300 个单词，用于研究当代美国英语。

2. COBUIL 语料库

柯林斯伯明翰大学国际语言语料库（Collins Birmingham University International Language Database，COBUIL）于 20 世纪 80 年代由辛克莱尔（John Sinclair）建立，是首个动态语料库，由英国伯明翰大学与柯林斯出版社合作完成，规模达 2000 万词。

3. BNC 语料库

英国国家语料库（British National Corpus，BNC）是目前网络上可直接使用的最大的语料库之一，也是目前世界上最具代表性的当代英语语料库之一。该语料库由英国牛津大学出版社、朗曼出版公司、牛津大学、兰卡斯特大学、大英图书馆等联合开发建立，于 1994 年完成。该语料库的建立标志着语料库语言学的发展进入一个新的阶段，并在语言学和语言技术研究方面发挥重要作用。

4. 宾州树库

宾州树库（UPenn Treebank）是一种深加工语料库，有短语结构和依存结构两类。宾州树库由美国宾夕法尼亚大学于 1989—1996 年建成,含约 700 万词带词性标记语料库、300 万词句法结构标注语料库。宾州树库通过设在宾夕法尼亚大学的语言数据联盟(Linguistic Data Consortium,LDC)组织和发布。

LDC 中文树库是 LDC 开发的中文句法树库,语料取材于新华社等媒体,已发展到第 8 版,由 3007 个文本文件构成,含有 71 369 个句子、约 162 万个词、约 259 万个汉字。文件采用 UTF-8 编码格式存储。

5. 美国国家语料库

美国国家语料库(American National Corpus,ANC)是目前规模最大的关于美国英语使用现状的语料库,它包括从 1990 年起的各种文字材料、口头材料的文字记录。ANC 的第一个版本包含 1000 万口语和书面语的美式英语词汇,第二个版本则包含 2200 万口语和书面语的美式英语词汇。ANC 也通过 LDC 组织和发布。

6.《人民日报》标注语料库

北京大学计算语言学研究所从 1992 年开始对现代汉语语料库进行多级加工,建立了《人民日报》标注语料库。《人民日报》标注语料库对《人民日报》1998 年上半年的纯文本语料进行了词语切分和词性标注,严格按照《人民日报》的日期、版序、文章顺序编排。文章中的每个词语都带有词性标记。目前的标记集里除了包括 26 个基本词类标记外,从语料库应用的角度又增加了专有名词(人名、地名、机构名称、其他专有名词),从语言学角度也增加了一些标记,总共使用了 40 多个标记。后来又推出了 2014 版的《人民日报》标注语料库,可以用来训练词性标注、分词模型、实体识别模型等。

5.3.2 语言知识库

语言知识库包含比语料库更广泛的内容。广义上来说,语言知识库可分为两种类型:第一种是词典、规则库、语义概念库等,其中的语言知识表示是显性的,可使用形式化结构进行描述;第二种语言知识存在于语料库之中,每个语言单位(主要是词)的出现,其意义、内涵、用法都是确定的。

下面介绍几个代表性语言知识库。

1. WordNet

词网(WordNet)是由美国普林斯顿大学的米勒(George A. Miller)领导

开发的英语词汇知识库,是一种传统的词典信息与计算机技术以及心理语言学等学科有机结合的产物。WordNet从1985年开始建设,目前已经成为国际上非常有影响力的英语词汇知识库。

2. 北京大学综合型语言知识库

北京大学综合型语言知识库由北京大学计算语言学研究所的俞士汶教授领导建立,覆盖了词、词组、句子、篇章各单位和词法、句法、语义多个层面,从汉语向多语言辐射,从通用领域深入专业领域,是目前国际上规模最大并获得广泛认可的汉语语言知识资源。其中的《现代汉语语法信息词典》是一部面向语言信息处理的大型电子词典,收录了8万个汉语词语,在依据语法功能分布完成的词语分类的基础上,又根据分类进一步描述了每个词语的详细语法属性。

3. 知网

知网(HowNet)是机器翻译专家董振东领导创建的汉语语言知识库,是一个以汉语和英语中词语代表的概念为描述对象,以揭示概念与概念之间以及概念具有的属性之间的关系为基本内容的常识知识库。

5.4　自然语言处理的典型应用

5.4.1　机器翻译

机器翻译旨在让计算机自动将源语言语句转换为目标语言语句,主要用于书面语和口语翻译。早期研究未成功,随着自然语言理解研究突破,20世纪80年代后再度兴起并迈向实用化,如今已为普通用户提供实时便捷翻译服务,如百度翻译、微信聊天翻译。

1. 机器翻译的一般过程

机器翻译的过程一般包括4个阶段:源语言输入、识别与分析、生成与综合、目标语言输出。下面以基于规则的转换式机器翻译为例,简要说明机器翻译的整个过程。

首先,源语言通过键盘、扫描器或话筒输入计算机后,计算机先逐个识别单词,再依据标点和特征词识别句法和语义,接着查找存储的词典、句法表和语义表并将处理后的信息传至规则系统,从表层结构分析到深层结构,机器内部会形成类似乔姆斯基语法分析的"树形图"。

当完成源语言识别和分析后,机器翻译系统依据双语词典和目的语句法规则生成目标语言深层次结构,综合成通顺语句,从深层结构回归表层结构。最后,翻译结果以文字形式输送至显示屏或打印机,或经语音合成后通过喇叭以声音形式输出。图 5-5 展示了基于规则的转换式机器翻译流程图。

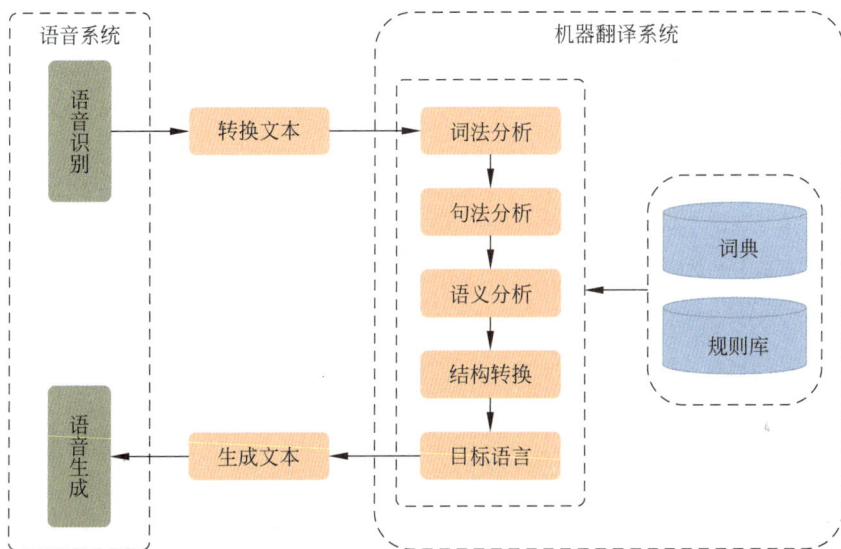

图 5-5 基于规则的转换式机器翻译流程图

2. 机器翻译的产品介绍

目前市面上流行的机器翻译产品丰富多样,涵盖在线翻译平台、翻译软件应用程序和翻译硬件设备等类型,以下是部分产品介绍。

1) 在线翻译平台

(1) Google 翻译:支持 133 种语言互译,翻译范围广泛。具备网页翻译、离线翻译、即时相机翻译等多种功能,新增的"人工智能(Artificial Intelligence, AI)精翻"功能,可优化长文本连贯性。

(2) 百度翻译:百度 AI 核心产品,功能全面。支持文本、语音、图片翻译,集成学术翻译模式,适合学生和研究者,其拍照翻译功能可帮助用户高效学习外语、阅读外文资料。

(3) 有道翻译官:口碑良好,采用有道神经网络翻译(Youdao Neural Machine Translation, YNMT)技术,翻译质量有保障。支持 107 种语言翻译,覆盖 186 个国家,具备离线翻译、增强现实(Augmented Reality, AR)翻译、同传翻译等功能。

（4）火山翻译：字节跳动旗下的翻译工具，依托字节 AI 大模型，支持文本、语音、视频翻译，特色是社交媒体内容优化，如 TikTok 字幕翻译，适合内容创作者。

2）翻译硬件设备

（1）科大讯飞翻译机：具备测口语、练听力、改作文等功能，可解决多种学习应用场景中的问题，中英文词句一扫全搞定，适合语言学习和出国交流等场景。

（2）网易有道词典笔：搭载强劲芯片，配合强大的光学字符识别（Optical Character Recognition，OCR）技术，识别准确率高，词库全，能够帮助用户快速查词和翻译，是学习外语的得力助手。

（3）阿尔法蛋词典笔：可以精准查找生词，智能拆词解句，拥有海量词典资源，覆盖全学段，还能进行标准口语练习，有助于提高学习乐趣和效率。

5.4.2　智能问答

智能问答（Question Answering System，QA）是信息检索的一种高级形式，它能以准确、简洁的自然语言回答用户提出的问题。是当前自然语言处理领域备受关注并具备广阔发展前景的研究方向。随着大模型与知识图谱的深度融合，其准确率与实用性正迎来新一轮跃升。

1. 智能问答的系统结构

一般智能问答系统模型分为三层结构，分别为用户层、中间层和数据层，系统结构如图 5-6 所示。各部分的主要功能如下。

1）用户层

用户层（User Layer），即用户界面层，是系统与用户直接交互的层面。它提供了一个直观、友好的操作界面，允许用户输入他们想要提问的问题，并通过这个界面展示系统经过处理后返回的答案。用户可以通过文本框、语音输入等多种方式提交问题，而系统则将处理后的结果以文本、图表或其他形式清晰地展示给用户，确保用户能够轻松理解和获取所需信息。

2）中间层

中间层（Middle Layer），也称为中间处理层，是系统的核心处理模块。它承担着多项关键任务，包括对用户输入的问题进行分词处理，识别并去除停用词，以减少无关信息的干扰。此外，中间层还负责计算词语之间的相似度，

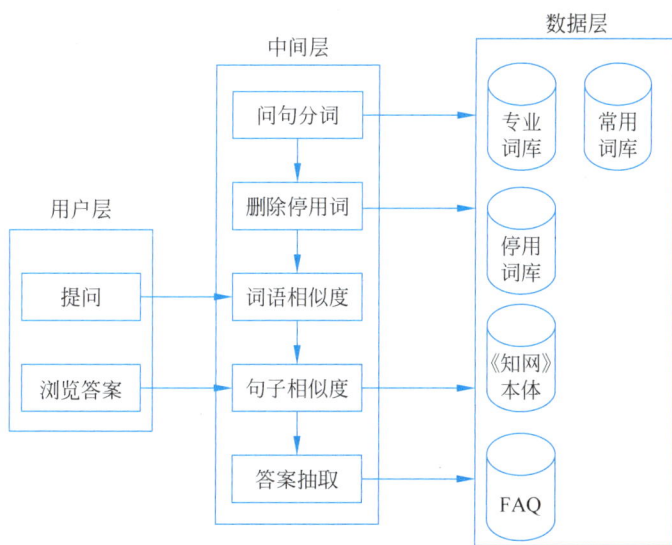

图 5-6　智能问答的系统结构

以及句子之间的相似度,这些计算对于准确理解和匹配用户问题至关重要。最后,中间层会根据处理结果,从系统的知识库中检索并返回最相关的答案集,确保用户得到准确、全面的回答。

3) 数据层

数据层(Data Layer)是系统的底层存储模块,负责存储和管理系统的所有知识资源。它包含多个子库,包括专业词库、常用词库、同义词库和停用词库,这些词库为中间层的处理提供了丰富的词汇支持。此外,数据层还存储了课程领域本体和《知网》本体,这些本体库提供了领域知识和语义关系的基础框架。最后,常见问题集(Frequently Asked Questions,FAQ)库则存储了大量常见问题的标准答案,为快速响应用户提供有力支持。通过这些多样化的知识资源,数据层为系统的智能问答功能奠定了坚实的基础。

2. 智能问答系统的自动答题步骤

智能问答系统自动答题的步骤如下。

步骤一:根据专业词库、常用词库和同义词库对用户输入的自然语言问句通过逆向最大匹配的方法进行分词,对于未登记词借助于分词工具把未登记词添加到词库中,在分词过程中同时标注词的词性和权值。

步骤二:对于分词后的结果依据停用词库,并参考词性,删除停用词。

步骤三:对于专业词汇采取基于本体的概念相似度方法计算词语的语义

相似度,对于其他词汇采取基于《知网》本体计算词语的语义相似度。

步骤四:分别计算 TF-IDF(一种用于信息检索与文本挖掘的常用加权技术)相似度,根据词语的语义相似度来计算句子的语义相似度,通过计算词形、句长、词序和距离相似度来计算句子的结构相似度,最后组合起来加权求和计算句子相似度(注:基于关键词向量空间模型的 TFIDF 问句相似度计算方法是一种基于语料库中出现的关键词词频的统计方法,它是建立在大规模真实问句语料基础上的)。

步骤五:根据计算用户提问的问题与 FAQ 中问题的句子相似度,定义一个相似度阈值,从 FAQ 中抽取不小于相似度阈值且相似度最高的问题及其答案作为用户提问问题的答案;对于从 FAQ 中抽取不到答案的问题通过发邮件给专家,添加到待解决问题集中,专家回答更新 FAQ。

目前,智能问答系统已经广泛应用于在线客服、虚拟助手、语音助手等领域。未来,随着人工智能技术的不断发展,智能问答系统将会越来越智能化、个性化和普及化。

3. 智能问答的产品介绍

常见的智能问答产品丰富多样,涵盖了通用型智能助手、行业专用问答机器人等多种类型,以下是一些常见产品介绍。

1)通用型智能问答产品

(1)ChatGPT:是由 OpenAI 研发的聊天机器人程序。ChatGPT 是人工智能技术驱动的自然语言处理工具,它能够通过理解和学习人类的语言进行对话,还能根据聊天的上下文进行互动,真正像人一样聊天交流。它能撰写邮件、视频脚本、文案,甚至能完成翻译、编写代码、写论文等任务。

(2)豆包:字节跳动旗下的 AI 智能助手,提供聊天机器人、写作助手、图像生成、阅读总结等多种功能,不仅能用于答疑解惑、获取信息,也可以畅聊各种感兴趣话题。支持直接发消息、输入选择技能与其进行无障碍沟通。

(3)文心一言:百度全新一代知识增强大语言模型,主菜单包含对话、发现、发布等。具备知识增强、检索增强和对话增强的技术优势,能更加准确地理解用户意图,可与人对话互动、回答问题、协助创作,帮助用户高效便捷地获取信息、知识和灵感。

(4)通义千问:由阿里云推出的全能 AI 助手,主菜单包含助手、工具、角色等。能深度理解人类语言,可应对日常对话、知识问答、机器翻译、情感分析等多种任务,还提供了雅思口语、托福口语等专业智能体,官方还设置了激励计划鼓励用户创建智能体。

(5) Kimi:由北京月之暗面科技有限公司研发,以智能问答为主。擅长中英文对话,能够阅读和理解各种文档,还能上网搜索信息,最近推出的探索版可高效处理网络知识查询任务,此外,还具备长文生成器功能。

(6) 讯飞星火:科大讯飞推出的智能问答产品,主菜单有对话、智能体、空间等。对话功能中包含多种智能体,如数学答疑助手、星火合同助手等,针对不同场景深度挖掘,做成类似小程序的形式。移动端支持自定义创建智能体,空间可保存管理多种类型文件。

2) 行业专用智能问答产品

(1) 作业帮小度:教育问答机器人,学生可通过语音、文字提问,它会给出准确答案和详细解析,还能根据学生学习情况和历史记录,推荐适合的学习资源和练习题目,助力学生知识掌握。

(2) 阿里健康小蜜:医疗问答机器人,结合医学知识库和人工智能技术,能为用户提供专业的健康咨询服务。用户可通过手机 App 或网页询问疾病相关问题,它会依据用户描述和医学知识库给出建议和指导。

(3) 小度在家:百度旗下的智能客服机器人,具备语音识别、自然语言处理等技术,可在电商平台为消费者提供 24 小时在线客服服务,解答问题,并能根据用户购物习惯和喜好推荐产品,提升购物体验。

3) 设备内置智能问答产品

(1) Siri:苹果设备的内置助手,通过"Hey Siri"唤醒,能执行查询天气、设置提醒、播放音乐等多种任务,还可以与用户进行有趣的对话交流,提供笑话、故事等娱乐内容。

(2) 小爱同学:小米手机的 AI 助手,可通过语音唤醒,不仅能控制智能家居设备,还能提供新闻、天气、音乐等多种服务,帮助用户安排日常生活。

(3) 小艺:华为推出的智慧助手,通过说"小艺小艺"唤醒,可实现打电话、设置提醒等功能,还能与其他华为设备互联互通,为用户提供智能化的家居生活体验。

4. 应用案例:基于云服务的智能问答

1) 算法思路及流程

本案例是基于关键词的检索式智能问答系统。首先建立问题答案库,然后计算 TF-IDF 特征。用余弦定理计算相似度,计算用户提出的问题和答案库中各问题的相似度,返回相似度较高的问题所对应的答案给用户。基于关键词的检索式智能问答系统的操作流程如图 5-7 所示。

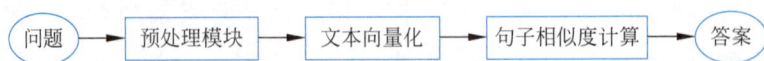

问题 → 预处理模块 → 文本向量化 → 句子相似度计算 → 答案

图 5-7 基于关键词的检索式智能问答系统的操作流程

算法流程描述如下。

步骤一:建立一个足够大的问答数据集,本实验采用百度问答数据集 WebQA 1.0。

步骤二:文本预处理,将文本转换为向量表示。

步骤三:基于倒排列表的第一次检索。

步骤四:计算用户提出的问题和问答数据集中各问题的相似度。

步骤五:把相似度较高的问题所对应的答案返回给用户。

文本相似度计算可以使用 TF-IDF 特征,也可以使用 Word2Vec(一种将词语转换为低维稠密向量的算法),但后一种方法需要海量的语料数据,而且计算过程比较长,因此本实验采用 TF-IDF 特征计算句子之间的相似度。

2) 代码分析

(1) 构建问答数据集(qabot\dataclean. py)

在 WebQA 1.0 中选择一个数据集用来构建问答数据集,程序代码如下。

```
from tools import readjson, savejson          # 测试数据集
file = 'WebQA.v1.0/me_test.ann.json'
data = readjson(file)                          # 原始标注
qa_dict = {}
for k, v in data.items():
    question = v['question']                   # 问题字符串
    qa_dict[question] = v['evidences']         # 证据列表作为答案
savefile = 'data/qa_dict.json'
savejson(savefile, qa_dict)
```

(2) 过滤停用词(qabot\create_qa_dict. py)

对所有数据过滤停用词,程序代码如下。

```
file = 'data/qa_dict.json'
data = readjson(file)
```

```
#1. 问题分词
Q_list = data.keys()
Q_dict = {}
for i in Q_list:                      #jieba 中文分词
sentence = jieba.cut(i)               #去除停用词
        cut_sentence = movestopwords(sentence)
        Q_dict[i] = {'segmentation': cut_sentence}
Q_file = 'data/Q_dict.json'
savejson(Q_file, Q_dict)
print("问题数据集保存完成")
#2. 问题 - 答案对(取第 1 条证据作为答案)
A_dict = {}
for k, v in data.items():
    for k1, v1 in v.items():
        A_dict[k] = v[k1]
A_file = 'data/A_dict.json'
savejson(A_file, A_dict)
print("答案数据集保存完成")
```

(3) 计算问题之间的相似度(qabot\main.py)

通过 TF-ITDF 特征进行相似度计算,从问答数据集中获取答案,程序代码如下。

```
def calcaute_cos_Similarity(inputQuestion, questionDict):
    #计算输入问题与问题字典中各问题的余弦相似度,并筛选出相似度大于 0.5
的结果
    simiVDict = {}
    vectorizer = TfidfVectorizer(smooth_idf = False, lowercase = True)
    for idx, question in questionDict.items():
        tfidf = vectorizer.fit_transform([inputQuestion, question
    simiValue = ((tfidf * tfidf.T).A)[0, 1]
    if simiValue > 0.5:
        simiVDict[idx] = simiValue
return simiVDict
```

3) 运行实验

(1) 构建问答数据集。使用 SSH 方式登录边缘计算网关的 Linux 终端,进入实验目录,执行以下命令构建问答数据集。

```
$ python3 dataclean.py
```

运行完毕后,会在当前目录的 data 子目录下生成 qa_dict.json 文件。

（2）问题数据中文分词。使用 SSH 方式登录边缘计算网关的 Linux 终端，进入实验目录，执行以下命令对问题数据进行中文分词。

```
$ python3 create_qa_dict.py
```

运行完成后，会在当前目录的 data 子目录下创建 Q_dict.json、A_dict.json 文件。

（3）机器问答。使用 SSH 方式登录边缘计算网关的 Linux 终端，进入实验目录，执行以下命令运行程序。

```
$ python3 main.py
```

问答示例如下。

请输入文本：中国最大的沙漠
Building prefix dict from the default dictionary ...
Dumping model to file cache D:\Temp\jieba.cache
Loading model cost 0.590 seconds.
Prefix dict has been built successfully.
question: 中国最大的沙漠是什么沙漠？
answer: {'answer': ['塔克拉玛干沙漠'], 'evidence': '塔克拉玛干沙漠塔克拉玛干沙漠位于中国新疆的塔里木盆地中央，是中国最大的沙漠（世界第 2），也是世界最大的流动沙漠'} score 0.9428090415820636
请输入文本：山城是哪座城市
question: 请问山城是指哪座城市？
answer: {'answer': ['重庆'], 'evidence': '重庆别称山城，是中华人民共和国直辖市，中国西部地区唯一的超大城市，国家中心城市，长江上游地区经济中心和金融中心，及航运、文化、教育、科技中心'} score 0.7150920231517413
请输入文本：北极和南极哪个更冷
question: 北极和南极哪个更冷？
answer: {'answer': ['南极'], 'evidence': '南极比北极冷事实上，极端最低气温发生在冬天的陆地北冰洋由于有海水，比热较大，冬天释放热能，比邻近的西伯利亚要暖和北半球极端最低气温出现在东西伯利亚地区的奥伊米亚康，可达 - 70℃ 当然，这点温度和南极大陆中央腹地区域相比还是不够的...'} score 0.9999999999999998
请输入文本：世界人口最多的民族
question: 目前世界上人口最多的是哪个民族？
answer: {'answer': ['汉族'], 'evidence': '其中：人口上亿的有 7 个民族：汉族（11亿多）、印度斯坦人（2.1 亿）、美利坚人（1.85 亿）、俄罗斯人（1.45 亿）、孟加拉人（1.65 亿）、日本人（1.2 亿）和巴西人（1.3 亿）'} score 0.7632282916276542
请输入文本：

小　结

　　本章对自然语言处理的概念、发展历程进行介绍，并对自然语言处理过程中用到的词法分析、句法分析、语义分析技术等进行探讨。以机器翻译为例，对自然语言处理的应用场景的结构、分类、流程等进行系统分析；对智能问答系统用到的技术和相关示例进行介绍。

习　题

　　1. 什么是自然语言处理？它包括哪些方面的技术？

　　2. 自然语言处理有哪些典型应用？举例说明

　　3. 自然语言处理中句法分析的基本方法是什么？中英文句法分析有何区别？

　　4. 简述机器翻译的一般过程和主要产品？

第6章

计算机视觉基础

　　计算机视觉模拟人类的视觉系统,让机器具备"会看"的能力,用计算机实现对视觉信息处理的全过程。从人工智能的视角看,计算机视觉要赋予计算机"看"的智能,与语音识别赋予计算机"听"的智能、语音合成赋予计算机"说"的智能类似,都属于感知智能的范畴。从工程的视角看,对图像和视频进行理解,就是用计算机自动实现人类视觉系统的功能,包括图像或视频的获取、处理、分析和理解等诸多任务。由于计算机视觉在智能安防、医疗健康、机器人以及自动驾驶等领域的广泛应用,其中的视觉任务识别是许多人工智能应用的核心模块。

　　本章将依次介绍计算机视觉的定义、应用领域、主要研究内容、常用工具以及典型应用案例——人脸识别,为读者提供一个系统的视角,帮助读者全面了解计算机视觉这一前沿技术及其在实际中的应用。

6.1　计算机视觉概述

　　人类主要通过视觉、触觉、听觉和嗅觉等感官来感知外部世界。在这些感官中,视觉扮演着最重要的角色,成为人类获取外界信息的主要途径。据统计,人类约 80% 的认知信息来源于视觉。通常来说,视觉不仅指对光信号的感受,还包括对视觉信息的获取、传输、处理、存储与理解的全过程。在信号处理理论和计算机出现以后,人们试图通过摄像机获取环境图像,并将其转换为数字信号,并使用计算机实现对视觉信息的处理,由此形成了一门新的学科——计算机视觉(Computer Vision,CV)。

6.1.1　计算机视觉的定义

　　计算机视觉是计算机科学的一个重要分支,主要研究如何用机器来代替人类的眼睛和大脑实现对真实世界的"观察"和"理解"。如今,随着摄像头的广泛使用,计算机视觉则主要利用计算机对图像与视频中的目标进行检测、识别等处理,使计算机能像人一样通过视觉观察和分析来理解世界,并具有环境自适应能力。具体来说,计算机视觉要让计算机具有对周围世界的空间和物体进行传感、抽象、判断的能力,从而达到识别、理解的目的。例如,计算机视觉能够让计算机看懂如图 6-1 所示的图像中有花、草和一只小狗。

图 6-1　包含花、草和小狗的图像

计算机视觉是研究用计算机来模拟生物视觉功能的科学与技术,专注于利用计算机技术实现对数字图像与视频的高层次理解。从工程角度来看,计算机视觉的目标是寻找一种能够与人类视觉系统实现相同功能的自动化任务。它利用各种成像系统代替生物的视觉器官作为输入手段,由计算机代替大脑进行处理和解释。计算机视觉使用图像创建或恢复现实世界模型,进而认知现实世界,其最终目标是使计算机能像人那样,通过视觉观察和理解世界,具有自主适应环境的能力。计算机视觉的发展不仅大力推动了智能系统的发展,还逐渐拓宽了计算机与各种智能机器的研究范围和应用领域。

6.1.2　计算机视觉的应用领域

计算机视觉技术是一种模拟人类视觉系统的方法,通过对数字图像或视频进行处理和分析,使计算机能够"看"和"理解"图像。计算机视觉技术广泛应用于许多领域,为各行各业带来了巨大的变革和机遇。接下来将介绍几个常见的计算机视觉技术应用领域。

1. 医学领域

医学领域是计算机视觉技术的一个重要应用领域。例如,计算机断层扫描(Computed Tomography,CT)、磁共振成像(Magnetic Resonance Imaging, MRI)和 X 射线图像等医学图像,经过计算机视觉技术的图像处理和分析,可以辅助医生进行更准确的诊断。例如,在肿瘤检测方面,计算机视觉技术可以帮助医生自动辨别肿瘤在图像中的位置、大小和形状,并帮助医生判断肿瘤的恶性程度,从而指导治疗和手术方案的制定。

2. 制造业领域

制造业也是计算机视觉技术广泛应用的领域之一。在制造过程中,计算机视觉技术可以用于自动检测产品的质量和完整性。例如,在汽车制造中,计算机视觉技术可以用于检测汽车的外观缺陷、零部件组装是否正确以及产品的尺寸是否满足规定要求等。这种自动检测能够提高生产效率,减少人工错误,并确保产品的质量稳定。

3. 安防领域

安防领域也是计算机视觉技术的一个重要应用领域。通过使用计算机视觉技术,可以对监控摄像头拍摄到的图像或视频进行实时分析和处理,从而达到智能监控的目的。例如,当监控摄像头发现异常活动时,计算机视觉技术可以自动警报,或者进行人脸识别来确定陌生人的身份。这种技术不仅可以提高安全性,还可以节省人力资源和减少错误报警的情况。

4. 农业领域

计算机视觉技术在农业中也有广泛的应用。通过使用计算机视觉技术,可以实现农作物的生长监测、病虫害检测和果实成熟度判断等。例如,在果园中,计算机视觉技术可以通过图像分析来确定果实的生长情况,帮助农民确定最佳的收割时间。这种技术的应用可以提高农作物的产量和质量,减少农药使用量,降低农民的劳动成本。

5. 交通领域

计算机视觉技术在交通领域也有重要的应用。通过使用计算机视觉技术,可以实现交通监控、智能交通管理和自动驾驶等。例如,在交通监控中,计算机视觉技术可以自动识别交通标志和车辆的行驶状态,从而帮助交警快速处理交通违法行为。此外,计算机视觉技术也是实现自动驾驶技术的核心之一,可以通过对实时图像进行处理和分析,来辅助车辆进行自动导航和避免碰撞。

在了解了计算机视觉的概念、定义以及其广泛的应用领域之后,接下来将探讨计算机视觉的核心研究内容。这些研究内容是计算机视觉技术能够实现其广泛应用的基础,涵盖了从图像处理到目标检测、图像分割等多个关键环节。通过对这些研究内容的详细阐述,我们将更好地理解计算机视觉是如何让计算机具备"会看"的能力,并在各个领域发挥重要作用。

6.2 计算机视觉的主要研究内容

计算机视觉作为人工智能领域的重要分支,其目的是让计算机能够像人类一样理解和解释图像与视频内容。它涉及多个研究方向,包括图像处理与分析、目标检测与识别、图像分割与识别等。这些研究内容相互关联,共同推动了计算机视觉技术的发展和应用。本节将详细介绍计算机视觉的三个核心研究内容:图像处理、目标检测、图像分割。

6.2.1 图像处理

图像处理是计算机视觉的基础,它包括对图像进行各种操作以改善图像质量、提取有用信息或进行图像的转换。图像处理就像是给图像"做美容"或者"做体检",目的是让图像看起来更清晰、更有用,或者提取出人们感兴趣的信息。

图像处理通常分为两类:低级处理和高级处理。低级处理是像素级别的"美容",是在图像的"皮肤"上做文章,主要关注图像的每一个小点(像素)。也就是主要关注图像的像素级操作,如图像增强、去噪、边缘检测等;高级处理则是理解图像的"内涵",是给图像"做体检",不仅仅是看表面,而且要理解图像的内容。也就是说,图像处理技术主要关注对图像内容的理解和分析,如特征提取。这些处理对于后续的高级视觉任务至关重要。

1. 图像增强

图像增强技术是一种对图像进行处理的方法,其核心在于不考虑图像噪声产生的具体原因,而是专注于图像中某些特定部分的处理,以突出有用的图像特征信息。就像给图像"打光",让图像中的某些部分更亮或者更清晰。例如,医生在看 X 光片时,可能需要把病变部位的对比度调高,这样就能看得更清楚。

图像增强技术的目的是提高图像的可辨识性,但处理后的图像信息可能与原始图像信息不完全一致。图像增强技术主要应用于需要突出图像中特定特征的场景,例如,在医学图像处理中,增强肿瘤区域的对比度,以便于医生更清晰地观察。

图像增强可以改善图像的视觉效果,使其更适合人眼观察或机器分析。常见的图像增强方法包括对比度增强、亮度调整、锐化等。例如,通过亮度调整,可以增强图像的对比度,使图像中的细节更加清晰可见。图 6-2 是亮度调整前的图像,在经过亮度调整处理后,图像的对比度得到了显著提升,暗部和亮部的细节更加丰富。亮度调整后的图像如图 6-3 所示。

图 6-2　亮度调整前的图像

图 6-3　亮度调整后的图像

2. 图像去噪

对数字图像处理而言,噪声是指图像中的非本源信息。图像在采集和传输过程中往往会受到噪声的干扰,导致图像质量下降。噪声会影响人的感官对所接收的信源信息的准确理解。提升图像质量是通过减少或去除图像中的噪声来实现的,这不仅能使图像更加清晰、色彩更加真实,而且能显著提高图像的整体质量。

图像去噪的目的是去除图像中的噪声,恢复图像的原始信息。图像去噪就像是给图像"除杂草",把图像中的干扰信息(噪声)去掉,让图像更干净。例如,一张在暗光下拍摄的照片可能会有很多噪点,去噪可以让照片看起来更清晰。

此外,图像去噪还为后续的图像处理步骤如图像识别、图像分割和特征提取等奠定基础,因为这些高级图像处理技术通常需要高质量的图像作为输入。如果图像中存在大量噪声,可能会严重影响这些处理技术的效果,因此,降噪是图像处理中至关重要的预处理步骤。

改善被噪声污染的图像质量有两类方法。一类方法是不考虑图像噪声的原因,只对图像中某些部分加以处理或突出有用的图像特征信息,改善后的图像信息并不一定与原图像信息完全一致。这一类改善图像特征的方法就是图像增强技术,主要目的是提高图像的可辨识性。另一类方法是针对图像噪声产生的具体原因,采取技术方法补偿噪声影响,使改善后的图像尽可能地接近原始图像,这类方法称为图像恢复或复原技术。图像恢复或复原技术则是一种更为深入的处理方法,这种技术的目的是使处理后的图像尽可能地接近原始图像,恢复图像的真实信息。图像恢复技术在需要精确还原图像内容的场景中尤为重要,例如,在历史文献的数字化修复中,去除因年代久远而产生的噪声,恢复文献的原始内容。

在实际应用中,有多种去噪方法可以用于改善被噪声污染的图像质量。常见的去噪方法(即算法)有均值滤波、中值滤波、高斯滤波等算法,其中,高斯滤波算法在许多图像处理任务中被广泛应用。例如,图 6-4 是去噪前的图像,通过高斯滤波可以有效地去除图像中的噪声,同时保留图像的边缘信息。去噪后的效果图如图 6-5 所示。

图 6-4　去噪前的图像　　　　图 6-5　去噪后的图像

3. 边缘检测

边缘检测是计算机视觉和图像处理领域中的一个关键步骤,其主要目的是提取图像中的边界信息,这些信息通常代表了图像中的重要特征,如物体的轮廓、形状和结构。边缘检测就像是在图像中画出"轮廓线",找出物体的边界。例如,计算机可以通过边缘检测找出照片中一个苹果的轮廓,然后计算机就能知道苹果在哪里。

边缘检测的实质就是找到图像中亮度变化剧烈的像素点构成的集合,表现出来往往是轮廓。如果图像中边缘能够精确地测量和定位,那么,就意味着实际的物体能够被定位和测量,包括物体的面积、物体的直径、物体的形状等就能被测量。

当人们采用相机拍摄现实世界的图像时,在如下情况下会在图像中形成边缘,也就是物体的轮廓线。

（1）物体在不同的平面上。例如，你在看一个房间，墙和地板相交的地方就会形成一条明显的边缘，因为它们不在同一个平面上。

（2）物体表面的方向不同。例如，一个正方体，它的每个面的方向都不一样，所以每个面的边界就会形成边缘。

（3）物体的材料不一样。例如，在一个桌子上放了一块金属和一块布，因为金属和布反射光的方式不一样，它们的交界处就会形成边缘。

（4）光照条件不一样。例如，阳光透过树叶照在地上，地上就会形成明暗不同的区域，这些区域的边界也会形成边缘。

简单来说，边缘就是图像中因为物体的形状、材料或者光照条件不同而形成的分界线，这些分界线帮助我们看清物体的轮廓和形状。

边缘检测技术对于处理数字图像非常重要，因为它可以将目标物体和背景区分开来。边缘是目标物体和背景的分界线，通过提取边缘，可以将图像中的目标物体和背景区域分开。

在图像中，边缘表示一个特征区域的终结和另一个特征区域的开始，这些区域的内部特征或属性是一致的，而不同区域的特征或属性是不同的。边缘检测利用物体和背景在图像特性上的差异来实现，这些差异包括灰度、颜色或者纹理特征。边缘检测实际上是检测图像特征发生变化的位置。图像边缘检测必须满足两个条件：一是能有效地抑制噪声；二是必须尽量精确地确定边缘的位置。

常见的边缘检测方法（即算法）有 Sobel 算子、Canny 算子等方法。图 6-6 是边缘检测前的原图，采用一种边缘检测方法——Canny 算子对原图完成边缘检测后的效果图如图 6-7 所示，效果图中清晰地显示出原图中物体的轮廓和边界。

图 6-6　边缘检测前的原图

图 6-7　边缘检测后的效果图

边缘检测是图像处理中的一个重要任务,它用于检测图像中物体的轮廓和边界,可以为后续的目标识别和图像分割提供重要的基础。

4. 特征提取

判断目标为何物或者测量其尺寸大小的第一步,是将目标从复杂的图像中提取出来。例如,在街景中对行人的提取;在川流不息的道路中识别过往车辆和交通标志;在车间生产线上零件的识别;在农作物中根据果实大小分类等。

人眼在杂乱的图像中搜寻目标物体,主要依靠颜色和形状差别,具体过程是人们在无意中完成的,其实利用了人们日积月累的常识。同样的道理,计算机视觉在提取物体时,也是依靠颜色和形状差别,也即图像特征。计算机里没有这些图像特征,需要人们利用计算机语言,通过某种方法,将目标物体的知识输入或计算出来,形成判断依据。

特征提取就像是从图像中找出最重要的“线索”。例如,我们想让计算机识别出照片中的人脸,就需要提取人脸的特征,如眼睛、鼻子、嘴巴的形状和位置。这些特征就像是人脸的“指纹”,帮助计算机识别出这是一个人脸。

特征提取的实质就是从图像中提取有助于描述图像内容的特征。这些特征可以是颜色、纹理、形状或基于学习的特征。特征提取是图像分析的关键步骤,因为它直接影响到图像识别和分类的性能。传统的特征提取方法包括边缘检测、角点检测和纹理分析等方法。近年来,基于深度学习的特征提取方法(如卷积神经网络)已成为主流,因为它们能够自动学习图像的高层次特征。

如图 6-8 所示,就是采用卷积神经网络算法对图像进行特征提取前后的效果图。图的左侧为输入的图像,其中第一组的输入图像是一只猫,第二组的输入图像是一幅蒙娜丽莎的肖像。右侧的小图就是通过算法提取的特征图,清晰地捕捉到输入图像的结构信息,如猫的面部特征和蒙娜丽莎的轮廓。

在计算机视觉的世界里,图像处理是打基础的一个步骤,通过各种操作,让图像更清晰、更易于分析。图像处理分为低级处理和高级处理,低级处理关注图像的每个小点(像素),如让图像更亮、去除噪点、找出物体的轮廓;高级处理则是理解图像的内容,如识别出图像中的人脸或汽车。这些处理步骤为接下来的目标检测和识别等高级任务打下坚实的基础。接下来,将介绍目标检测是如何在图像中找出并识别出特定物体的。

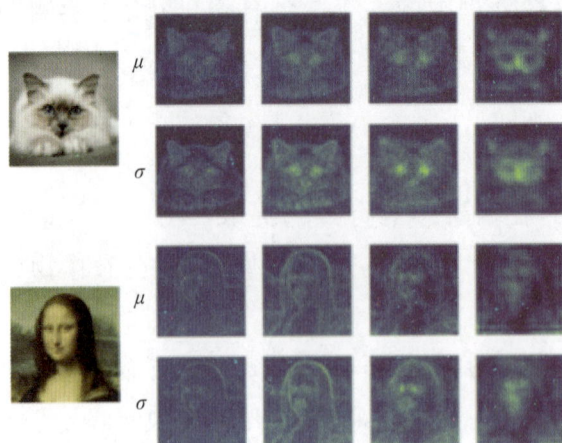

图 6-8　特征提取的输入图像与特征提取效果图

6.2.2　目标检测

1. 目标检测的基本概念

目标检测是计算机视觉领域的一个核心任务,其目的是在图像中确定图像中目标物体的位置和大小。简单来说,目标检测的目标就是在一张图片里找出人们关心的物体,并且告诉人们在哪里。例如,你在一张街景照片里想找出所有的汽车和行人,目标检测能帮你做到这件事。

目标检测不仅要认出物体是什么,还要准确地指出它们的位置。通常我们会用一个框(叫作边界框)来标注物体的位置。例如,检测系统会画一个框把行人框起来,再画一个框把汽车框起来。这样,计算机就能清楚地知道每个物体的具体位置了。这个任务听起来简单,但其实很复杂,因为物体的形状、大小、角度都不一样,还可能有遮挡或者光照不好的情况。

目标检测在多个领域有着广泛的应用。例如在自动驾驶里,汽车需要实时检测路上的行人、其他车辆和交通标志,这样才能安全地行驶。在安防监控里,它可以用来检测可疑人物或者异常行为。在医疗领域,目标检测可以帮助医生在医学图像里找出病变区域。总之,目标检测是让计算机"看懂"世界的关键技术之一。

2. 目标检测的任务

1)分类

判断图像中包含哪些类别的目标。例如,在一个场景图像中,分类任务需要识别出图像中是否存在汽车、行人、交通标志等。

2）定位

确定目标在图像中的位置。一般是通过在图像上绘制边界框来实现,边界框是一个矩形框,能够精确地框出目标的位置。

3）检测

结合分类和定位,不仅要识别出目标的类别,还要确定其位置。这是目标检测最重要的任务,例如,在自动驾驶场景中,检测系统需要实时识别并定位道路上的行人和车辆。

4）分割

进一步细分为实例级分割和场景级分割。实例级分割要求对每个目标进行像素级的分割,即确定每个像素属于哪个目标;场景级分割则关注于对整个场景的语义分割,如区分道路、天空、建筑物等。

在目标检测的方法中,有一些常用的方法(即算法),如区域卷积神经网络(Region-based Convolutional Neural Network,R-CNN)、快速区域卷积神经网络(Fast Region-based Convolutional Neural Network,Fast R-CNN)和你只看一次(You Only Look Once,YOLO)等。这些算法就像是不同的工具,帮助计算机在图像中找出目标物体。

如图 6-9 所示的目标检测结果图,就是使用 YOLO 算法来检测图像中目标物体后的结果图。YOLO 算法就像是一个高效的侦探,它能快速地扫视整个图像,然后用一个个矩形框(边界框)把每个目标物体框出来,告诉我们目标物体的位置。这些边界框就像是给目标物体贴上了标签,让计算机能够清楚地知道每个目标物体在哪里。

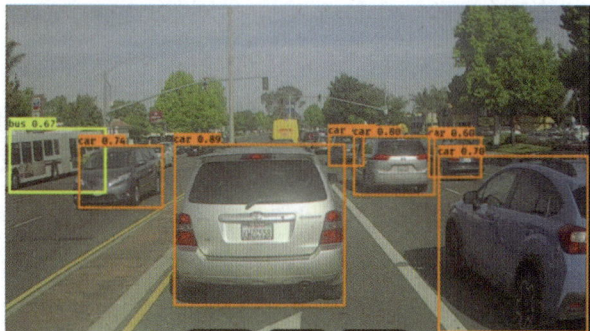

图 6-9　目标检测结果图

3. 目标检测的核心问题

1）分类问题

确定目标属于哪个类别。这要求检测系统能够准确地识别出图像中的不同物体,并将其归类到预定义的类别中。例如,在一个包含多种动物的图像中,系统需要能够区分出哪些是猫,哪些是狗。

2）定位问题

确定目标在图像中的位置。定位的准确性对于许多应用至关重要,例如,在安防监控中,精确的定位可以帮助系统快速响应异常情况。定位通常通过边界框来实现,边界框的坐标(如左上角和右下角的坐标)需要尽可能精确。

3）大小问题

确定目标的大小。目标的大小信息对于理解场景和进行后续处理非常重要。例如,在自动驾驶中,通过目标检测,可以了解车辆的大小,有助于预测车辆的运动轨迹和潜在的碰撞风险。

4）形状问题

确定目标的形状。形状信息可以帮助系统更好地理解目标的特征,例如,在医学图像分析中,肿瘤的形状对于诊断和治疗方案的选择具有重要意义。

4. 目标检测的应用场景

目标检测技术就像给计算机装上了一双"慧眼",让它能够在图像或视频中自动发现、识别并定位我们感兴趣的物体。这项技术的应用场景非常广泛,几乎涵盖了我们生活的方方面面。接下来,将介绍一些主要的应用场景,展示目标检测技术是如何在不同领域发挥作用的。

1）自动驾驶

自动驾驶是目标检测技术应用最广泛的领域之一。在自动驾驶系统中,目标检测技术用于实时监测车辆周围的环境,包括行人、其他车辆、交通标志、交通信号灯等。这些信息对于自动驾驶车辆的决策和路径规划至关重要。

(1) 行人检测:行人检测技术能够识别并跟踪行人,及时做出减速或停车反应,确保车辆在行人出现时能够及时减速或停车,有效避免交通事故,保障行人安全。

(2) 车辆检测:车辆检测功能使汽车能够识别周围车辆,预测它们的行驶路径,帮助驾驶者做出正确决策,减少碰撞风险。

（3）交通标志检测：交通标志检测技术能够识别各种交通标志,如限速标志、禁止停车标志等,指导车辆遵守规则,维护交通秩序和安全。

（4）交通信号灯检测：交通信号灯检测系统能识别交通信号灯状态,指导车辆在红灯时停车,在绿灯时通行,提高交通流畅性和安全性。

如图 6-10 所示,白色小车的自动驾驶系统,通过目标检测技术能够实时识别道路上的交通标志、车辆及行人等各种目标,帮助车辆准确理解周围环境并做出安全决策。

图 6-10　车载自动驾驶系统与行人检测展示图

2）安防监控

在安防监控领域,目标检测技术用于实时监测监控区域内的异常行为和可疑人物。

（1）入侵检测：入侵检测系统能够识别未授权人员闯入禁区并触发警报,增强区域安全,防止非法入侵,保护财产和人员安全。

（2）异常行为检测：异常行为检测技术可以识别异常行为,如打架、盗窃等行为,及时通知安保人员,快速响应,提升公共场所的安全管理和应急处理能力。

（3）人数统计：人数统计功能能够通过计算统计进入和离开特定区域的人员数量,帮助管理者监控人流,优化空间利用,确保公共区域的安全和秩序。

（4）车辆监控：车辆监控系统能够识别和追踪车辆,记录车辆的行驶轨迹,协助交通管理,监控违规行为,提高道路使用效率和交通安全。

如图 6-11 所示,展示了安防监控系统中的目标检测技术,通过红色框标记出不同场景中的行人,从而实现对异常行为和可疑人物的实时监测和跟踪。

图 6-11   安防监控系统与入侵检测展示图

3) 智能医疗

目标检测技术在医学图像分析中也有重要应用,可以帮助医生更准确地诊断疾病。

(1) 病变检测:病变检测技术是在医学影像中识别肿瘤、结节等病变,利用 X 光、CT、MRI 图像辅助医生诊断。这项智能医疗技术的应用可以提高诊断的精准度,对早期发现疾病和治疗规划有着积极作用。

(2) 细胞检测:细胞检测技术是通过显微镜图像识别和计数细胞,用于病理学研究。它可以帮助细胞诊断医师分析细胞形态,诊断疾病,提高细胞分析的效率和准确性。

(3) 器官分割:器官分割技术是在医学图像中精确区分不同器官,为医生提供清晰的器官轮廓,辅助医生进行手术规划和治疗,确保手术的安全性和有效性。

(4) 手术导航:手术导航系统利用实时图像处理技术,为医生提供手术区域的精确视图。它帮助医生在手术过程中准确识别和操作,减少风险,提高手术的成功率和精确度。

如图 6-12 所示,展示了智能医疗中目标检测技术的应用,医生利用先进的内窥镜设备和显示屏进行手术导航,通过精准识别和定位体内器官和组织,确保手术操作的精确性和安全性。

4) 工业自动化

在工业生产中,目标检测技术用于质量控制和自动化操作。

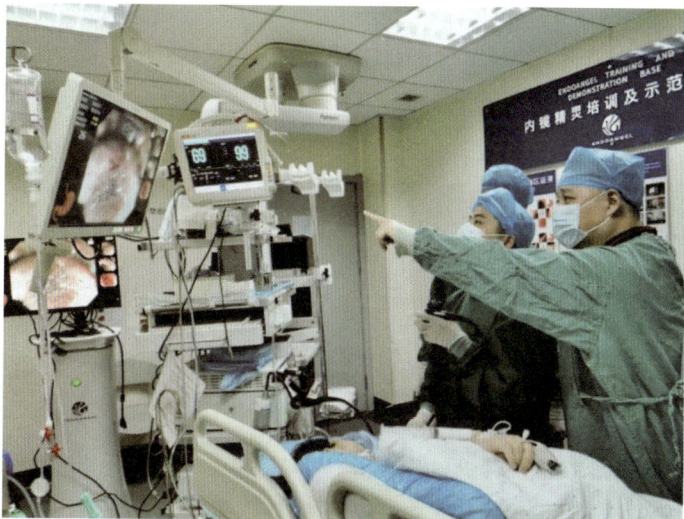

图 6-12　目标检测与手术导航展示图

（1）缺陷检测：缺陷检测技术能够在工业生产线上自动发现产品如划痕、裂纹等缺陷,确保只有高质量的产品出厂,保障消费者权益和品牌形象。

（2）零件识别：零件识别技术帮助机器人在生产线上准确找到并处理零件,辅助机器人进行装配和搬运,提高生产效率和自动化水平。

（3）设备监控：通过实时监测生产设备的运行状态,及时发现并预警异常,减少停机时间,保障生产线的连续稳定运行。

（4）物流管理：利用目标检测技术识别和跟踪物流仓库中的货物,实现库存的实时监控和物流的流程优化,提升物流效率,降低成本。

如图 6-13 所示,展示了自动化检测设备在汽车零部件生产线上的应用,通过目标检测技术识别并分析汽车零部件外产品的外观缺陷,如裂缝、不合规部分等缺陷,以确保产品质量符合标准。

5）机器人导航

目标检测技术在机器人导航中也有重要应用,帮助机器人更好地感知环境并进行路径规划。

（1）障碍物检测：障碍物检测功能使机器人能够在行进中识别障碍物并自动避开,确保其在复杂环境中安全高效地移动,避免碰撞。

（2）目标定位：目标定位技术让机器人能够识别特定物体的位置,帮助精确执行抓取、搬运任务,提高自动化作业的效率和准确性。

（3）地图构建：地图构建能力让机器人实时绘制周围环境地图,为路径

图 6-13   汽车零部件缺陷检测展示图

规划和自我定位提供支持,使其能够在未知环境中导航。

(4)人机交互:人机交互技术通过识别和跟踪操作者的动作,使机器人能够理解和响应人类指令,实现流畅自然的互动体验。

如图 6-14 所示,展示了一个机器人在模拟环境中进行导航。机器人利用目标检测技术识别路径和障碍物,实现自主导航。这种技术让机器人能够在复杂环境中安全、有效地完成任务。

图 6-14   机器人导航展示图

6)智能交通

目标检测技术在智能交通系统中用于提高交通管理效率和安全性。

(1)交通流量监测:交通流量监测技术能够实时追踪道路上的车辆数量,帮助管理者优化交通信号灯的时序,缓解拥堵,提高道路使用效率。

（2）违规检测：违规检测系统能自动识别超速、闯红灯等交通违法行为，为交通执法提供依据，从而提升道路安全和管理效率。

（3）智能停车：智能停车应用通过识别空余车位，并指导驾驶员，有效缩短寻找停车位的时间，提高停车效率，减少因寻找车位造成的交通拥堵。

（4）道路维护：道路维护工作利用检测技术发现路面的裂缝、坑洼等损坏情况，使得维护团队可以迅速响应，及时修复，保障行车安全和道路的耐久性。

如图 6-15 所示，展示了智能交通系统中的目标检测技术，通过识别车辆、行人等交通参与者，实现交通流量监控和优化，提高道路安全和通行效率。

图 6-15   交通流量监测展示图

7）零售业

目标检测技术可帮助商家更好地理解顾客需求和行为，在零售业中用于优化店铺运营和提升顾客体验。

（1）顾客行为分析：通过顾客行为分析，零售商可以实时观察顾客在店内的活动，据此调整店铺布局和商品摆放，以吸引顾客注意，提高销售额。

（2）库存管理：库存管理利用目标检测技术自动识别货架上的商品存量，实现库存的实时监控，确保商品及时补货，避免缺货或过剩。

（3）智能支付：智能支付系统通过识别顾客所选商品，简化结账流程，使支付过程更快捷，提升顾客购物的便利性和舒适度。

（4）防损监控：防损监控运用目标检测技术监控潜在的盗窃行为，及时报警,帮助零售商减少商品损失,提高店铺安全性。

如图 6-16 所示,展示了智能支付在零售业的应用,通过手机扫描商品条形码或二维码,实现快速便捷支付。通过目标检测技术识别商品信息,简化购物流程,提升顾客体验。

图 6-16　智能支付展示图

8) 体育赛事

目标检测技术在体育赛事中用于辅助裁判和提升观众体验。

(1) 运动员跟踪:运动员跟踪技术在体育赛事中发挥重要作用,它能够实时监测运动员的位置和运动轨迹,帮助裁判做出更准确的判罚,确保比赛的公平性。

(2) 比赛分析:比赛分析通过目标检测技术捕捉关键动作和战术,为教练和分析工程师提供详细的比赛分析报告,帮助他们更好地理解比赛动态。

(3) 观众行为分析:观众行为分析利用目标检测技术识别观众的情绪和行为模式,赛事组织者可以据此优化赛事管理和提升观众的整体体验。

(4) 赛事直播:赛事直播中,目标检测技术能够实时识别并标注比赛中的关键事件,如进球、犯规等,增强直播的互动性和观赏性,提升观众体验。实时识别和标注比赛中的关键事件,提升直播效果。

如图 6-17 所示,展示了运动员跟踪技术在篮球比赛中的应用。通过目标检测,系统能够识别并关注场上关键球员的动作,提供更有针对性的比赛分析和观众体验。

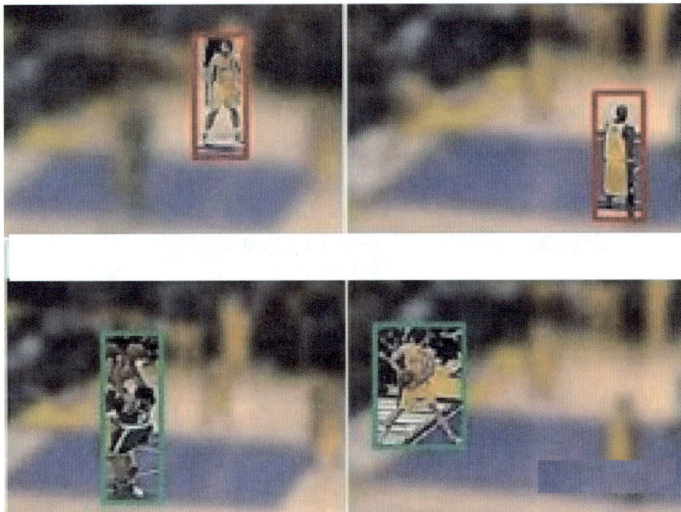

图 6-17　运动员跟踪展示图

9）娱乐产业

目标检测技术在娱乐产业中用于提升用户体验和内容创作。

（1）虚拟现实（Virtual Reality，VR）和增强现实（Augmented Reality，AR）：虚拟现实（VR）和增强现实（AR）技术通过识别和跟踪用户手势，为用户提供了一种自然的交互方式，使得虚拟环境的体验更加真实和沉浸。

（2）游戏开发：在游戏开发中，目标检测技术用于识别和生成虚拟物体，增强游戏环境的真实感，让玩家的互动体验更加丰富和引人入胜。

（3）内容推荐：内容推荐系统利用目标检测技术识别视频中的关键场景和人物，为用户提供个性化的内容推荐，提升观看体验和满意度。

（4）特效制作：特效制作过程中，目标检测技术帮助识别和替换视频中的特定物体，使得特效内容的制作更加精确和专业，提升视觉冲击力。

如图 6-18 所示，展示了手势跟踪技术的应用，通过目标检测识别和追踪手部动作，实现与三维模型的互动。这种技术可用于虚拟现实、游戏控制等多种场景，增强用户体验。

10）教育培训

目标检测技术在教育培训领域用于提升教学效果和学习体验。

（1）课堂监控：课堂监控技术通过识别和跟踪学生的行为，帮助教师了解学生的参与度和注意力分布，从而提供有针对性的教学反馈，优化教学方法。

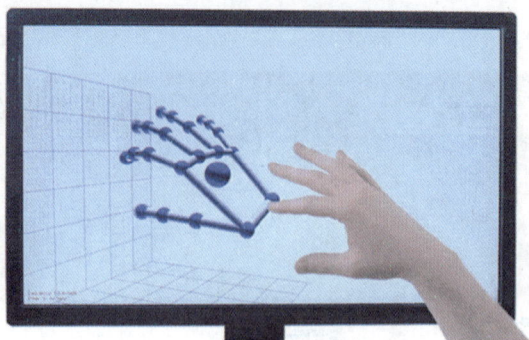

图 6-18　手势跟踪展示图

（2）实验教学：在实验教学中，目标检测技术可以识别学生的操作步骤，提供实时指导，确保实验操作的正确性，提高实验教学的质量和效果。

（3）在线学习：在线学习平台利用目标检测技术识别教学视频中的关键知识点，为学生提供个性化的学习路径，使学习更加高效和有针对性。

（4）虚拟实验室：虚拟实验室通过识别和模拟实验环境中的物体和操作，为学生提供沉浸式的虚拟实验体验，使他们能够在安全的环境中进行实验操作。

如图 6-19 所示，展示了目标检测技术在教室中的应用，通过识别和标记每个学生，帮助教师了解学生行为，提高课堂管理效率，优化教学互动和学习环境。

图 6-19　学生行为识别展示图

总之,目标检测技术的应用范围广泛,它通过精确识别和定位图像中的对象,可以提升各类系统的智能化水平。在安防、医疗、教育等多个领域,这项技术不仅可以优化操作流程,还可以提高工作效率和准确性,带来实际的效益和持续的改进。

6.2.3　图像分割

1. 图像分割的基本概念

图像分割是计算机视觉领域中的一个核心任务。图像分割是指将图像分割成多个互不重叠的区域,使得每个区域内的像素具有相似的特性,如颜色、纹理、灰度等。分割后的区域可以代表图像中的不同对象或背景。其目的是将图像分割成多个有意义的区域或对象,以便于后续的分析和处理。例如,在医学图像中,医生可能需要在一张身体扫描图里找出病变的地方,图像分割就能帮上忙,把病变区域单独标出来,让医生更容易诊断。

图像分割就是帮助计算机更好地理解和处理图片里的信息,是图像理解的基础,通过将图像分解为多个部分,可以更有效地提取和分析图像中的信息。图像分割技术广泛应用于医学图像分析、目标检测、视频分析、智能交通、机器人导航等多个领域,是实现智能化视觉系统的关键技术之一。

2. 图像分割的任务

图像分割涉及将图像划分为多个区域,每个区域都有其独特的特征和意义。以下是图像分割任务中常见的 5 个核心任务。

1) 语义分割

语义分割(Semantic Segmentation)将图像中的每个像素分配到预定义的类别中,每个类别代表一种语义对象或背景。例如,在城市街景图像中,将像素分类为道路、建筑物、行人、车辆等。语义分割的目标是理解图像的整体语义内容,为图像提供像素级别的标注。

语义分割就像是给图片里的每一小块地方贴上"标签"。例如,有一张城市的图片,语义分割会把所有代表"道路"的小块地方都标记成"道路",所有代表"建筑"的小块地方都标记成"建筑"。这样做的目的是让计算机能明白这张图片里都有什么,每个东西在哪里,就像给图片里的每个小点都做了个分类。

2) 实例分割

实例分割(Instance Segmentation)不仅将图像中的每个像素分配到预定

义的类别中,还需要区分同一类别中的不同实例。例如,在一个包含多个行人的图像中,实例分割不仅需要识别出行人这一类别,还需要区分出每个不同的行人。实例分割的目标是识别和分割出图像中的每个独立对象。实例分割就像是在一堆相似的东西中找出每个独特的个体。例如,有一张照片里有好多行人,实例分割要做的就是不仅识别出"行人"这个群体,还要把每个人都单独挑出来,区分成独立的个体。这样,计算机不仅能知道照片里有什么类型的物体,还能知道具体有多少个这样的物体。这就像是给每个行人都标记了一个独特的识别牌,让计算机知道他们每个人都是不同的。

3) 全景分割

全景分割(Panoptic Segmentation)结合了语义分割和实例分割的特点,将图像中的每个像素分配到预定义的类别中,并区分同一类别中的不同实例。全景分割的目标是提供一个完整的、像素级别的图像分割结果,既包括语义信息,也包括实例信息。

全景分割就是给图片里的每个小点都贴上正确的标签,知道这些点属于哪个大类,同时还区分出同一大类里的不同个体。全景分割不仅能知道图片里有哪些种类的东西,如道路、建筑,还能把每个东西都单独挑出来,如区分出不同的行人和车辆。全景分割还知道具体有多少个这样的物体,以及每个物体在哪里,就像是给图片做了个全面的"标注"。

也就是说,全景分割不仅会分类,还会区分同一类别中的不同个体。如果有两辆汽车,它会识别出这两辆汽车是不同的,即使它们都是汽车。这样,计算机不仅能知道图片里有什么,还能知道有多少个,以及它们各自在哪里。

4) 医学图像分割

医学图像分割是在医学图像中分割出特定的组织、器官或病变区域。例如,在 MRI 图像中分割出大脑的不同区域,或在 CT 图像中分割出肿瘤。医学图像分割对于辅助医生进行诊断和治疗规划具有重要意义。

5) 视频分割

视频分割是在视频序列中,对每一帧图像进行分割,并跟踪分割结果在时间上的连续性。视频分割的目标是识别和分割出视频中的运动对象,实现视频的智能分析和理解。

以如图 6-20 所示的原图为例,相应的分割结果图如图 6-21~图 6-23所示。

图 6-20　原图

图 6-21　语义分割结果图

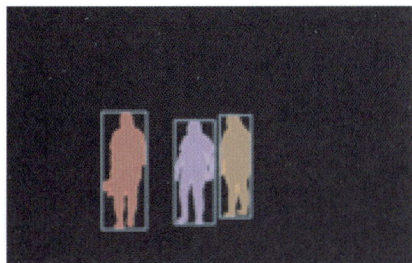
图 6-22　实例分割结果图

图 6-23　全景分割结果图

其中,图 6-20 是原始图像,显示了三个人在海滩上的背影。图 6-21 展示了语义分割的结果,其中人物被标记为红色,海滩为黄色,而天空和海洋则被标记为蓝色。图 6-22 显示了实例分割的结果,每个人物都被独立地用不同颜色标记,以区分不同的个体,即使他们属于同一类别。图 6-23 展示了全景分割的结果,它结合了语义分割和实例分割的信息,不仅区分了人物、海滩和天空等不同类别,还区分了每个人物实例。这三种分割技术是图像处理中用于理解图像内容的重要工具,它们帮助计算机更细致地解析和理解图像中的各个元素。

3. 图像分割的核心问题

1) 像素分类问题

如何将图像中的每个像素准确地分类到预定义的类别中?这要求分割算法能够有效地提取像素的特征,并根据这些特征进行分类。例如,在医学图像中,如何准确地将像素分类为正常组织和病变组织?

2) 边界检测问题

如何准确地检测和定位对象的边界?边界检测的准确性直接影响到分割结果的质量。例如,在目标检测中,如何准确地检测出目标对象的边界,以便于后续的识别和跟踪？

3）多尺度问题

如何处理不同尺度的对象？图像中的对象可能具有不同的大小和形状，分割算法需要能够适应这些变化。例如，在城市街景图像中，如何同时处理大尺度的建筑物和小尺度的行人？

4）噪声和遮挡问题

如何处理图像中的噪声和遮挡？图像中的噪声和遮挡会严重影响分割的准确性。例如，在自动驾驶场景中，如何处理由于光照变化和遮挡导致的图像噪声，确保分割结果的鲁棒性？

5）计算效率问题

如何提高分割算法的计算效率，以满足实时性要求？在许多应用中，如自动驾驶和视频分析，需要实时处理图像数据，因此分割算法需要在保证高准确率的同时，优化计算效率。

4. 图像分割的应用场景

图像分割技术在多个领域内有着广泛的应用，以下是一些主要的应用场景。

1）医学成像分析

在医学领域，图像分割用于识别和分离不同的组织和器官，如在 MRI 或 CT 扫描中区分肿瘤组织与健康组织，辅助医生进行诊断和治疗规划。

2）自动驾驶

自动驾驶系统中利用图像分割技术识别和追踪车辆、行人、交通标志和车道线等，以实现安全导航和避免碰撞。

3）机器人视觉

机器人使用图像分割来理解周围环境，识别抓取物体或避开障碍物，对于工业自动化和家庭服务机器人尤为重要。

4）虚拟现实和增强现实

在 VR 和 AR 应用中，图像分割帮助系统理解现实世界的场景，以在虚拟环境中叠加信息或对象，提供沉浸式体验。

5）内容创作和媒体制作

在电影制作和游戏开发中，图像分割技术用于背景替换、特效添加和色彩校正，提高视觉内容的制作质量。

6）农业监测

在农业领域中,图像分割用于分析作物健康状况、监测病虫害和估算产量,通过无人机或卫星图像进行精确农业。

7）环境科学

环境科学家利用图像分割技术评估森林覆盖、冰川变化、城市扩张等环境变化,为环境保护和规划提供数据支持。

8）零售和物流

在零售商店和仓库中,图像分割用于库存管理、货架监控顾客行为和优化物流流程。

9）智能手机和社交媒体

智能手机的相机应用和社交媒体平台使用图像分割技术提供照片编辑功能,如背景替换、对象识别和美化滤镜。

如图 6-24 所示,展示了在农业监测中的图像分割技术应用。图的左侧是无人机拍摄的银杏树田地的正射影像,图的中间是图像分割结果,用不同颜色区分每棵树;图的右侧是树冠提取结果,每个数字代表一个独立的树冠。这些技术的应用可以帮助农业种植人员或农业科研人员更精确地监测作物生长情况,评估农田健康状况,提高农作物的产量和质量。

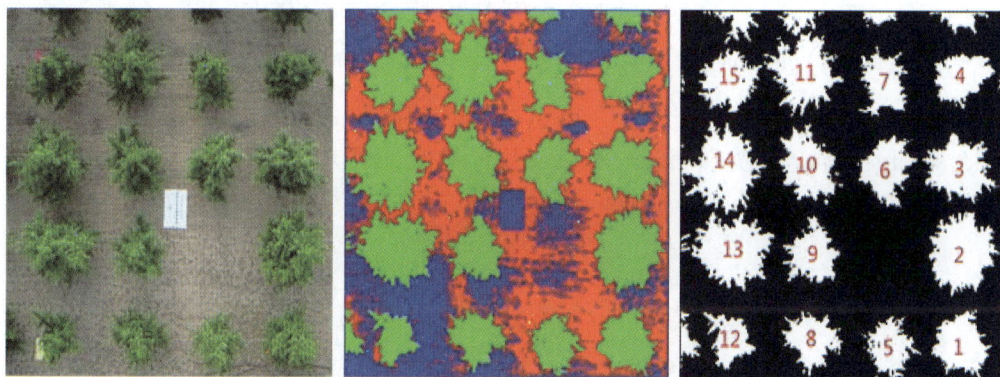

图 6-24　农业监测中的图像分割结果图

总之,图像分割与识别是计算机视觉中的关键任务,对于许多领域的应用具有重要意义。随着技术的发展和应用的深入,图像分割与识别技术将不断进步,为人类社会带来更多的便利和价值。

6.3 常用的计算机视觉工具

在工业界有一系列广泛使用的计算机视觉工具,这些工具不仅功能强大,而且用户友好,能够帮助研究人员或者开发者更高效地进行图像处理和分析。通过这些工具,无论是初学者还是专业人士,都能够更加便捷地将计算机视觉技术融入各自的项目和研究中,从而解决实际问题,推动创新和发现。

6.3.1 图像处理工具

1. scikit-image

scikit-image 是一个基于 Python 的开源图像处理库,它提供了简单易用的图像处理和分析工具。例如,调整亮度、对比度,或者找出图像中的边缘。这个库包含各种算法,可以进行图像分割、特征提取、图像变换等操作。scikit-image 提供了丰富的图像处理工具,而且使用起来相对简单。它的模块化设计让用户可以轻松地对图像进行操作和分析。

scikit-image 就像是图像处理的瑞士军刀,提供了各种方便的工具来处理图像。无论是裁剪、旋转还是调整亮度和对比度等,scikit-image 都能轻松应对。它特别适合那些需要对图像进行基本编辑的任务。

如果读者想了解更多信息和下载,请访问 scikit-image 官网 https://scikit-image.org/。实现 scikit-image 库的图像处理功能可视化界面如图 6-25 所示。

2. PIL

PIL(Python Imaging Library)也是一个开源的 Python 图像处理库,它支持打开、操作和保存多种格式的图像文件。PIL 简单易用,适合进行基本的图像处理任务,如图像的旋转、缩放、裁剪等。它还提供了一些基本的图像处理功能,如图像的点操作、颜色转换等。PIL 特别适合于需要快速进行图像读写和基本处理的场合,它的简单性使得它成为 Python 开发者在图像处理领域的常用选择之一。

在业界,人们更多地把 PIL 叫作 Pillow,它是一个很受欢迎的图像处理工具。Pillow 对新手很友好,也适合那些需要快速编辑图片的人,是很多

```python
import matplotlib.pyplot as plt
from skimage import data, color, feature
from skimage.io import imread
img = data.camera()
if img.ndim == 3:
    img_gray = color.rgb2gray(img)
else:
    img_gray = img
edges = feature.canny(img_gray, sigma=1.0)
fig, axes = plt.subplots(1, 2, figsize=(8, 4))
ax0, ax1 = axes
ax0.imshow(img_gray, cmap='gray')
ax0.set_title('Original (Gray)')
ax0.axis('off')
ax1.imshow(edges, cmap='gray')
ax1.set_title('Canny Edges')
ax1.axis('off')
plt.tight_layout()
plt.show()
```

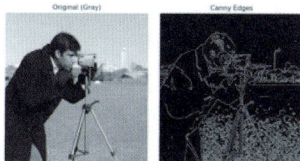

图 6-25　scikit-image 图像处理可视化界面

Python 开发者的首选工具。

如果读者想了解更多信息和下载,可以从 Pillow 的官方文档中获取。请访问 Pillow 官网 https://pillow.readthedocs.io。其官网主页界面部分内容如图 6-26 所示。

3. MATLAB

MATLAB 是一款功能强大的软件,它在数学计算和图表绘制方面表现出色,同时也提供了丰富的图像处理功能。这个软件的图像处理工具箱非常全面,涵盖了从图像增强、分割到形态学操作和特征提取等多个方面。它特别适合需要进行复杂图像分析的科学研究和工程项目。

由于 MATLAB 提供的图像处理功能既强大又全面,它在工业界得到了广泛的应用,特别是在自动化和控制系统领域。这些功能使得工程师和研究人员能够利用 MATLAB 进行高效的图像分析和处理,它还适合于科学计算和工程应用,因为它提供了大量的算法和函数。

如果读者想了解更多信息和下载,请访问 MATLAB 官网 https://www.mathworks.com/products/image.html。其官网主页界面部分内容如图 6-27 所示。

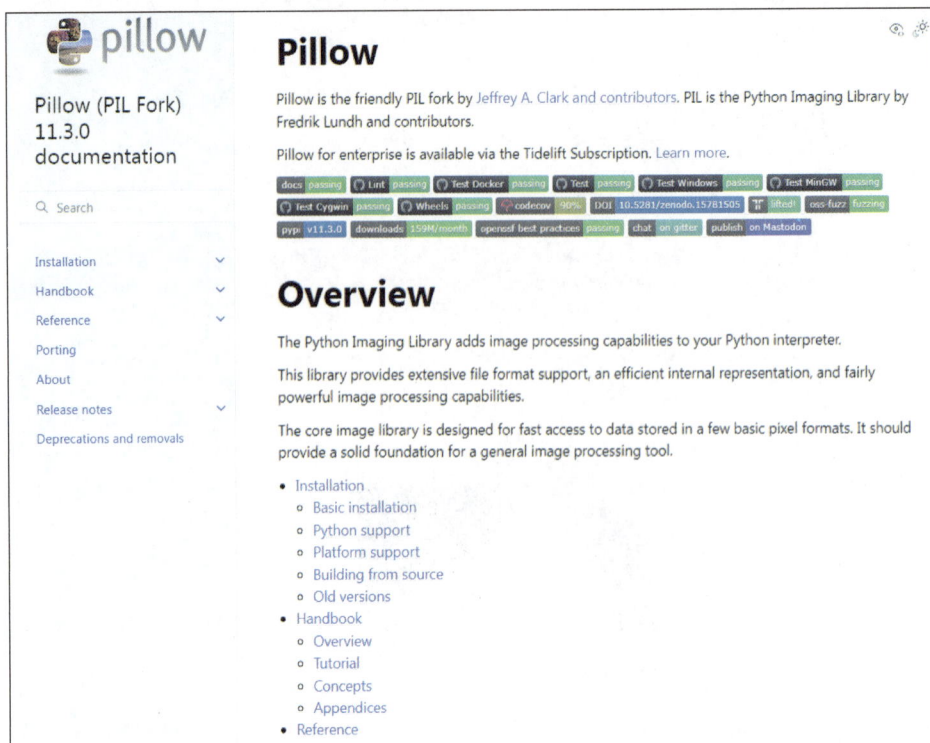

图 6-26　Pillow 官网的部分内容

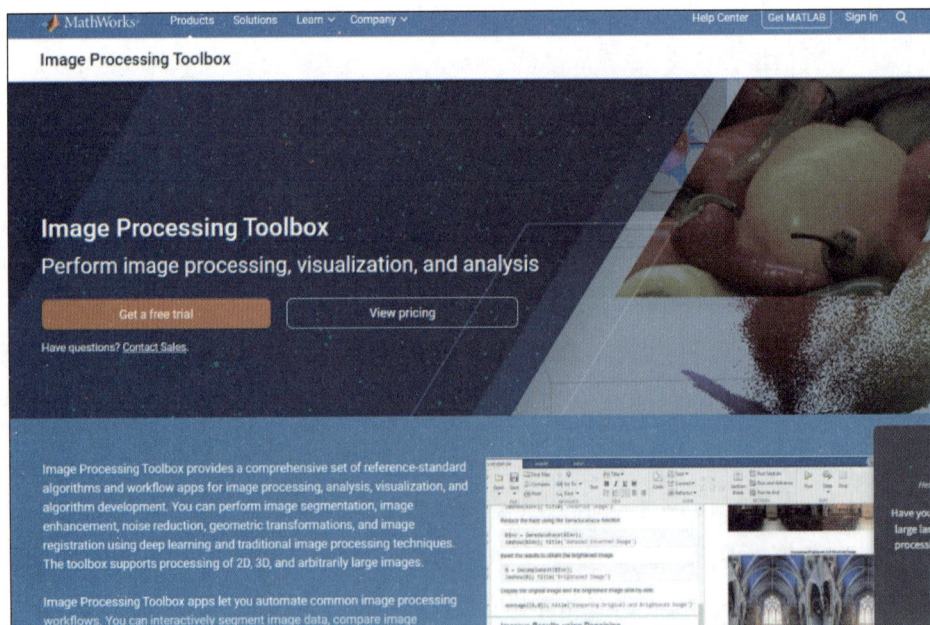

图 6-27　MATLAB 官网的部分内容

6.3.2　深度学习与机器学习框架

1. TensorFlow

TensorFlow 是由 Google 开发的开源机器学习框架,它广泛用于深度学习模型的构建和训练。TensorFlow 支持多种平台,并且可以与 Python 紧密集成,适合进行图像识别、分割等计算机视觉任务。它的灵活性和可扩展性使得开发者可以轻松地构建和训练复杂的模型。

此外,TensorFlow 还提供了对分布式计算的支持,它包含各种工具,可以帮助我们搭建和训练那些复杂的人工智能模型。它能让多台计算机一起工作,处理更大的数据,训练模型就能更快,而且可以应用在不同的机器上。

如果读者想了解更多信息和下载,请访问 TensorFlow 官网 https://www.tensorflow.org。TensorFlow 工作界面如图 6-28 所示。

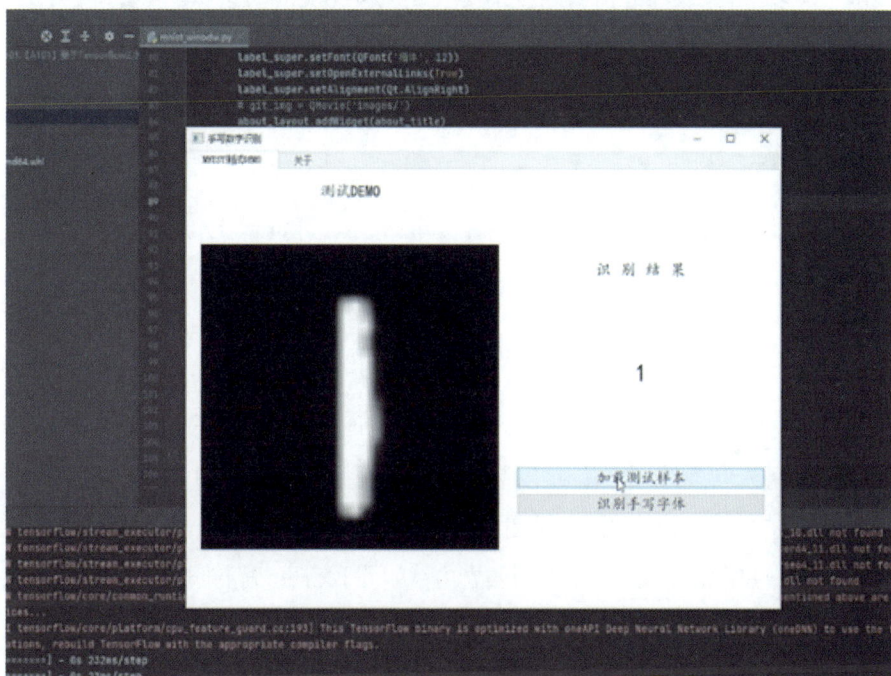

图 6-28　TensorFlow 工作界面

2. PyTorch

PyTorch 是一个流行的开源机器学习库,它特别适合解决深度学习类的问题。PyTorch 提供了强大的 GPU 加速支持,动态计算图构建,以及丰富的预训练模型库。它的灵活性和易用性使得开发者可以快速地进行模型的原型设计和实验。PyTorch 的动态图特性允许开发者在运行时修改模型,就像是在做实验的时候可以随时调整实验装置,这在解决实际问题中非常有用。

PyTorch 在机器学习世界里不仅功能强大,而且使用起来非常灵活。此外,PyTorch 还有一大优势就是它能够充分利用 GPU 的强大计算能力,让模型训练变得更快,更高效。

如果读者想了解更多信息和下载,请访问 PyTorch 官网 https://pytorch.org。PyTorch 实战界面如图 6-29 所示。

图 6-29　PyTorch 实战界面

3. Keras

Keras 是一个高层神经网络 API,运行在 TensorFlow 之上,提供了用户友好的接口来构建和训练深度学习模型。Keras 简化了深度学习模型的构建过程,使得研究人员和开发者可以更专注于模型的设计和实验。它的模块化设计使得模型的构建和训练过程更加直观和高效。

如果读者想了解更多信息和下载,请访问 Keras 官网 https://keras.io/。如图 6-30 所示,展示了使用 Keras 进行预测的数据可视化界面。

6.3.3　计算机视觉库

1. OpenCV

OpenCV 是一个功能丰富的开源计算机视觉和机器学习软件库。它由一系列优化的 C++ 函数和 Python、Java 接口组成,提供了实时的图像处理、视频分析、物体检测、人脸识别等功能。OpenCV 广泛应用于机器人、无人机、增强现实、自动驾驶车辆等领域。它的模块化设计使得开发者可以轻松地集成和

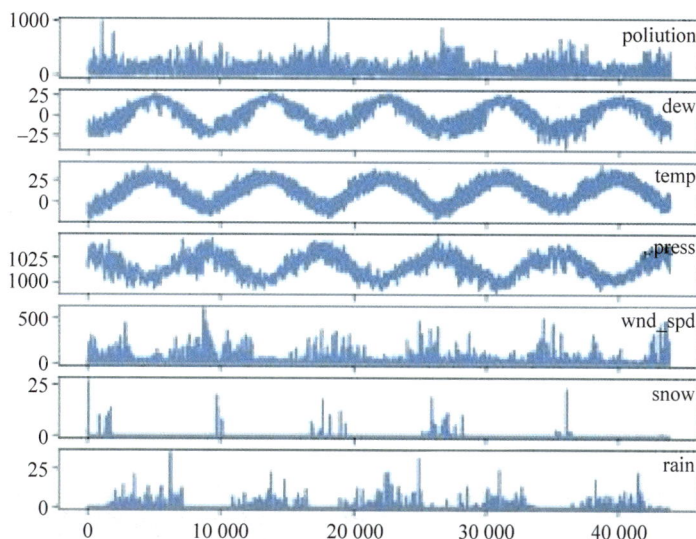

图 6-30　使用 Keras 预测的数据可视化界面

扩展其功能。此外,OpenCV 还提供了易于使用的计算机视觉算法,如特征检测、图像分割、运动跟踪等,这些都使得 OpenCV 成为计算机视觉领域的首选库之一。

如果读者想了解更多信息和下载,请访问 MATLAB 官网 https://opencv.org/。如图 6-31 所示,展示了使用 OpenCV 库进行图像处理的一个实例,通过编写代码实现对图像文件的打开、显示以及应用滤镜等操作。

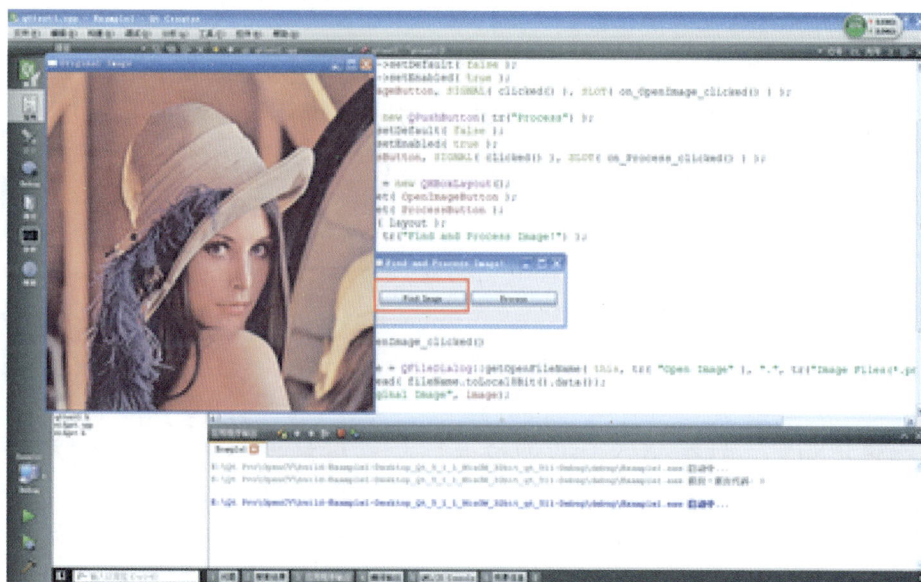

图 6-31　使用 OpenCV 库进行图像处理

2. SimpleCV

SimpleCV 是一个用于计算机视觉任务的轻量级库,它提供了快速且易于使用的图像处理和计算机视觉功能。SimpleCV 特别适合于需要快速进行图像处理和计算机视觉的场合,它的简单性使得它成为初学者和快速原型开发的极好选择。

如果读者想了解更多信息和下载,请访问 SimpleCV 官网 http://simplecv.org。如图 6-32 所示,展示了使用 SimpleCV 库通过 Python 代码处理和显示图像的过程,其中左边的代码窗口显示了图像处理的命令,而右侧窗口则展示了处理后的图像效果。

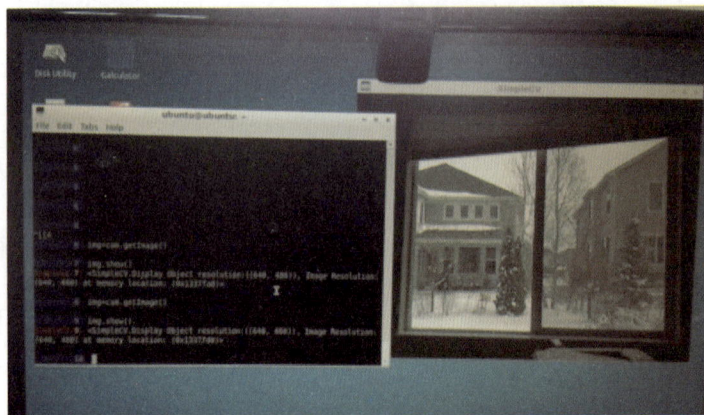

图 6-32　使用 SimpleCV 库实现图像处理

强大的计算机视觉工具为开发者提供了实现复杂图像处理和分析任务的能力,接下来,将通过一个具体的人脸识别技术应用实例,展示如何利用前面介绍的工具和方法来解决实际问题。

6.4　计算机视觉的应用实例——人脸识别

6.4.1　人脸识别概述

人脸识别是一种基于人的面部特征信息进行身份识别的生物识别技术。它通过摄像机或摄像头采集含有人脸的图像或视频流,并自动在图像中检测和跟踪人脸,进而对检测到的人脸进行特征分析与比对,最终实现身份的识别。

人脸识别技术就像是给每个人的脸制作一个独特的"身份证"。它用摄像头拍下人的脸，然后找出人脸上的特殊特征，如眼睛、鼻子和嘴巴的形状。这样，计算机就能记住人的脸，下次再见到时就能认出这个人是谁。这个过程不需要人做任何动作，计算机会自动完成。

如图 6-33 所示，展示了一个校园 AI 业务系统中的人脸识别技术，能够实时识别并显示多个人物的身份信息。

图 6-33　校园 AI 业务系统中的人脸识别界面

人脸识别技术不仅应用方便，其功能还很强大。它能同时识别很多人的脸，不需要接触任何设备。这种技术现在已经应用在很多领域，如企业的保安系统、住宅管理、电子护照与身份证、智慧校园、智慧物业、手机开机、支付验证等，极大地提高了身份识别的效率和安全性。

6.4.2　人脸识别技术的发展

人脸识别技术的发展可以分为 4 个阶段，如图 6-34 所示，每个阶段都有其独特的特点和进步。

1. 第一阶段（1964—1990 年）：机械识别

在这个阶段，人脸识别技术还处于起步阶段，主要是研究如何识别人脸的面部特征，但还没有实现自动识别。研究人员尝试通过分析人脸的轮廓、眼睛、鼻子、嘴巴等器官的位置和形状来进行识别。

然而，由于人脸的多样性和复杂性，加上技术的限制，识别效果并不理想。这个阶段的人脸识别技术更像是一个实验性的探索，还没有达到实用的地步。

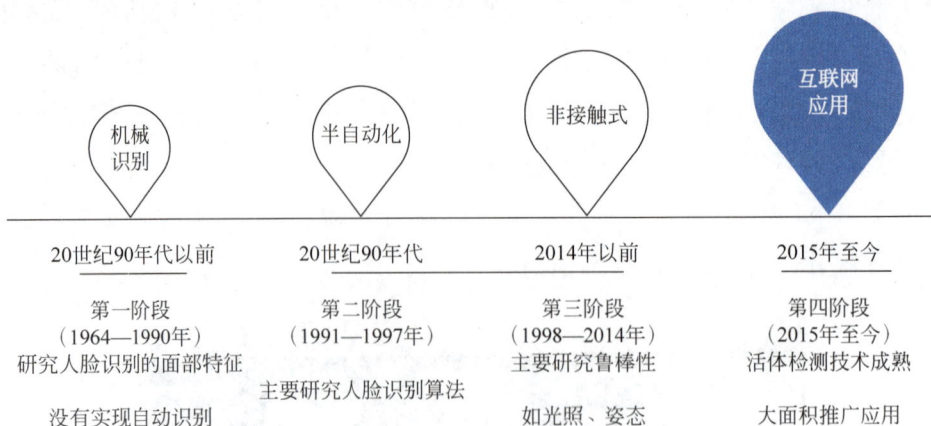

图 6-34   人脸识别技术发展的 4 个阶段

2. 第二阶段（1991—1997 年）：半自动化

进入 20 世纪 90 年代，人脸识别技术开始向半自动化发展。在这一时期，研究人员开发出了许多具有代表性的算法，如特征脸（eigen-face）方法。这种方法通过分析方法提取人脸的主要特征向量，将人脸图像映射到低维特征空间中进行识别，可以显著提高识别效果。

此外，还有基于模板匹配的方法、弹性图匹配技术、局部特征分析技术等，这些方法在实际应用中取得了一定的成果，推动了人脸识别技术的发展。

3. 第三阶段（1998—2014 年）：非接触式

这个阶段的人脸识别技术主要研究鲁棒性，如光照、姿态等因素的影响。研究人员开始关注如何让人脸识别技术在不同的光照条件下、不同的姿态下都能准确地工作。

这一时期的技术进步，使得人脸识别系统能够在更复杂的环境中应用，如安防监控、门禁系统等。这些技术的发展，为人脸识别技术的广泛应用打下了坚实的基础。

4. 第四阶段（2015 年至今）：互联网应用

到了 2015 年以后，人脸识别技术进入了互联网应用阶段。随着深度学习理论的成熟和计算能力的提升，特别是卷积神经网络等模型的应用，人脸识别技术可以非常精准和可靠，就像一双火眼金睛，能快速又准确地认出人脸，不管在什么光线下或者人脸的角度怎么变化，它都能很好地完成任务。

目前，人脸识别技术已经在金融支付、智能手机解锁、智能安防等多个领域得到广泛应用。技术的成熟和应用的广泛，标志着人脸识别已经从实验室走向了日常生活，成为人工智能领域的一个重要部分。

6.4.3　人脸识别的基本步骤

在了解人脸识别技术的发展后，下面将介绍人脸识别的基本步骤。这些步骤是实现精准人脸识别的核心环节，主要包括人脸图像采集、人脸定位、人脸特征提取和人脸特征比对等，如图 6-35 所示。

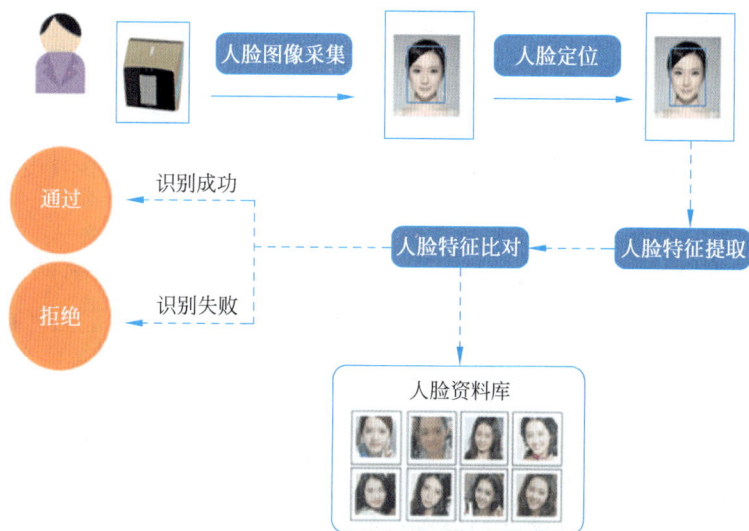

图 6-35　人脸识别的基本步骤

1. 人脸图像采集

人脸识别的第一步是通过摄像头、手机或其他图像采集设备获取人脸图像。这一过程需要确保图像清晰、光线均匀且人脸角度适中，因为图像质量直接影响后续识别的准确性。例如，在智能手机解锁时，摄像头会实时捕捉用户的面部图像；在安防监控中，摄像头则持续扫描场景中的人脸。

采集方式可以是静态照片（如证件照）或动态视频（如实时监控）。如果光线过暗或角度偏差过大，系统可能无法有效检测人脸，因此许多设备会配备补光灯或提示用户调整位置。

2. 人脸定位

人脸定位是在采集到的图像中找到人脸的位置。系统会在图像中搜索，识别出眼睛、鼻子、嘴巴等特征点，从而确定人脸的范围。

这个步骤就是在人脸图像里用一个方框标注人脸部分，让系统知道人脸在哪里。只有准确定位了人脸，后续的人脸特征提取和特征比对才能更精准地进行,避免干扰和错误。

3. 人脸特征提取

人脸特征提取是从定位的人脸区域里提取关键信息。系统通过提取到的人脸特征信息,分析人脸的形状、五官的大小和位置等,把这些信息变成一组数据。例如,眼睛之间的距离、鼻子的形状、嘴巴的轮廓等特征都会被记录下来,就像把人脸的"指纹"提取出来。这些数据能代表一个人脸的独特特征,是后续比对的重要依据。

4. 人脸特征比对

人脸特征比对是将提取到的人脸特征数据与数据库(人脸资料库)中已有的数据进行对比。系统会计算两者之间的相似度,如果相似度高,就认为是同一个人。

这个步骤就像比对指纹一样,通过相应的方法(算法)判断两个特征数据是否匹配。如果匹配成功,就完成身份验证;如果不匹配,则拒绝通过身份证验。这是人脸识别的最后一个步骤,也是最关键的一个步骤。

6.4.4　人脸识别的代码示例

以下是一个完整的人脸识别代码示例,涵盖了人脸图像采集、人脸定位、人脸特征提取和人脸特征比对4个基本步骤。

在运行此代码之前,确保已经安装了 OpenCV 库和深度学习库。

1. 人脸图像采集

```
# 引入 OpenCV 库,提供图像/视频处理、摄像头读取等功能
import cv2
# 引入 face_recognition 库,提供基于深度学习的人脸检测与识别接口
import face_recognition

# 初始化摄像头
cap = cv2.VideoCapture(0)          # 参数 0 表示使用默认摄像头

# 采集人脸图像
print("请将脸部对准摄像头,按 Enter 键采集图像...")
input() # 等待用户按 Enter 键
ret, frame = cap.read()            # 读取一帧图像
if not ret:
    print("无法读取图像!")
```

```
    exit()
```

＃释放摄像头资源
```
cap.release()
```

＃显示采集到的图像
```
cv2.imshow('Collected Face', frame)
cv2.waitKey(0)
cv2.destroyAllWindows()
```

＃保存采集到的图像
```
cv2.imwrite('collected_face.jpg', frame)
print("图像采集完成,已保存为 'collected_face.jpg'")
```

2. 人脸定位

＃加载采集到的图像
```
image = face_recognition.load_image_file('collected_face.jpg')
```

＃使用 face_recognition 库进行人脸定位
```
face_locations = face_recognition.face_locations(image)
```

＃检查是否检测到人脸
```
if len(face_locations) == 0:
    print("未检测到人脸!")
    exit()
```

＃在图像上绘制人脸框
```
for top, right, bottom, left in face_locations:
    cv2.rectangle(image, (left, top), (right, bottom), (0, 255, 0), 2)
```

＃显示人脸定位结果
```
cv2.imshow('Face Localization', image)
cv2.waitKey(0)
cv2.destroyAllWindows()
```

3. 人脸特征提取

＃加载采集到的图像
```
image = face_recognition.load_image_file('collected_face.jpg')
```

＃提取人脸特征
```
face_encodings = face_recognition.face_encodings(image, face_locations)
```

```
# 检查是否提取到特征
if len(face_encodings) == 0:
    print("未提取到人脸特征!")
    exit()

# 获取第一个检测到的人脸特征
face_encoding = face_encodings[0]

# 打印特征向量(128 维)
print("人脸特征向量: ", face_encoding)
```

4. 人脸特征比对

```
# 加载已知人脸图像(用于比对)
known_image = face_recognition.load_image_file('known_face.jpg') # 替换为
已知人脸图像路径
known_face_encoding = face_recognition.face_encodings(known_image)[0]

# 比对人脸特征
results = face_recognition.compare_faces([known_face_encoding], face_
encoding)

# 判断是否匹配
if results[0]:
    print("人脸匹配成功!")
else:
    print("人脸匹配失败!")
```

以上代码实现了一个完整的人脸识别流程。首先,通过摄像头采集人脸图像并保存为文件;接着,使用 face_recognition 库检测图像中的人脸位置,并在图像上绘制矩形框进行标记;然后,提取检测到的人脸特征向量;最后,将提取的特征与已知人脸特征进行比对,判断是否匹配。整个过程结合了 OpenCV 和 face_recognition 库的功能,简单易懂,适合初学者学习人脸识别的基本实现方法。

需要注意的是,代码中使用了深度学习预训练模型来实现特征提取和比对,无须手动设计复杂的特征提取算法。

此外,代码中未涉及实时采集和连续比对,实际应用中可根据需求进行扩展,例如,将采集部分放入循环中以实现实时人脸识别。

小　　结

　　计算机视觉技术是实现人工智能的重要方法和手段,其目的在于使计算机能够理解数字图像和视频。计算机视觉技术主要研究图像处理、目标检测、图像分割等内容。此外,在实际工程应用中,开发者可以借助各类计算机视觉工具解决问题。本章内容为读者提供计算机视觉领域的全面视角,帮助其理解并掌握相关技术和应用,能把视觉算法装进真实产品,为未来的学习和研究奠定基础。随着社会发展需要,预计计算机视觉将在更多领域展现其重要作用,为社会带来更多便利。

习　　题

1. 计算机视觉的主要目标是什么?
2. 计算机视觉一般应用在哪些领域?
3. 计算机视觉的主要研究内容是什么?
4. 目标检测与识别在实际应用中有哪些挑战?
5. 列举两种常用的图像处理工具,并简述它们的功能。
6. 描述实现人脸识别的基本步骤。

第7章

计算机听觉基础

　　声音作为人们交流、娱乐的重要媒介,其产生(如演奏乐器)、改变(如剧场、喇叭)、记录(如录音)、传播(如电话)等一直是研究的热点。计算机听觉则更进一步,关注对声音的自动理解。通俗地说,计算机听觉就是希望计算机能够通过"听"来知道什么东西在什么地方,或谁在什么地方做什么。例如,通过一段录音可以识别出是汽车的喇叭声,从而判断出交通状况;根据一段背景音乐可以判断出是电影中的某个场景,从而理解情节氛围;根据一段语音指令可以识别出用户的需求,从而提供相应的服务。这与人类听觉系统的功能类似,人们期望计算机听觉能够理解周围的环境、通过声音与人沟通交流、提供娱乐和游戏等功能。

　　本章将依次介绍计算机听觉的定义、应用领域、主要研究内容、常用工具以及典型应用案例——语音识别,为读者提供一个系统的视角,帮助读者全面了解计算机听觉这一前沿技术及其在实际中的应用。

7.1　计算机听觉概述

　　计算机听觉是人工智能的一个重要部分,它正快速地改变人们的日常生活和工作,让机器能听懂声音。它赋予了计算机感知和理解声音的能力,使机器能够像人类一样"听懂"语音指令、情感表达以及各种声音信号。它通过模拟人类听觉系统的功能,实现对声音环境的智能理解和响应。计算机听觉包括声音的捕捉、处理、分析和理解,以及从中提取有用的信息。

　　计算机听觉系统需要执行多个关键步骤,包括声音信号的获取、预处理、特征提取、模式识别和后处理,以确保对声音信号的准确识别和理解。展示了一个机器人使用计算机听觉技术,通过虚拟界面进行数据分析和交互的场景。如图7-1所示,展示了一个机器人使用计算机听觉技术,正在通过虚拟界面进行数据分析和交互的场景。

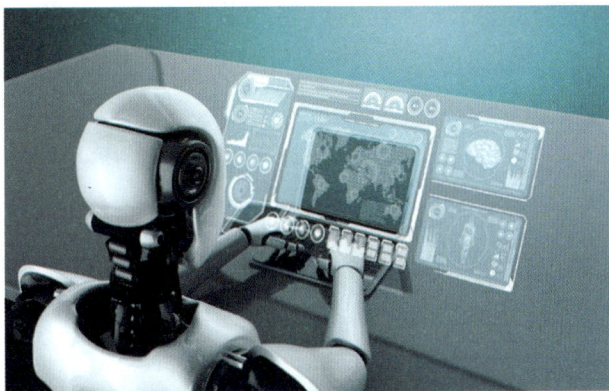

图 7-1　机器人使用计算机听觉进行交互

7.1.1　计算机听觉的定义

根据维基百科的定义,计算机听觉(Computer Audition,CA)或机器听觉是研究算法和系统对音频信号进行解释的通用领域。它试图将原本处理特定问题或有具体应用的多个学科整合在一起。计算机听觉受到人类听觉模型的启发,涉及声音的表示、转换、分组、音乐知识的运用以及一般声音语义等问题,目的是让计算机对音频和音乐信号执行智能操作。从技术层面来看,这需要结合信号处理、听觉建模、音乐感知与认知、模式识别以及机器学习等领域的多种方法,还包括传统人工智能中用于音乐知识表示的方法。

计算机听觉,也称为机器听觉,是指计算机系统对声音信号进行捕捉、处理、分析和理解的能力。这包括但不限于语音识别、声音事件检测、音频分类和音乐信息检索等任务。

计算机听觉能够赋予计算机处理和理解音频信号的能力,使其能够像人类一样对声音进行感知、识别和响应。其目标是让计算机能够自动地从音频数据中提取有用的信息,实现对声音的分类、识别、定位、分析和生成等功能,从而在各种应用场景中提供智能的音频处理和交互服务。

7.1.2　计算机听觉的应用领域

从智能家居中的语音控制到智能交通中的语音导航,从智能客服中的语音交互到教育领域的语音教学,计算机听觉技术的应用场景无处不在。它不仅可以提高人机交互的效率和便捷性,还为特殊群体提供更多的沟通机会。

随着技术的不断进步,计算机听觉正在变得更加智能、自然和个性化,为人们创造更加丰富和便捷的听觉体验。接下来,将介绍几个常见的计算机听觉技术应用领域。

1. 智能语音助手

智能语音助手是计算机听觉技术的典型应用之一。它通过语音识别技术接收用户的语音指令,利用自然语言处理技术理解用户的需求,并通过语音合成技术以语音形式提供相应的反馈和操作。

例如,华为手机的小艺等语音助手能够回答问题、提供信息查询、控制智能设备、播放音乐、发送消息、设置提醒等,为用户提供便捷、智能和个性化的交互体验。

2. 语音通信

在语音通信领域,计算机听觉技术用于提高语音通话的质量和稳定性。语音增强技术可以有效地降低通话过程中的噪声和回声干扰,使语音信号更加清晰可懂;语音编码技术则通过压缩语音信号,减少数据传输量,提高通信效率。

例如,在电话会议、视频通话等场景中,语音增强技术能够确保即使在嘈杂的环境中,通话双方也能够清楚地听到对方的声音,从而提高沟通效率和质量。

3. 智能客服

智能客服系统利用语音识别和自然语言处理技术,可以自动识别和理解客户的问题,并提供相应的解答和解决方案。语音情感分析技术还可以实时监测客户的情绪状态,及时调整服务策略,提高客户满意度。

例如,在银行、电信等行业的客服中心,智能客服系统可以自动处理大量的客户咨询和投诉,快速准确地回答常见问题,减轻人工客服的工作负担,同时提高客户服务工作的效率和质量。

4. 语音翻译

语音翻译技术能够实时地将一种语言的语音信号翻译成另一种语言的语音或文本,打破语言障碍,促进不同语言之间的交流和合作。它广泛应用于国际旅行、商务会议、文化交流、社交等领域。

例如,在腾讯微信软件中,微信的语音输入功能支持多语言翻译,用户可以使用中文、英语等多种语言进行语音输入,系统会自动将其翻译成目标语言并发送给对方。这一功能不仅方便了用户在跨语言交流中的沟通,还提升了用户体验,使得语言不再是交流的障碍。此外,微信还支持语音消息的实时翻译,用户在接收外语语音消息时,可以快速获取翻译内容,进一步增强社交软件的国际化交流能力。

5. 智能安防

在智能安防领域,计算机听觉技术可以用于音频监控和异常声音检测。通过分析监控区域内的声音信号,识别出异常声音(如玻璃破碎声、尖叫声等),及时发现潜在的安全威胁,并发出警报。

例如,在银行、商场、学校等公共场所,音频监控系统可以与视频监控系统相结合,实现全方位的安全监测。当检测到异常声音时,系统可以自动触发警报,通知安保人员及时处理,提高安全防范能力。

6. 教育领域

在教育领域,计算机听觉技术用于语音教学、语音评测等应用,帮助学生提高语言表达能力和发音准确性。例如,在语言学习软件中,语音识别技术可以实时纠正学生的发音错误,提供个性化的学习建议;语音合成技术可以为学生提供语音朗读和讲解,丰富教学形式和内容。

如图 7-2 所示,展示了微信软件的一个

图 7-2 微信发送语音消息界面

发送语音消息界面,图片底部有松开发送的提示和语音输入按钮。

总之,计算机听觉技术的应用范围广泛,它通过精确识别和处理声音信号,可以提升各类系统的智能化水平。在语音交互、智能安防、医疗诊断等多个领域,这项技术不仅可以优化操作流程,还可以提高工作效率和准确性,带来实际的效益和持续的改进。

7.2 计算机听觉的主要研究内容

在介绍了计算机听觉的基本概念和广泛应用领域之后,接下来将探讨计算机听觉的主要研究内容。这些研究内容不仅构成了计算机听觉技术发展

的基石,而且对于推动相关应用的创新和完善起到了至关重要的作用。本节将详细阐述计算机听觉领域的三个主要研究内容:音频信号处理、语音处理和声音识别,这些技术相互关联,共同促进计算机听觉技术的进步和应用的拓展。

7.2.1 音频信息处理

音频信号处理是计算机听觉的基础,它关注如何从原始音频数据中提取有用的特征和信息,主要包括音频信号的预处理、音频增强、音频压缩以及特征提取。这些技术有助于将原始的音频信号转换为更适合后续处理的格式和形式。音频信号模拟如图 7-3 所示。

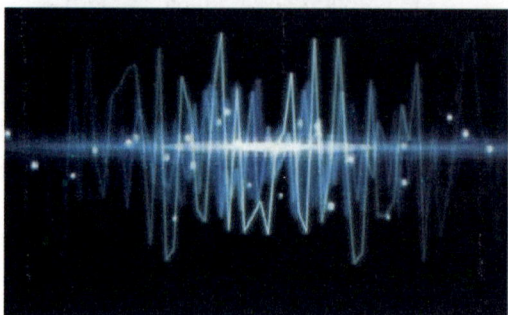

图 7-3 音频信号模拟图

音频信号处理就像是给声音做编辑。想象一下,假设你拍了一张漂亮的照片,但光线有点暗或者有些噪点,你可能会用一些软件来调亮它、清除噪点。音频信号处理也类似,只是它处理的对象是声音,而不是"照片"而已。

音频信号的处理过程主要包括:声音的预处理(如降噪和回声消除)、声音增强(让声音更清晰、更动听)、音频压缩(让声音文件变得更小,方便存储和传输)以及特征提取(从声音中提取有用的信息,如音乐的旋律或人声的特征)。这些处理能让声音听起来更好,或者传输更快,或者更适合机器去分析和理解等。

1. 预处理

音频信号的预处理就像是给声音做一次"美容"。当我们录制声音时,可能会有一些不想要的噪声,如风声、汽车喇叭声等。预处理就是用技术手段去除这些噪声,让声音更清晰。此外,预处理还可以对声音进行"整形",如调整音量,让声音听起来更舒服。

预处理的目的是让后续的声音分析和处理工作更加准确和有效。这就像是在画画前准备好干净的画布和颜料,才能画出好的作品。例如,在语音通信中,降噪技术可以有效降低环境噪声,使通话更加清晰。在电话会议或语音通话中,回声消除技术可以去除由于声音反射产生的回声,提高通话质量等。

2. 音频增强

通过调整音频信号的频率响应、动态范围等参数,增强音频的可听性和表现力。音频增强就像是给声音"加滤镜"。有时候,我们录制的声音可能因为距离太远或者设备不够好而变得太小声或不够清晰。音频增强就是通过技术手段让这些声音变大、变清晰。例如,它可以强化声音中的某些部分,让它们更突出,或者让整个声音的响度提高,这样就能听得更清楚。

音频增强技术在音乐制作、电影制作和语音通信中非常有用,它能帮助人们获得更好的听觉体验。例如,在音乐制作中,音频增强技术可以提升音乐的音质,使其更加悦耳动听。

如图 7-4 所示,展示了一个音频编辑软件的界面,其中包含音频波形图和频谱图,这些工具可以分析和编辑音频文件。通过使用音频增强功能,用户可以调整音频的频率响应和动态范围,从而提升音乐的音质或使语音更加清晰。

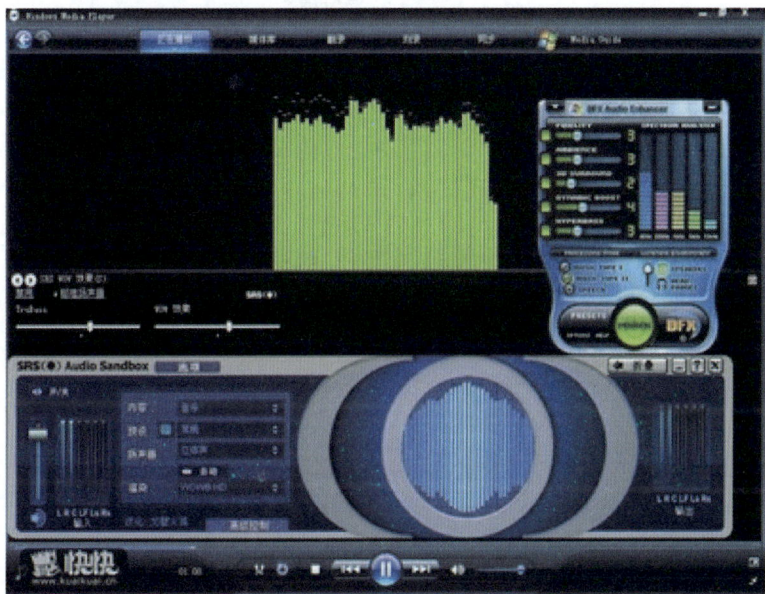

图 7-4 某软件的音频增强功能界面

3. 音频压缩

为了减少音频数据的存储空间和传输带宽,音频压缩技术采用各种方法

（算法）对音频信号进行编码和解码。常见的音频压缩格式包括 MP3、MP4、WAV 等，它们在保持较高音质的同时，可以减少文件大小。

音频压缩就像是给声音文件"减肥"。声音文件通常会很大，这就意味着它们占用很多存储空间，在网上传输的速度也受限。音频压缩就是用一些巧妙的方法让声音文件变小，但听起来几乎没什么差别。这就像是把一个大箱子里的东西打包得更紧实，既节省空间，也更容易搬运。

如图 7-5 所示，展示了 GoldWave 音频编辑软件的一个工作界面，用户正通过"文件"菜单选择将音频文件保存为不同格式，如 WAV、MP3 等，这些格式涉及音频压缩技术，以优化文件大小和音质。

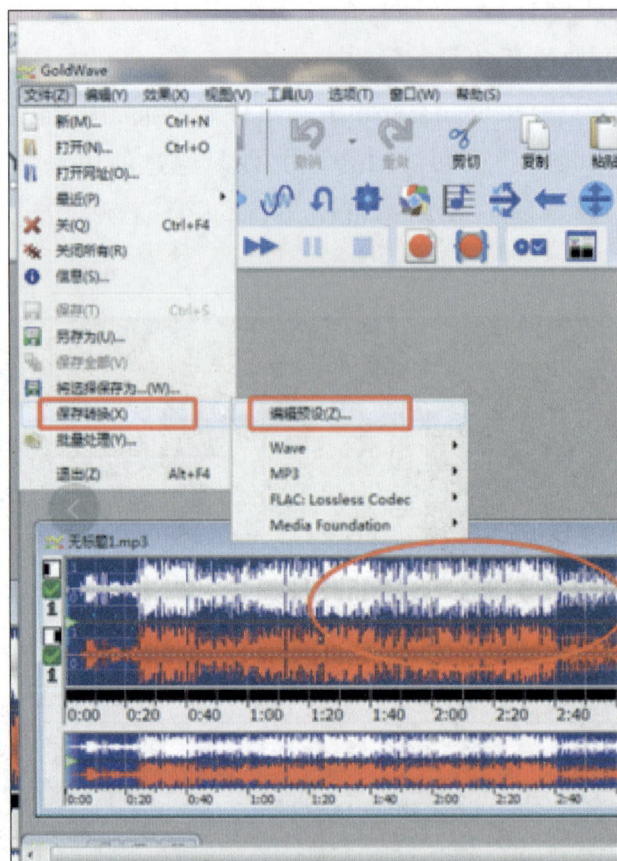

图 7-5　GoldWave 音频编辑软件的文件保存界面

压缩技术在音乐下载、视频流媒体和语音通话中特别重要，它可以帮助声音文件节省数据流量和存储空间，让声音的分享和存储变得更加方便快捷和经济。

4. 音频特征提取

特征提取就像是从声音中找出它的"DNA"。声音有很多不同的特征,如音调的高低、声音的响度、声音的音色等。特征提取就是从声音中提取出这些有用的信息,让计算机能够识别和理解声音。这就像是给声音做一个详细的分析报告,告诉人们声音的各种特点。

在音乐推荐、语音识别、声音分类等应用中,声音的特征提取是非常重要的一步,它可以帮助计算机更好地理解和使用声音信息。

如图 7-6 所示,展示了使用 Python 代码进行声音特征提取的过程和输出结果,其中,Python 代码的功能是计算音频信号的频谱质心(就是声音中最重要的部分),并在下方的结果波形图中采用红色标注。

```python
#spectral centroid -- centre of mass -- weighted mean of the frequencies present in the sound
import sklearn
spectral_centroids = librosa.feature.spectral_centroid(x[:80000], sr=sr)[0]
# Computing the time variable for visualization
frames = range(len(spectral_centroids))
t = librosa.frames_to_time(frames, sr=8000)
# Normalising the spectral centroid for visualisation
def normalize(x, axis=0):
    return sklearn.preprocessing.minmax_scale(x, axis=axis)
#Plotting the Spectral Centroid along the waveform
librosa.display.waveplot(x[:80000], sr=sr, alpha=0.4)
plt.plot(t, normalize(spectral_centroids), color='r')
```

<matplotlib.lines.Line2D at 0x12f9d51d0>

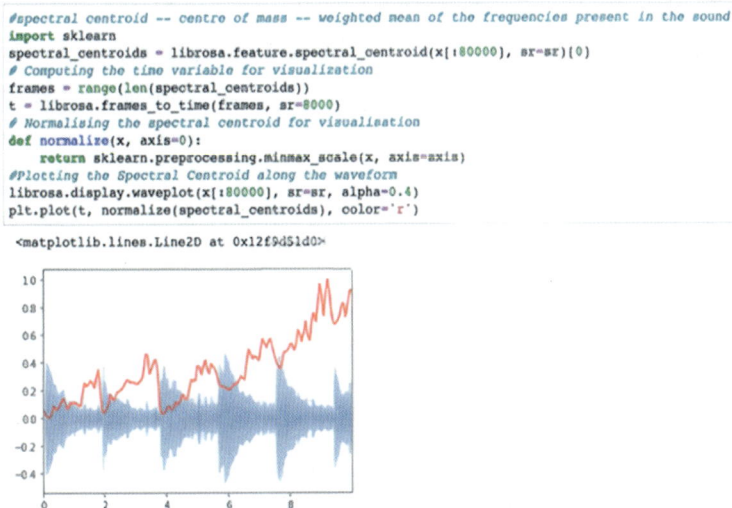

图 7-6　使用 Python 代码进行声音特征提取

7.2.2　语音处理

1. 语音处理的基本概念

语音处理也是计算机听觉领域的一个重要部分,它涉及对人类语音信号的采集、分析、处理和生成。语音处理的目标是使计算机能够理解和生成人类语言,将语音信号转换为文本信息,使计算机能够理解和处理语音指令,从而实现人机之间的自然语音交互。

语音处理技术在多个领域发挥着重要作用,可以极大地提升人机交互的便捷性和效率。在智能家居领域,通过语音控制,用户可以轻松操控家电设

图 7-7　某手机地图导航界面

备,如通过语音指令打开灯光、调节温度等,无须手动操作。在智能交通中,语音导航系统能够根据实时路况提供最优路线,同时允许驾驶员通过语音指令进行操作,确保驾驶安全。

如图 7-7 所示,展示了一个手机地图导航界面,用户可以通过语音指令获取从当前位置步行到安贞桥西的导航信息。

语音处理的基本概念是理解语音处理技术如何工作的基础,也是实现语音处理任务的关键。

2. 语音处理的任务

简单地说,语音处理的任务就是让计算机能听懂人类说的话、模仿人类的声音、在嘈杂中能听清人类说的话、感受人类说话的语气,还能识别出是谁在说话。

(1) 语音识别:将语音信号转换为文本信息,使计算机能够理解和处理语音指令。语音识别就是把人类说的语音变成文字,让计算机能明白人类下的指令。

(2) 语音合成:将文本信息转换为语音信号,使计算机能够"说话"。语音合成就是让计算机把人类的文字读出来,并采用语音的方式让人类可以听见。

(3) 语音增强:通过消除噪声和回声,提高语音信号的质量和可懂度。语音增强就是通过各种方法把声音中的背景噪声去掉,让声音更清楚,更容易听懂。

(4) 语音情感分析:通过分析语音信号中的情感信息,推断说话人的情感状态。语音情感分析就是让计算机从人类说话的声音中,能听出人类说话时的情绪,例如是高兴还是难过。

(5) 说话人识别与验证:通过分析语音信号中的个体特征,识别和验证说话人的身份。就是通过声音来识别是谁在说话,确认或验证说话人的身份。

语音处理所涵盖的任务是多样化的,下面将介绍实现这些任务所需要的一些关键技术,让计算机能够更准确地理解人类语音,并和人类进行语音交互。

3. 语音处理的关键技术

1)特征提取

在语音处理中,特征提取就像是给声音拍一张 X 光片,用计算机来"看"声音,找出声音中重要的部分。这些重要的部分可能是声音的高低、声音的响亮程度或者是声音的变化方式。

计算机通过分析这些特征,能够更好地理解声音的内容。就像我们通过看一个人的外貌特征来识别这个人一样,计算机通过这些声音的特征来理解人类声音想要表达的意思。

2)声学模型

在语音处理中,声学模型就像是声音的字典。当人类说话时,每个字、每个词都有特定的发音方式。声学模型就是用来告诉计算机,什么样的声音对应什么样的词或者音素。这就像是教计算机如何把听到的声音和它知道的"声音字典"里的词条对应起来。

通过这种方式,计算机就能把听到的声音转换成人类能理解的文字。这就像是我们学习语言时,老师教我们每个字怎么读,声学模型就是教计算机怎么"读"声音。

声学模型是语音识别系统的核心,负责将语音信号的特征与对应的音素或单词进行映射。

3)语言模型

在语音处理中,语言模型则像是语法书,它帮助计算机理解人类说话的规则。假设你知道每个词的读音,但是你不按照一定的规则来组织这些词,那别人也听不懂你在说什么。

语言模型就是用来教计算机理解这些规则的,如哪些词通常会跟在哪些词后面,怎样的句子结构是合理的。这样,计算机就能更准确地把声音按规则转换成组织合理、能表达声音本意的文本,而不是一堆杂乱无章的词。这就像我们学习语法,以便能写出通顺、合理的句子一样。

4. 语音处理的应用场景

语音处理技术在多个领域有着广泛的应用,从智能助手到医疗诊断,每个场景都展示了这项技术的独特价值和潜力。以下是一些主要的应用场景。

1）智能助手与交互

语音处理技术广泛应用于智能助手，实现自然语言交互。智能助手就像是你的虚拟朋友，它们可以通过听你说话来帮你做事。

例如，你可以对手机里的智能助手说"明天早上 7 点叫醒我"，它就会记住并在那个时间叫醒你。或者，你可以问它"今天天气怎么样？"，它就会告诉你天气情况。这些助手通过"听"你的语音指令来帮你完成各种任务，从播放音乐到设定提醒，甚至控制各种智能设备。

2）语音转写与字幕生成

语音识别技术可以将说话人的声音变成文字，这样就能生成字幕。这对于听障人士或者需要记录会议内容的人来说非常有用。

同时，它也可以帮助视频制作者快速添加字幕，让观众更容易理解视频内容，让信息传播无障碍。例如，科大讯飞"听见"提供多语种语音转写服务；YouTube 的自动字幕功能通过语音识别生成视频字幕；Zoom 等会议软件也支持实时字幕。

3）医疗诊断与辅助

语音分析在医疗领域可以用于病情记录、疾病筛查或者患者监护等。在医院里，医生可能会用语音助手来记录病人的信息，这样他们就可以更多地关注病人的病情，而不是写笔记。

语音处理技术也可以帮助医生分析病人的声音，例如，通过听咳嗽声来辅助诊断呼吸道疾病。在远程医疗中，这种技术还可以帮助医生和病人通过语音交流，进行初步的诊断和建议。

4）娱乐与内容创作

在娱乐领域，语音处理让游戏和虚拟角色更加生动。例如，游戏里的虚拟角色可以通过语音合成技术"说话"，让玩家感觉更真实。在音乐制作中，这项技术可以帮助创作者分析和修改歌曲的旋律。

此外，语音技术还可以用于生成有趣的语音效果，如变声器，让声音听起来像机器人或者卡通人物，为娱乐增添乐趣。

5）机器人交互与控制

语音处理技术在机器人领域实现了自然、高效的人机交互，使机器人能够理解指令、执行任务并反馈信息。语音处理赋予机器人"听觉"和"语言"能力，使其在服务、制造、教育等场景中更智能、更人性化。

例如,你的家里有一个机器人,你只要说"打扫房间",机器人就开始工作了。这就是语音控制的魔力。通过语音处理技术,机器人可以理解你的语音指令,然后执行相应的动作。无论是家庭服务机器人还是工业机器人,这项技术都能让它们更容易与人类交互。

如图 7-8 所示,展示了科大讯飞"听见字幕"的升级产品,利用语音转写与字幕生成技术,让视频添加字幕变得更加简单快捷。

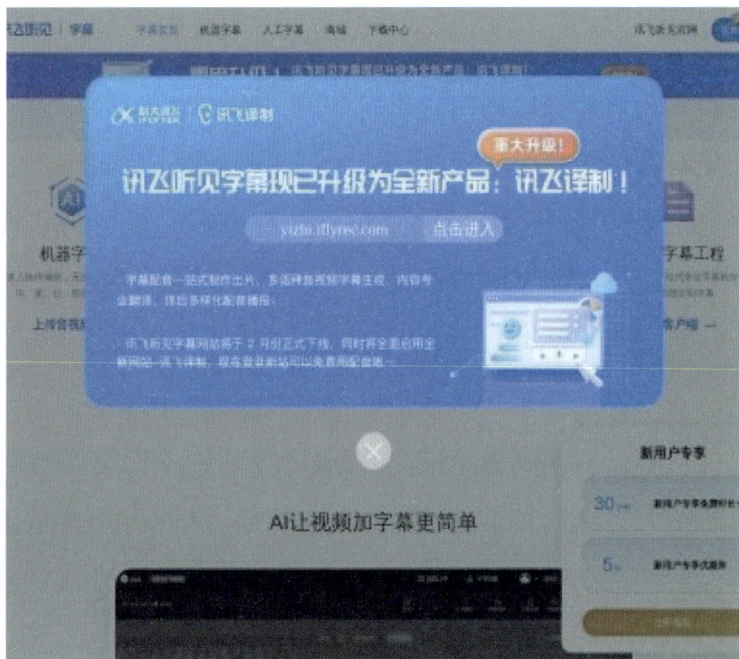

图 7-8 科大讯飞"听见字幕"的升级产品

7.2.3 声音识别

1. 声音识别的基本概念

声音识别(Automatic Speech Recognition,ASR)就是通过各种技术手段(方法)让机器自动识别和理解人类语音,并将其转换为文本或指令。声音识别从广义上讲,是对所有类型声音的识别与分类,包括语音、环境音、动物叫声、机械噪声等,核心是区分声音的类别或来源。

声音识别的研究涉及声学、语言学、信号处理等多学科交叉,声音识别就像教计算机学会听懂各种声音,如人说话、动物叫声或者机器发出的声音。

声音识别技术的研究和应用,可以根据不同的难度来分类。例如,识别特定人的声音还是任何人的声音,识别单个词还是连续的话,或者是识别少量词汇还是大量词汇。声音识别的最终目标是让人类和机器交流得更自然、更高效,就像和朋友聊天一样简单。

声音识别是计算机听觉中最具挑战性的任务之一,随着深度学习技术的发展,现在的语音识别系统已经能够在各种复杂环境中实现高精度的识别效果。

2. 声音识别的任务

1) 语音信号处理

语音信号处理是指对原始语音进行采样、滤波、降噪等预处理,消除环境干扰。也就是对原始的声音进行"清洗"。

假设你录了一段话,但声音背景很吵,这时候就需要用技术手段把不需要的噪声去掉,让声音更清晰。这个过程还包括调整声音的频率,确保捕捉到的声音信息是准确的,为下一步分析做好准备。

2) 特征提取

特征提取是指从语音信号中提取关键声学特征,表征语音的频谱和时域特性。特征提取就像是从声音中提取"DNA"。

每个声音都有它独特的特点,如音调的高低、声音的响亮程度等。特征提取就是找出这些特点,把它们变成计算机能懂的数据,然后,计算机就能分析和识别出不同的声音。

3) 声学建模

声学建模是指通过数学模型建立语音单元(音素、音节)的统计模型,也就是用数学模型来模拟人说话的声音,如用数学公式或计算机程序来描述每个音是怎么发出来的。

声学建模就像是给声音建立一个"身份证"。每个音素或者音节都有它特定的声学特征,声学模型就是用来描述这些特征的。通过这个模型,计算机就能学会如何把听到的声音和已知的声音匹配起来。

4) 语言建模

语言建模是指结合语法和语义规则,优化识别结果的准确性。语言建模就是教计算机理解人类是怎么组织语言的。

不同的词按照一定的规则进行排列组合,才能形成有意义的句子。语言模型就是用来学习这些规则的,它帮助计算机不仅能识别出单个词,还能理解整个句子的意思或者含义。

5）解码与输出

解码与输出是指将声学模型和语言模型结合，通过某种搜索方法（算法）输出最可能表达人类声音本意的文本结果或声音结果。

解码与输出就像是计算机在做完所有声音处理和分析后，把理解的结果告诉人类。计算机结合前面的声学模型和语言模型，找出最符合声音源的文本，然后"说"给人类听或者在输出设备上显示出来。

3. 声音识别的核心问题

1）噪声与干扰问题

声音识别系统在实际环境中常受到背景噪声（如交通声、人声）或声音采集设备差异（如话筒质量不同）的干扰，导致声学特征失真。尤其在开放场景（如户外场地、智能家居、车载系统）中会有明显的干扰。

例如，你和你的同学在食堂轻声说话，但周围有人大声聊天，这就会让你很难听清楚你同学说话的内容。声音识别也面临同样的问题。背景噪声，如交通声、别人说话声，会干扰目标声音，让计算机听不清。虽然有些技术能减少这种影响，但要在环境很吵闹的地方准确识别声音，还是很有难度。

2）说话人差异性问题

不同说话人的年龄、口音、语速和发音习惯会导致同一词汇的声学特征差异巨大。例如，儿童语音的高频能量更强，方言可能改变音素分布。

也就是说，每个人说话都有自己的特点，如口音、语速。同样一句话，不同的人说出来，听到的声音会不一样。计算机要识别这些不同的声音并理解意思，就像听不同口音的人说话一样，需要能适应和识别这些差异，这是很有挑战的。

3）语义歧义与上下文依赖

在人类的实际语言体系中，语音中的同音词（如"实施"和"石狮"）和复杂语法结构需依赖上下文理解。

有时候，同音的词并且相同的字在不同的情况下意思完全不同。例如，"星星冰箱"中的"星星"和"天上的星星"中的"星星"是两个完全不同的概念，前面一个"星星"是指生活中的某品牌名号，后面一个"星星"是指夜空中闪烁的天体，两者没有直接联系，只是恰好使用了相同的词"星星"。计算机需要根据对话的上下文来理解这句话的意思，这就像人们在聊天时，要根据之前的对话来理解对方的意思。

4）数据稀缺

目前,工业异常声音、濒危语言等场景的样本稀少,例如,故障机械音可能仅占训练数据的1%,某些罕见动物的叫声或者特定机器的噪声,人们很难找到足够的样本来教计算机识别。

这就像人类学习新语言时,如果没有足够的词汇来学习,就很难掌握。所以,为了教计算机识别这些稀少的声音,需要收集更多的样本数据。

4. 声音识别的应用场景

声音识别技术在多个领域内有着广泛的应用,以下是一些主要的应用场景。

1）工业设备异常检测

通过分析机械运转声音识别潜在故障,实现预测性维护。声音特征可反映设备磨损、松动或润滑不足等问题,比振动监测更适用于复杂结构设备。

（1）风力发电机轴承异响检测

风力发电机在运转时如果轴承出现问题,会发出不正常的声音。通过分析这些声音,就能提前发现故障,防止发电机出现大问题。这就像是给发电机"听诊",通过听它的声音来判断它是否健康。

（2）数控机床刀具磨损监测

数控机床在加工金属时,如果刀具磨损了,也会产生特别的声音。监测这些声音可以帮助人们了解刀具的磨损情况,从而在最合适的时间更换刀具,这样既能保证加工质量,又能节省成本。

（3）管道泄漏声纹识别

当管道有泄漏时,泄漏点会发出细微的声音。通过识别这些声音,帮助维修人员快速定位问题,及时修复泄漏。

2）野生动物监测与保护

野生动物监测与保护是指利用科技手段来帮助人类更好地了解和保护动物。通过在野外放置录音设备,可以捕捉到不同动物的叫声,这样就能知道哪些动物在哪里生活,它们通常什么时候活动。

例如,可以设置系统自动识别热带雨林里的盗猎枪声并报警,保护野生动物不受猎人的伤害。另外,通过分析鲸鱼的叫声,科学家可以研究它们的迁徙路线。这些方法不仅保护了动物,还节省了巡查的人力和时间。

3）智能安防与危险预警

通过环境声音识别潜在危险事件，弥补视频监控盲区，适用于低光照或隐私敏感场所。

（1）玻璃破碎声触发防盗报警

如果有人打破了玻璃，如商店的窗户，会发出很响的声音。这种声音可以被特殊的报警系统听到，然后系统就会自动发出警报。这样，即使没有人当场看到，也能及时发现有人闯入。

（2）森林火灾早期的燃烧爆裂声监测

在森林里，如果开始有小火，木材会因为燃烧而发出噼啪的声音。通过监测这种声音，人们可以在火势变大之前就发现火灾，及时采取措施，防止火势蔓延。

（3）地铁轨道异响实时检测

地铁的轨道需要保持完好才能安全运行。如果轨道上的螺栓松动了，会发出不正常的声音。通过实时监听这些声音，地铁轨道工作人员可以提前发现并修理问题，保证地铁的安全运行。

4）医疗诊断辅助

分析人体生理声音辅助疾病筛查，提供无创、低成本的初步诊断依据。

（1）肺炎患者的咳嗽声特征分析

当有人患上肺炎时，其咳嗽声可能会有所不同。通过分析这些咳嗽的声音特征，医生可以更早地发现病情。这就像是咳嗽声中隐藏着疾病的线索，通过声音分析就能捕捉到这些线索。

（2）肠鸣音识别诊断消化系统疾病

我们的肚子有时会咕咕叫，这叫作肠鸣音。如果这些声音的模式发生变化，可能意味着消化系统出了问题。计算机可以通过识别这些声音的变化来帮助医生诊断疾病。

（3）睡眠呼吸暂停的鼾声模式检测

有些人睡觉时会打鼾，但如果鼾声中出现了暂停，这可能是睡眠呼吸暂停的症状。通过检测这些鼾声模式，可以帮助发现并预防这种可能致命的睡眠问题，就像是睡眠中的一个警报系统。

5）环境噪声污染评估

自动分类和量化城市噪声源，为环保治理提供数据支持。

(1) 建筑工地违规夜间施工识别

如果建筑工地晚上还在施工,会产生噪声,这不仅打扰了居民休息,还违反了规定。采用声音识别技术就可以自动检测这种违规施工。

(2) 交通干道噪声污染动态地图绘制

城市里的交通噪声污染是个大问题。采用声音识别技术可以实时监测道路上的噪声水平,并在电子地图上显示出来。这样,就能知道哪些地方最吵,帮助相应的管理者更好地管理城市噪声。

(3) 机场周边飞机起降噪声合规性监测

飞机在起飞和降落时会发出巨大的噪声,这可能会影响住在机场附近的居民。采用声音识别技术可以检查这些噪声是否符合规定标准,监控飞机噪声的实时情况。

6)农业智能化管理

通过识别农作物或牲畜相关声音优化生产流程,提升农业自动化水平。

(1) 害虫聚集声预警系统

如果田里有蝗虫聚集,它们会发出特定的声音。采用声音识别技术可以听到这些声音,然后系统就发出预警消息,农民就能及时采取措施,保护庄稼不被虫子吃掉。

(2) 母猪分娩时的特定叫声监测

母猪生小猪的时候会发出特别的叫声。采用声音识别技术可以监听这些叫声,就能知道母猪什么时候分娩。这样可以帮助农场的工作人员更好地照顾母猪和小猪。

(3) 果园防鸟驱赶装置的声学触发

果园里有时会有来吃果子的鸟,采用特殊装置可以发出声音把鸟吓走。这种装置采用声音识别技术可以识别鸟的声音,然后自动发出声音来驱赶它们,保护果园里的果子不被鸟吃掉。

声音识别技术在很多领域都有用武之地,这些应用都不是通过理解说话的内容来工作的,而是通过识别声音的模式来分类不同的声源。这和语音处理不一样,语音处理主要是把语音转成文字或者理解说话的意思。

声音识别技术像是给声音做"指纹"分析,找出它们的独特特征,然后用这些特征来识别和分类声音。这样,人们就能用计算机来"听"并理解各种声音,让机器更智能。

7.3　常用的计算机听觉工具

7.3.1　音频处理工具

1. Librosa（Python 音频分析库）

Librosa 是一个用于音频和音乐分析的 Python 库,专为音乐信息检索 (Music Information Retrieval,MIR)社区设计。自从 2015 年首次发布以来, Librosa 已成为音频分析和处理领域中最受欢迎的工具之一。它提供了一套清晰、高效的函数来处理音频信号,并提取音乐和音频中的信息。

Librosa 在音乐和音频分析方面提供了强大而灵活的工具,适用于从基础研究到实际应用的各个层面。它的广泛应用和强大功能使其成为音频分析领域的重要工具之一。与其他工具相比,Librosa 存在如下优势。

（1）易用性:Librosa 的应用程序编程接口(Application Programming Interface,API)设计简洁直观,便于快速上手和使用。

（2）功能丰富:提供了广泛的音频分析和处理功能。

（3）灵活性:可以轻松集成到更复杂的音频处理和机器学习流程中。

（4）社区支持:强大的社区支持确保了持续的发展和维护。

如果读者想了解更多信息和下载,请访问 Librosa 官网 https://librosa. org/doc/latest/index. html。如图 7-9 所示,展示了使用 Librosa 库加载并可视化音频文件 mel001. wav 的波形图,通过 Python 代码处理和显示音频数据。

2. Essentia（C++/Python 音频分析库）

Essentia 是一个开源的音频分析工具库,它专注于音频和音乐分析、描述和合成,提供了超过 400 种音频处理算法。Essentia 支持多种平台,包括 Linux、macOS、Windows、iOS、Android 和 Web,并且提供了 Python 和 JavaScript 绑定以及各种命令行工具和第三方扩展,方便用户进行快速原型设计和研究实验。Essentia 这个工具支持实时处理和高性能计算,非常适合工业级的应用。

如果读者想了解更多信息和下载,请访问 Essentia 官网 https://essentia. upf. edu/。如图 7-10 所示,展示了一个音频控制面板,它提供了立体声和环

```
1  import librosa
2  import librosa.display
3  import matplotlib.pyplot as plt
4
5  y, sr = librosa.load('../data/mel001.wav', duration=20)
6  librosa.display.waveshow(y, sr=sr)
7  plt.show()
```

运行代码显示:

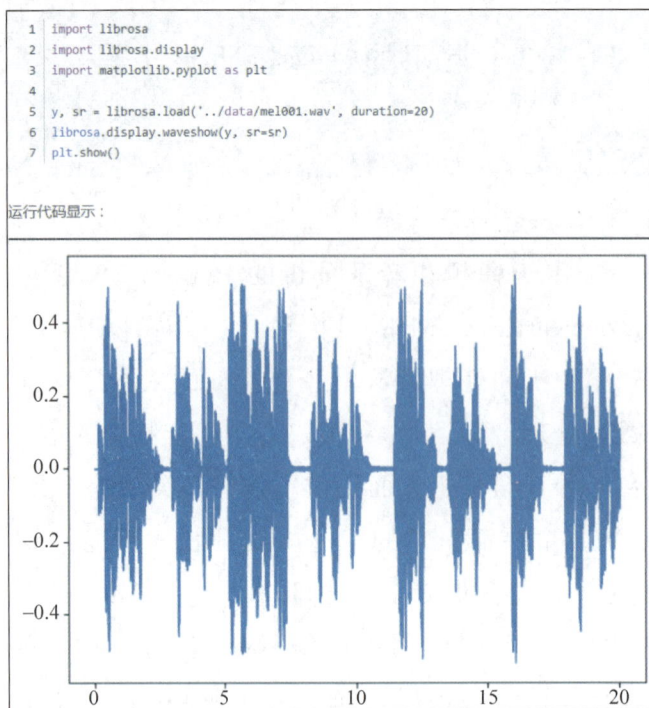

图 7-9　使用 Librosa 库处理和显示音频数据

绕声设置,以及音量、低音和扬声器大小的调节选项等,类似于 Essentia 在音频处理方面的功能。

图 7-10　音频控制面板

3．Audacity（音频标注与编辑）

Audacity 是一款免费且开源的音频编辑软件，它提供了强大的音频处理功能，包括录音、播放、编辑和转换音频文件。这款软件支持多种音频格式，并且可以处理单音轨或多音轨的音频项目。用户可以使用 Audacity 进行音频剪辑、混合、添加效果、改变音调和音量等操作。

此外，Audacity 还提供了音频标注功能，这对于需要进行声音数据集标注的项目特别有用，如在语音识别或声音事件检测的研究中。用户可以在音频波形图上添加标签或注释，以便于后续的分析和处理。Audacity 的界面直观，操作简单，适合初学者以及需要进行快速音频编辑的专业人士使用。

如果读者想了解更多信息和下载，请访问 Audacity 官网 https://www.audacityteam.org。如图 7-11 所示，展示了 Audacity 音频编辑软件的界面，其中显示了音频轨道、波形图和频谱图，以及用于编辑和标注音频的各种工具和选项。

图 7-11　Audacity 音频编辑界面

7.3.2　语音处理工具

1. TensorFlow Audio（深度学习音频扩展）

TensorFlow Audio 是 TensorFlow 专门处理声音的工具包，就像给代码装上"耳朵"。它能将声音转换成频谱图(类似声音的"照片"),方便计算机用图像识别的方法"听懂"音频,比如识别你说的话或环境噪声(如狗叫、警报声)。它自带基础功能(如降噪、数据增强),还能直接训练模型并部署到手机(TF Lite)。不过复杂任务可能需要结合 Librosa 库。举个例子:把一段"打开空调"的语音变成频谱图,AI 就能像看图片一样认出这是条指令! 适合新手快速上手的音频工具。

TensorFlow Audio 不仅可以将音频转换为图像表示形式,还可以利用计算机视觉技术对人们所讲的话进行分类。

如果读者想了解更多信息和下载,请访问 TensorFlow Audio 官网 https://www.tensorflow.org。如图 7-12 所示,展示了 Librosa 和 TensorFlow Audio 两种工具生成的声音特征结果图,呈现出 TensorFlow 在音频处理中提取特征的能力。

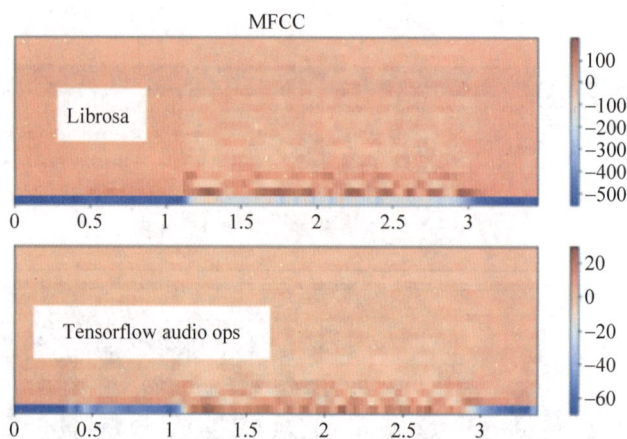

图 7-12　Librosa 和 TensorFlow Audio 生成的特征图

2. Kaldi(语音识别工具包)

Kaldi 是一个开源的语音识别工具包,由计算机科学家丹尼尔·波维(Daniel Povey)于 2007 年开发。新一代 Kaldi 目前支持语音识别、语音合成、关键词检测、话音检测、说话人识别、语种识别等。Kaldi 支持多种语言,可在不同平台上运行,并拥有广泛的社区支持。

Kaldi 提供了完整的语音识别解决方案,包括声学模型和语言模型的训练、语音特征提取、模型解码等核心功能。Kaldi 的安装过程相对简单,用户可以通过官网提供的编译指南进行安装。

如果读者想了解更多信息和下载,请访问 Kaldi 的官网 https://kaldi-asr.org。如图 7-13 所示,展示了 GitHub 上一个名为 sherpa-onnx 的语音识别项目的代码编辑界面,其中包含使用 Kaldi 库进行语音识别处理的 C♯ 程序代码。

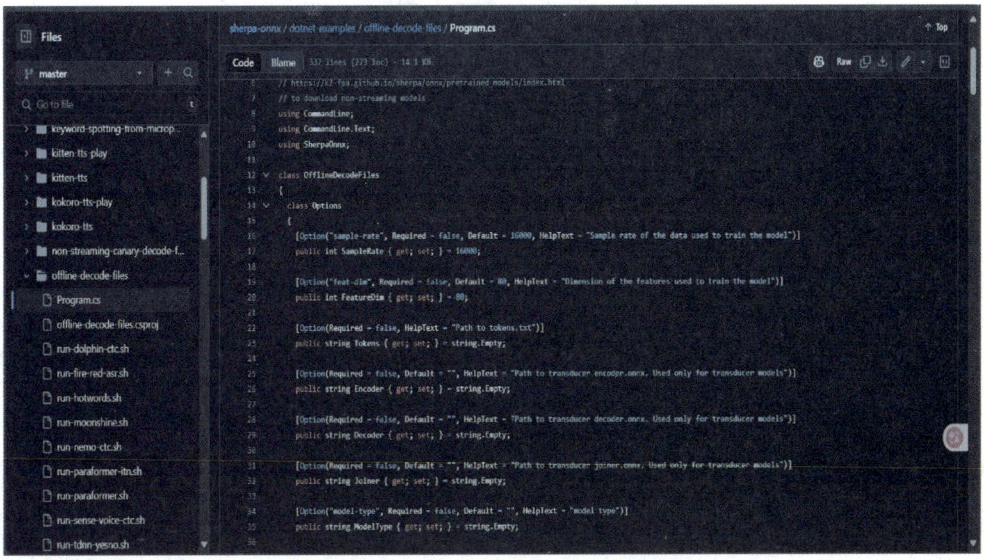

图 7-13　使用 Kaldi 库进行语音识别处理的 C♯ 程序代码

7.3.3　声音识别工具

1. YAMNet(预训练声音分类模型)

YAMNet 是 Google 发布的轻量级 TensorFlow 模型,可以用于识别音频中的各种环境音,如动物叫声、警报声、乐器音、人声等。YAMNet 在对音频进行标签分类的任务中表现出色,并且在公开数据集上取得了很好的性能。

YAMNet 的开源实现可供使用,并提供了训练好的模型权重,可以直接应用于音频识别任务。它可以用于音频分类和标签预测,也可以作为其他音频应用中的基础模块。

如果读者想了解更多信息和下载,请访问 YAMNet 模型的官网 https://tfhub.dev/google/yamnet。如图 7-14 所示,展示了使用 YAMNet 模型对音频文件进行声音分类的结果,包括音频波形图、频谱图和分类条形图,表明模型能够识别出音频中的不同声音类别。

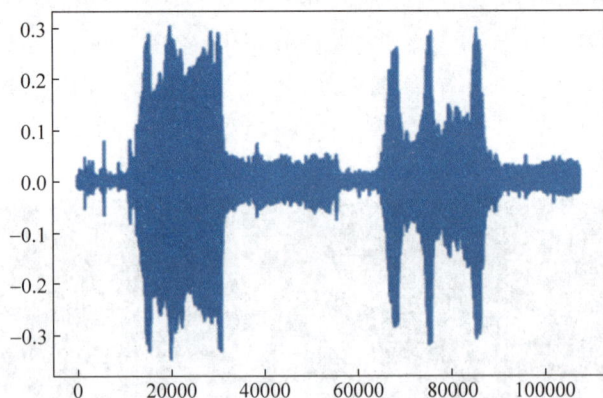

图 7-14   使用 YAMNet 模型进行声音分类的结果

2. Edge Impulse（边缘 AI 开发平台）

Edge Impulse 是低代码边缘计算平台，支持为边缘设备（如微控制器和嵌入式系统）从数据采集到部署轻量级声音识别模型（如工业异常检测）。它提供了一个统一的环境，简化了整个机器学习工作流程，包括数据收集、预处理、模型训练、部署和监控，所有这些都在一个统一的环境中完成。

Edge Impulse 是一个可以帮助人类在计算机或者智能设备上创建智能程序的平台。想象一下，你的手机或者家里的智能音箱能听懂你说的话，还能自己学习新东西，是不是很酷？Edge Impulse 就是让这件事变得简单的工具。它让用户能轻松收集声音数据，训练计算机去识别这些声音，然后把这些聪明的程序放到用户的设备上。用户不需要写很多计算机程序代码，也不需要一直连着网络，就能完成这一切。这个平台特别适合那些想要给自己的项目添加智能功能但又不想花太多时间在技术细节上的人。

如果读者想了解更多信息和下载，请访问 Edge Impulse 的官网 https://www.edgeimpulse.com。如图 7-15 所示，展示了 Edge Impulse 平台的用户界面，用户可以在这个界面上收集和查看数据，以及开始新的数据记录，用于训练机器学习模型。

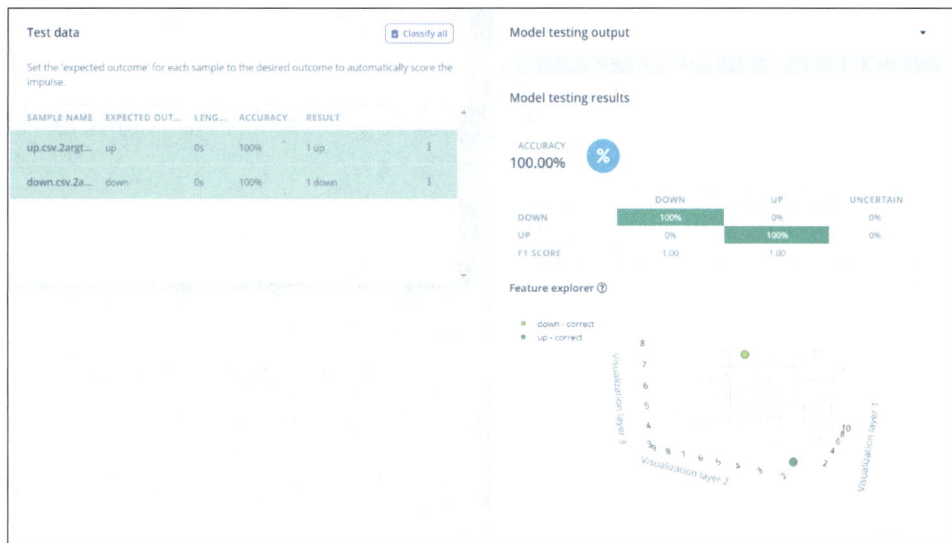

图 7-15　Edge Impulse 平台的用户界面

7.4　计算机听觉的应用实例——语音识别

7.4.1　语音识别概述

假设计算机(机器)要与人类实现对话,一般需要三个关键步骤,如图 7-16所示。如果计算机(机器)需要"听懂"人类的语音,可以采用语音识别技术将声音转换为文本。接着,计算机(机器)要"理解"这些文本的含义,这通常涉及自然语言处理技术。最后,机器根据理解的内容"回答",生成语音回应人类。这一过程体现了语音识别在人机交互中的核心作用。

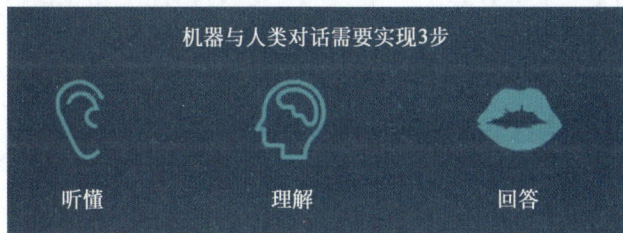

图 7-16　人机交互的三个步骤

语音识别是一种基于人类语音特征进行信息识别的智能技术。它通过麦克风等音频采集设备获取语音信号,并自动对语音进行分析处理,提取声学特征,进而识别和理解语音内容,最终将其转换为文本或指令。

语音识别技术具有自然交互、高效便捷等优势,用户无须接触设备,仅需通过语音即可完成操作,系统能够实时处理连续的语音输入。这种技术已广泛应用于智能助手、语音转写、智能家居、车载系统、客服机器人等领域,极大地提升了人机交互的便利性和效率。

语音识别和声音识别是不同的两种技术。语音识别是将人的语音转换成文字的技术,主要用于理解说话内容。而声音识别则是识别和分类各种声音的技术,包括人类说话的声音、环境声音和动物的叫声等。

随着深度学习技术的发展,现代语音识别系统在准确率和适应性方面取得了显著进步,能够处理不同口音、语速和环境噪声下的语音输入。

7.4.2 语音识别技术的发展

到目前为止,语音识别技术的发展总体上经历了三个阶段,每个阶段都代表了技术上的重大进步和性能提升。语音识别技术的发展阶段如图 7-17 所示。

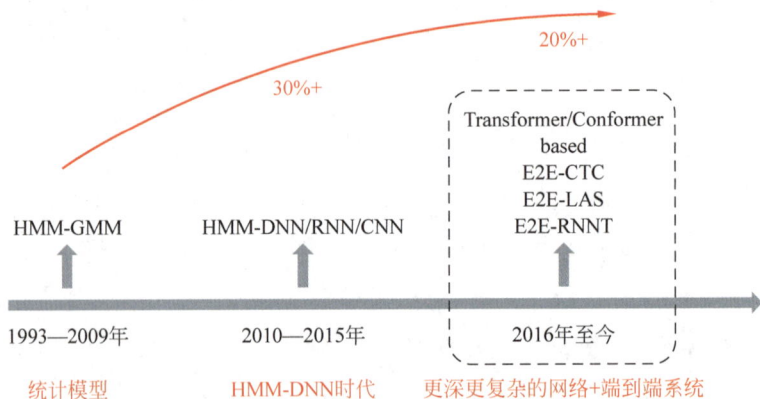

图 7-17   语音识别技术的发展阶段

1. 统计模型阶段(1993—2009 年)

这一阶段主要使用隐马尔可夫模型(Hidden Markov Model,HMM)和高斯混合模型(Gaussian Mixture Model,GMM)进行语音识别,准确率较低,大约在 30%。

其中,隐马尔可夫模型(HMM)成为主流方法,IBM 的 Tangora 系统实现了大词汇量连续语音识别。中国在 20 世纪 90 年代取得重要突破:1993 年,清华大学开发出国内首个汉语连续语音识别系统;1998 年,科大讯飞成立,成为中文语音识别领域的先驱。

2. 深度学习阶段（2010—2015 年）

这一阶段引入了深度神经网络（Deep Neural Network，DNN）、循环神经网络（Recurrent Neural Network，RNN）和卷积神经网络（Convolutional Neural Network，CNN），显著提高了识别准确率，达到 30% 以上。

与此同时，中国研究团队快速跟进：2010 年，中国科学院自动化所率先将 DNN 应用于中文语音识别；2012 年，百度推出基于 DNN 的语音搜索系统；2014 年，科大讯飞发布"讯飞语音云"，实现中文识别准确率超过 90%。此阶段技术广泛应用于智能助手和语音转写服务。

3. 端到端革命阶段（2016 年至今）

这一阶段采用更复杂的网络结构如 Transformer 和 Conformer，以及端到端系统，识别的准确率进一步提升至 20% 以上。其中，端到端模型（如 Transformer）简化了传统流程。

中国企业在这个阶段的创新中表现突出：2018 年，阿里巴巴达摩院发布 Paraformer 模型；2020 年，百度推出 SMLTA 模型（Streaming Multi-Layer Truncated Attention，SMLTA）；2022 年，科大讯飞发布"星火"大模型。同时，中国团队在自监督学习和多模态语音识别领域取得重要进展，显著提升了复杂场景下的识别性能。

目前，语音识别技术正向轻量化、个性化方向发展。中国企业的贡献包括：华为推出 TinyBERT 语音模型，实现端侧高效推理；腾讯开发联邦学习框架保护语音数据隐私；字节跳动发布支持 100 多种语言的语音识别系统。

现在，中国在智能家居、车载语音等应用场景处于全球领先地位，正在推动语音识别技术与脑机接口等前沿领域的融合创新。

7.4.3　语音识别的实现流程

要实现语音识别功能，大致可分为：语音输入→编码→ 解码→文字输出 4 个基本流程，如图 7-18 所示。

1. 语音输入

这是实现语音识别功能的第一步，是指把声音变成计算机能理解的数据。一般是采用麦克风这样的声音输入设备来录下声音，它会把声音变成一种电信号。然后，计算机用一个叫作模数转换器的部件把这种电信号变成数

图 7-18　语音识别技术的 4 个基本流程

字信号。

经过这个过程,声音就变成计算机能理解的数据了。这个过程要保证声音的质量,计算机才能更准确地理解人们说的话。

2. 编码

编码就是将提取的声音特征转换成计算机能理解的二进制数据格式,就像把照片转换成计算机文件一样。其中,特征提取是从声音中找出重要的信息,如音高和音量,这些特征信息将用于后续的分析和识别,这是编码前的重要步骤。两者相辅相成,先提取特征,再进行编码。

3. 解码

在对获取的声音特征完成编码后,计算机就结合声学模型和语言模型来理解编码,即理解声音。

其中,声学模型分析声音的物理特性,如音高和音长。而语言模型则理解这些声音代表的词汇和语法,代表什么意思,如单词和句子。这两个模型一起工作,通过比较输入的语音特征与已知模式,系统识别出最可能的词语序列,让计算机"听懂"人类说话的声音。

4. 文字输出

计算机根据前面分析的结果,把理解的声音内容转换成相应的文字。这样,人类说的话就能变成屏幕上的文字了。这个过程需要计算机非常准确地匹配声音和文字,确保转换的正确性。

以上就是从语音输入到文字输出,实现语音识别的全流程。但是在实际的工程项目中,进行语音识别的过程中,假设输入的语音质量不高,就会采用一定的方法对语音进行预处理,以消除噪声和干扰,提高语音的清晰度。为了提升文本的可读性,一般也会在解码之后,文字输出之前进行后处理,包括标点预测、字母大小写恢复、数字规范化等。如图 7-19 所示,就是在前面的

4 个基本流程中增加了预处理和后处理等步骤,共同构成了一个完整的语音识别流程,从原始的语音输入到最终的文本输出。

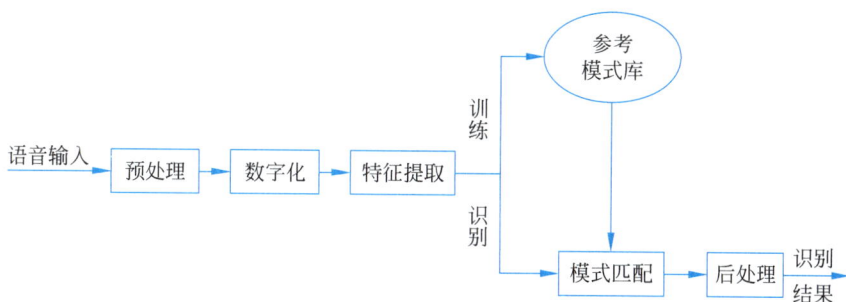

图 7-19　语音识别的完整流程图

7.4.4　语音识别的代码示例

以下是一个基于 Python 的语音识别代码示例,分别使用流行的 speech_recognition 库和 whisper 模型实现两种不同的语音识别方案。

方案 1：使用 speech_recognition 库(适合简单应用)。

```
# 导入 speech_recognition 库,这是一个用于语音识别的 Python 库
import speech_recognition as sr
# 初始化识别器
recognizer = sr.Recognizer()

# 从麦克风获取语音输入
with sr.Microphone() as source:
    print("请开始说话...")
    recognizer.adjust_for_ambient_noise(source)        # 降噪
    audio = recognizer.listen(source, timeout = 5)     # 录制 5s

try:
# 使用 Google Web Speech API 识别(需联网)
# 使用 speech_recognition 库中的 recognize_google 函数来识别音频文件中的
语音内容
# 'audio' 是之前加载的音频数据,'language = "zh-CN"' 指定识别的语言为中文
text = recognizer.recognize_google(audio, language = "zh-CN")
    print("识别结果：", text)
except sr.UnknownValueError:
    print("无法识别语音")
except sr.RequestError:
    print("API 请求失败")
```

在这段代码中,首先导入了 speech_recognition 库,这是 Python 中处理语音识别的常用工具包。然后创建了一个 Recognizer 对象,这是该库的核心组件,负责音频处理和识别功能。

通过 Microphone 类初始化麦克风作为音频输入源,并使用 adjust_for_ambient_noise()方法对环境噪声进行校准,这个步骤能显著提升后续语音识别的准确性。接着调用 listen()方法开始录音,设置超时时间为 5s。

在 try-except 块中,使用 recognize_google()方法调用 Google 的语音识别 API 将录音转换为文字,并指定中文作为识别语言("zh-CN")。这个 API 是免费的,但需要联网才能使用。代码还包含异常处理,分别针对语音无法识别和 API 请求失败的情况。

最后,打印出识别结果。整个过程实现了从麦克风录音到文字转换的完整流程,适合快速搭建简单的语音交互功能。

这里的方案 1 基于 speech_recognition 库,提供轻量级语音识别方案。通过麦克风实时采集音频,调用 Google 云端 API(需联网)进行识别,支持中文等多语言。优点是部署简单,适合快速验证和教学演示;缺点是依赖网络,识别精度受限于云端服务,且免费版有调用限制。适合开发原型或低并发场景。

方案 2:使用 Whisper 模型(适合离线高精度识别)。

```
# 导入 whisper 库,这是一个用于语音识别的轻量级库
import whisper
# 导入 torch 库,这是一个流行的开源机器学习库,广泛用于深度学习研究和应用
import torch

# 加载预训练模型(可选: tiny, base, small, medium, large)
model = whisper.load_model("small")

# 识别音频文件
result = model.transcribe("audio.wav", language = "zh")
print("识别结果: ", result["text"])

# 实时识别(需配合 pyaudio)
"""
import pyaudio
import wave

# 录制音频
p = pyaudio.PyAudio()
```

```
stream = p.open(format = pyaudio.paInt16, channels = 1, rate = 16000,
                input = True, frames_per_buffer = 1024)
frames = [stream.read(1024) for _ in range(0, int(16000 / 1024 * 5))]
♯录5s
stream.stop_stream()

♯保存为临时文件
with wave.open("temp.wav", "wb") as wf:
    wf.setnchannels(1)
    wf.setsampwidth(p.get_sample_size(pyaudio.paInt16))
    wf.setframerate(16000)
    wf.writeframes(b"".join(frames))

♯识别
result = model.transcribe("temp.wav")
print("实时识别结果: ", result["text"])
```

在这段代码中，首先导入 OpenAI 开源的 whisper 语音识别库和 PyTorch 深度学习框架。通过 whisper.load_model()方法加载预训练模型，示例中选择 small 版本(约 1.4GB)，该模型在保持较高精度的同时具有较好的计算效率。

代码提供以下两种识别模式。

(1) 文件识别模式：直接调用 transcribe()方法处理磁盘上的音频文件(如 WAV/MP3 格式)，自动检测语言并输出包含识别文本、时间戳等信息的完整结果字典。

(2) 实时识别模式(注释部分)：需配合 pyaudio 库实现，首先配置音频流参数(16kHz 采样率、单声道)，实时录制 5s 音频后保存为临时 WAV 文件，再交给 Whisper 模型处理。

核心参数说明：

language="zh"显式指定中文识别。

模型规模可选(tiny/base/small/medium/large)，精度与资源消耗成正比。

输出结果包含语音转写的完整文本(result["text"])。

这里的方案 2 使用 OpenAI 开源的 Whisper 模型，实现高精度离线识别。支持加载不同规模的预训练模型(如 small/base)，可直接处理音频文件或实时录音，输出带时间戳的文本。优势是离线可用、多语言支持(包括中文)，识别准确率高；缺点是模型体积较大(small 约 1.4GB)，需 GPU 加速以获得最佳性能。适合隐私敏感或高精度要求的应用场景。

　　以上代码示例展示了语音识别的基本实现方法。通过语音信号采集、信号预处理、特征提取、声学建模、语言建模和解码与后处理等步骤，实现了从语音到文本的转换。这个过程采用多种工具和技术实现，代码少，简单易懂，适合初学者学习语音识别的基本实现方法。需要注意的是，实际应用中可根据需求进行扩展，例如，优化特征提取算法或改进声学模型。

小　　结

　　计算机听觉技术作为人工智能的核心领域之一，赋予机器感知和理解声音信息的能力。在技术层面，包括音频信号处理、语音处理以及声音识别等核心内容。这些技术为构建智能听觉系统奠定了重要基础。在工具层面，包括 Librosa、Kaldi、Whisper 等主流工具库。本章内容可以为读者提供计算机听觉领域的全面视角，帮助其理解并掌握相关技术和应用，为未来的学习和研究奠定基础。随着技术的发展，预计计算机听觉将在更多领域展现其重要作用。

习　　题

1. 简述计算机听觉(Computer Audition,CA)的主要研究目标是什么。
2. 计算机听觉一般应用在哪些领域？
3. 计算机听觉的主要研究内容是什么？
4. 语音处理有哪些常用工具？比较它们之间的相同点和不同点。
5. 描述语音识别和声音识别的区别。
6. 描述语音识别的实现步骤。

第8章

大模型与具身智能

　　大模型作为人工智能领域的前沿技术代表,融合深度学习与神经网络架构,具备处理海量数据集的能力,可从中提取复杂特征与模式。这类模型通常包含数百亿至万亿级参数,其训练与优化过程需要庞大的计算资源与时间投入。在技术应用层面,大模型已广泛渗透自然语言处理、计算机视觉、语音识别等领域:自然语言处理任务中,大模型支持语言模型构建、文本生成及机器翻译等应用,显著提升机器理解与生成人类语言的能力;计算机视觉领域,大模型推动图像识别、目标检测及人脸识别等技术发展,强化机器的视觉感知性能。

　　近年来,具身智能作为人工智能领域的全新范式,正引发一场深远的变革。随着大模型技术与具身本体研究的快速发展,具身智能正处于关键突破期,不仅可能突破传统人工智能的局限,更有望成为通向通用人工智能的重要路径。

　　本章首先介绍大模型的基础知识、代表产品、基本原理和分类,然后介绍具身智能的概述、具身智能的载体机器人,以及具身智能的典型应用。

8.1　大模型概述

　　本节首先介绍大模型的定义和发展历程,然后介绍大模型的产品,最后介绍大模型的基本原理和分类。

8.1.1　大模型的定义

1. 大模型的定义与特性

　　大模型是机器学习领域的前沿技术成果,指具备超大规模参数体系和极高复杂度的智能模型。这类模型通过海量数据训练,能够构建强大的预测能力和高精度输出,在处理复杂任务时展现出显著优势。其技术特点主要体现在三个方面：首先，模型结构包含数百亿至万亿级参数节点，形成深度神经网络架构；其次，训练过程需要处理 PB 级别的数据量，对计算资源提出极高要求；最后，模型输出具备高度准确性，能够捕捉数据中的细微特征与潜在规律。

2. 大模型的核心优势

大模型在设计理念与技术实现上具有多重优势，使其成为当前人工智能技术发展的重要方向。

1）卓越的上下文理解能力

大模型通过多层神经网络结构，能够捕捉语言中的深层语义关联和语境信息。在对话系统中，可准确理解用户问题的隐含含义；在文本生成任务中，能保持话题连贯性和逻辑一致性，输出自然流畅的文本内容。

2）高质量的语言生成能力

基于大规模语料库的训练，大模型可生成符合语法规范、表达自然的文本。相比传统模型，其输出内容错误率显著降低，语义表达更加准确，能够满足专业领域的文本生成需求。

3）强大的学习与泛化能力

大模型通过海量数据训练，能够提取通用特征和模式，在面对新任务或新领域时展现出优异的迁移学习能力。实验数据显示，经过适当微调的大模型在新任务上的表现往往优于专门训练的小型模型。

4）跨领域知识迁移能力

模型学习到的知识表征具有高度抽象性，可跨任务、跨领域复用。企业只需进行少量领域适配，即可将通用大模型应用于客户服务、文档分析、代码生成等多种场景，大幅降低应用开发成本。

3. 国内大模型发展现状

我国科技企业在大模型领域已取得显著进展，形成多元化的技术布局。

百度公司依托多年人工智能技术积累，在大模型研发方面占据先发优势。其推出的文心一言 API 平台已吸引超过千家企业进行技术测试与验证。在行业应用层面，百度已与国家电网合作开发电力系统智能运维模型，助力浦发银行构建智能风控系统，并为人民网提供内容审核与生成解决方案，展现出强大的技术落地能力。

阿里巴巴的通义千问大模型则在逻辑推理、代码生成和语音交互等技术领域表现突出。依托阿里系丰富的产品生态,该模型已在智能办公、智慧出行和电商导购等场景实现广泛应用,为用户提供智能化服务支持。

　　腾讯和华为等企业也积极布局大模型技术研发,分别在自然语言处理和多模态融合等领域取得突破性进展,共同推动我国人工智能技术生态的繁荣发展。

8.1.2　大模型的发展历程

　　大模型的发展历经三个阶段,如图 8-1 所示。

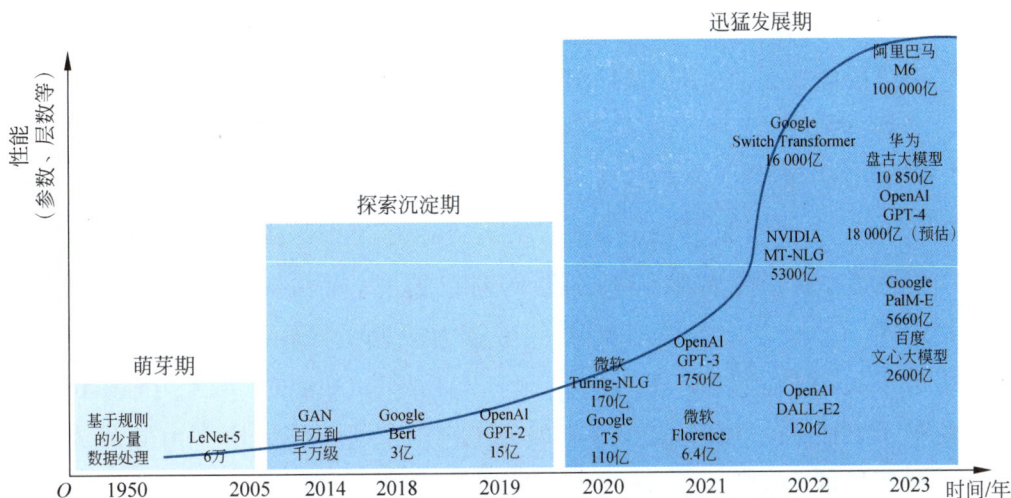

图 8-1　大模型的三个发展阶段

1. 萌芽期(1950—2005 年)

　　这一阶段以卷积神经网络为代表的传统神经网络模型为主。1956 年,计算机专家约翰·麦卡锡首次提出“人工智能”概念,标志着 AI 发展的起点。此后,AI 从基于小规模专家知识逐步发展为基于机器学习。1980 年,卷积神经网络的雏形诞生。1998 年,现代卷积神经网络的基本结构 LeNet-5 问世,如图 8-2 所示。LeNet-5 共有 7 层,输入层不计入层数,每层都有一定的训练参数,形成“输入-卷积-池化-卷积-池化-卷积(全连接)-全连接-全连接(输出)”的结构。

　　这些进展使得机器学习方法从早期的浅层模型转变为基于深度学习的模型,为自然语言生成、计算机视觉等领域的深入研究奠定了基础。

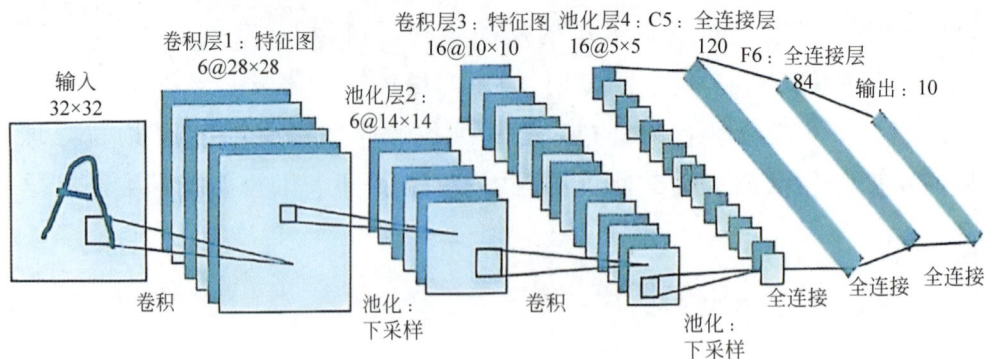

图 8-2　卷积神经网络 LeNet-5 的结构

2. 探索沉淀期(2006—2019 年)

这一阶段以 Transformer 架构为代表的全新神经网络模型为主。2013 年,自然语言处理模型 Word2Vec 诞生,它是第一个将单词转换为向量的"词向量模型",极大地帮助了计算机理解和处理文本数据。2014 年,Ian Goodfellow 等人提出生成对抗网络(Generative Adversarial Networks,GAN),这是一种深度学习模型,通过生成器和判别器的对抗博弈,能够生成高质量的数据样本。2017 年,Google 公司提出基于自注意力机制的 Transformer 架构,这一架构奠定了大模型预训练算法的基础。2018 年,OpenAI 基于 Transformer 架构发布了 GPT-1 大模型,2019 年发布 GPT-2,预训练大模型由此成为自然语言处理领域的主流。

3. 迅猛发展期(2020 年至今)

以 GPT 为代表的预训练大模型快速发展。2020 年 6 月,OpenAI 推出 GPT-3,参数达 1750 亿,性能大幅提升。2022 年 11 月,ChatGPT 发布,凭借强大自然语言交互和内容生成能力引发全球关注。2023 年 12 月,Google 发布 Gemini,可处理多种信息并生成代码、评估安全性。2024 年 2 月 16 日,OpenAI 发布 Sora,能根据文本生成视频。

与此同时,中国大模型发展势头迅猛。2023 年,百度"文心一言"、阿里云"通义千问"、科大讯飞"星火"、昆仑万维"天工"等大语言模型相继发布并向社会开放,超过 19 个大语言模型研发厂商中,15 家模型产品已通过备案。2025 年,DeepSeek 作为中国初创公司"深度求索"开发的大模型,在多个基准测试中性能超越了其他开源模型,甚至与顶尖的闭源大模型 GPT-4o 不相上下。DeepSeek 在硅谷被誉为"来自东方的神秘力量",其开放力度吸引了国内外主流软、硬件厂商纷纷开展适配,DeepSeek 已在多家医院完成本地化部署,部分地区政务系统也接入应用。此外,大模型还在智慧矿山、药物研发、气象、政务、金融、智能制造、铁路管理等众多领域广泛应用,推动各行业变革。

8.1.3 大模型的产品

在全球人工智能领域,大模型的发展正呈现出蓬勃之势,而中国和美国无疑是这一领域的两大引领者。美国在算法模型研发方面的深厚积累使其在大模型的数量上占据了全球的制高点。据中国科学技术信息研究所与科技部新一代人工智能发展研究中心联合发布的《中国人工智能大模型地图研究报告》显示,截至 2023 年 5 月,美国已经推出了 100 个参数规模达到 10 亿以上的大模型,这些模型在自然语言处理、计算机视觉等多个领域展现出了强大的性能,为全球人工智能的发展树立了标杆。

中国在大模型领域的发展同样令人瞩目。自 2021 年起,中国在大模型的研发和应用上加速推进,取得了显著的成果。2021 年 6 月,北京智源人工智能研究院发布悟道 2.0 模型,其参数量高达 1.75 万亿,这一模型的发布标志着中国在超大规模预训练模型领域迈出了坚实的一步。同年 11 月,阿里巴巴推出 M6 模型,其参数量更是达到惊人的 10 万亿,这不仅体现中国在人工智能领域的技术实力,更展示出中国科技企业在推动人工智能发展方面的决心和创新能力。截至 2023 年 5 月,中国已经发布了 79 个大模型,这些模型在多个行业和领域得到广泛应用,为中国的数字化转型和智能化升级提供了强大的动力。

然而,大模型的发展不仅仅是技术的竞赛,更是数据安全、隐私合规以及科技监管等多方面因素的综合考量。在这些关键因素的影响下,中美大模型市场有望形成各自独立的发展格局。这种格局不仅有助于保护各自的技术优势和市场利益,也将为全球人工智能的多元化发展提供更多的可能性。未来,随着技术的不断进步和应用场景的不断拓展,大模型将在更多领域发挥重要作用,为人类社会的发展带来更多的机遇和挑战。

1. 国外的大模型产品

在全球大模型领域,国外已经形成了较为清晰的"双龙头领先＋Meta 开源追赶＋垂直类繁荣"的格局。这里的"双龙头"指的是微软和 Google 两家公司。这两家公司不仅在技术研发上处于领先地位,还在应用生态建设方面取得了显著成果。与此同时,Meta 等公司通过开源策略积极追赶,推动了整个行业的发展。此外,垂直类大模型在特定领域也呈现出繁荣景象。

微软和 Google 作为全球科技巨头,在大模型领域的发展尤为引人注目。微软通过与 OpenAI 的深度合作,将 GPT 系列模型集成到其多款产品中,如 Bing 搜索引擎、Windows 操作系统、Office 办公软件、浏览器以及 Power Platform 等。这种集成不仅提升产品的智能化水平,还为用户提供更加自然和高效的交互体验。此外,微软还通过 GitHub 平台,将 GPT 技术应用于代码生成和优化,极大地提高了开发效率。AI 营销创意公司 Jasper 等也接入 GPT,进一步拓展了其应用生态。

Google 在人工智能领域的持续投入使其在大模型研发方面取得了显著成果。Google 提出的 Google LeNet 卷积神经网络模型、Transformer 架构、BERT 大模型和 Gemini 大模型等,不仅推动了全球人工智能产业的发展,还为自然语言处理和计算机视觉等领域带来革命性的变化。这些模型的广泛应用,使得 Google 在大模型领域占据了重要地位。

1) ChatGPT

作为人工智能领域里程碑式的产品,ChatGPT 由人工智能研究机构 OpenAI 研发推出,其技术根基源于革命性的 Transformer 深度神经网络架构。该模型通过海量互联网文本数据的预训练与持续优化,构建了强大的语言理解与生成体系,展现出接近人类水平的自然语言处理能力。区别于传统聊天机器人,ChatGPT 不仅能够生成语法正确、逻辑连贯的文本内容,更能深入解析用户提问意图,在知识检索、文本创作、跨语言翻译等多个维度提供专业级服务。

在商业化应用层面,ChatGPT 已形成多元化的落地场景矩阵。面向企业客户服务领域,其智能应答系统可实现 7×24 小时即时响应,精准解决客户咨询并自动推送解决方案;在智能对话系统开发中,开发者可基于其 API 快速构建具备人格化特征的交互界面;针对内容产业需求,模型支持从商业文案到文学创作的跨文体生成,特别是在新闻摘要、剧本创作等细分领域表现突出;教育科技领域则通过智能辅导系统,将复杂的学科知识转换为阶梯式学习路径,显著提升知识传递效率。

技术优势方面,ChatGPT 依托覆盖全球数十种语言的互联网语料库进行训练,这种多模态、跨文化的数据基础使其具备三大核心能力:其一,能自动识别不同语言风格的语境特征,在正式文书与口语化表达间实现无缝切换;

其二,通过上下文记忆机制保持对话连贯性,支持跨话题讨论与复杂推理;其三,针对医疗、法律等专业领域进行定向优化后,可提供符合行业规范的术语表达与解决方案。这种"通用智能＋垂直深耕"的双重特性,使其在应对多样化任务时展现出独特的适应能力。

从行业影响来看,ChatGPT 开创了人机交互的全新维度。在用户体验层面,其拟人化对话风格模糊了机器与人类的沟通边界;在技术生态层面,开源社区基于其架构开发的各类衍生模型加速了 AI 技术民主化进程;在产业升级层面,企业通过集成智能对话系统显著降低了人力成本,同时提升了服务响应速度与质量。作为自然语言处理领域的技术集大成者,ChatGPT 不仅代表着当前 AI 技术的巅峰水平,更预示着人机协同新时代的到来——在这个新时代,机器将不再只是执行指令的工具,而是进化为具备创造性思维的智能合作伙伴。

2) Gemini

Google 多模态大模型 Gemini 突破单模态局限,可同步解析文本、图像、音频、视频等多维数据,其双引擎架构通过编码器-解码器深度协同,实现跨模态信息无缝转换,为复杂任务提供新解法。

Gemini 推出三级适配体系:云端 Ultra 版专注高性能计算,Pro 版平衡精度与效率,Nano 版专攻移动端。该设计覆盖从数据中心到手机终端的全场景需求——Pixel 8 Pro 已首发集成 Nano 版,结合 Google Cloud 开放的 API 与 Bard 对话系统,形成"云-边-端"完整生态。

实际应用中,Gemini 展现出多领域适配性:办公场景下,其语音转写功能可将会议录音转为带多语言字幕的结构化文本,提升跨国协作效率;内容创作领域,视频解析引擎能自动生成视觉摘要并关联图文素材,辅助快速构建叙事框架。Gemini 2.5 通过优化算法架构,复杂任务上完成度较前代提高 65%,在医疗诊断辅助、法律文书生成等特定领域展现出超高的准确性。

技术层面,研发团队通过动态权重分配解决多模态特征冲突,分层注意力策略优化长序列处理,并引入可解释性模块增强决策透明度。但面对医疗等高风险场景,其复杂系统的可解释性仍需优化。

行业认为,Gemini 验证了多模态大模型的商业可行性,推动 AI 基础设施向"云边端"协同演进,并为元宇宙等前沿领域提供技术支撑。未来轻量化版本迭代将加速 AI 普惠化,开启人机协作新篇章。

3）Sora

2024年2月16日，OpenAI推出了Sora，一款文本生成视频大模型。Sora能根据文本描述输出60s视频，包含细致背景、复杂镜头和情感角色，标志着人工智能在视频生成领域取得重大突破，引发对人工智能未来影响的思考。例如，输入关于一位时尚女子在东京雨后夜晚街道上行走的描述，Sora能生成详细视频，展现女子微笑、积水反射等细节，带来身临其境之感，如图8-3所示。这显示了其在视频创作领域的强大能力。

图 8-3　Sora 根据文本生成的视频画面

Sora的发布意味着人工智能进入通用人工智能（AGI）时代。AGI能像人类一样进行多种智能活动。Sora不仅能处理静态信息，还能创造复杂动态内容，如模拟真实物理现象，展现了其在智能活动上的潜力。

Sora在多个领域有巨大的应用潜力。在娱乐和广告领域，可快速生成创意视频，缩短制作周期，降低成本。在教育领域，能生成生动视频辅助教学，提高学习效果。在医疗领域，可用于医学教育和手术模拟，提高安全性和成功率。在VR和AR领域，可提供沉浸式体验，增强用户互动。

Sora的出现展示了人工智能在视频生成领域的潜力，为未来发展提供新方向。随着技术进步，人工智能将更智能、人性化，成为人类的深度互动伙伴。同时，我们也需面对版权、伦理等挑战，确保其健康发展，保护人类创造力。Sora正开启人工智能视频创作的新纪元，让我们期待一个更智能、美好的未来。

2. 国内的大模型产品

当 ChatGPT 如一颗璀璨明星,在全球范围内凭借其卓越性能引发广泛关注与热烈讨论,并收获大量用户好评时,我国在大模型领域也迅速掀起了发展浪潮。国内众多实力强劲的头部科技企业,包括阿里巴巴、百度、腾讯、华为、字节跳动等,凭借其在技术研发、数据资源、算力支持以及庞大用户群体等方面积累的深厚优势,纷纷加大在大模型领域的投入力度,积极布局相关技术研发与产品开发,力求在这一新兴赛道抢占先机,如图 8-4 所示。

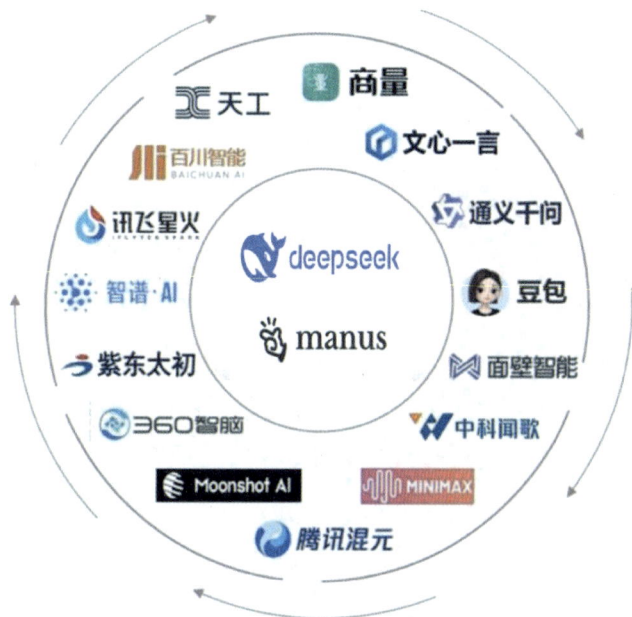

图 8-4　国内大模型

与此同时,一些新兴创业公司也敏锐地捕捉到了大模型领域的巨大潜力和发展机遇,如月之暗面、百川智能、MiniMax 等,它们以灵活的创新机制、敏锐的市场洞察力和勇于探索的精神,迅速投身于大模型的研发浪潮之中,为这一领域注入了新的活力和创意。这些新兴企业往往能够快速响应市场需求,以独特的技术路线和产品定位,试图在激烈的市场竞争中脱颖而出。

传统 AI 企业同样不甘示弱,如科大讯飞、商汤科技等,它们在人工智能领域深耕多年,拥有专业的技术团队、成熟的研发体系以及丰富的行业应用经验。这些企业将自身在语音识别、图像识别、自然语言处理等细分领域的技术优势与大模型技术相结合,积极探索大模型在特定行业场景中的应用落地,进一步拓展业务边界,提升自身在人工智能领域的综合竞争力。

高校研究院作为科技创新的重要力量,也积极参与其中。复旦大学、中国科学院等高校和科研机构充分发挥其在基础研究、人才培养和前沿技术探索方面的优势,组织科研团队开展大模型相关的理论研究、算法创新和关键技术攻关,为国内大模型的发展提供了坚实的理论支撑和技术创新源泉。这些高校研究院的研究成果不仅有助于推动大模型技术的不断进步,也为相关企业和产业的发展提供了重要的智力支持和技术储备。

然而,目前国内大模型整体仍处于研发和迭代的初级阶段,各款大模型在性能表现、功能特点、易用性等方面存在较大差异,且这些差异仍在通过市场的不断检验和用户的反馈来逐步优化和完善。无论是模型的准确性、稳定性,还是对不同应用场景的适配性,都需要在实际应用过程中不断打磨和提升。因此,要清晰地界定国内大模型领域的竞争格局,还需要一定的时间来观察和等待,让市场充分验证各款大模型的综合实力和市场价值。

尽管如此,互联网巨头们在 AI 领域多年的积累为其在大模型赛道的竞争奠定了坚实基础。它们在技术研发、数据资源、用户数据、品牌影响力等方面所具备的先发优势,使其在大模型的研发、推广和应用过程中能够更快速地整合资源、吸引人才、拓展市场,从而在一定程度上占据了有利的竞争地位。但随着市场竞争的加剧和技术的不断进步,未来国内大模型领域的发展格局仍充满不确定性,各参与方都有机会凭借自身的独特优势和创新实践,在这一领域实现突破和发展。

1) DeepSeek

2024 年 12 月 26 日,杭州人工智能初创公司深度求索(DeepSeek)正式发布新一代大模型 DeepSeek-V3,标志着中国在大模型技术领域迈入全球顶尖行列。该模型凭借其突破性的架构设计和训练优化,在数学推理、代码生成和复杂逻辑理解等关键能力上与国际顶级模型 GPT-4o 形成有力竞争,并在数学推理任务中展现出显著优势。更令人瞩目的是,DeepSeek-V3 仅以 558 万美元的研发成本实现了这一成就,其训练效率达到行业领先水平的 20 倍以上,这一成果被硅谷科技界誉为"来自东方的 AI 效率奇迹"。

2025 年 1 月 20 日,深度求索乘势推出 DeepSeek-R1,进一步巩固了其在开源大模型领域的领先地位。这款新模型在数学推导、编程辅助和多步逻辑推理等专业任务中展现出与 OpenAI o1 相媲美的卓越性能,同时保持了极高的推理效率,为全球开发者提供了更加强大且经济高效的选择。

DeepSeek 系列模型采用先进的混合专家架构,总参数量达到 671 亿,通过智能化的动态激活机制实现了前所未有的推理效率。该架构特别设计了 65 536 Token(标记)的超长上下文窗口,使其在长文本理解、知识密集型问答和复杂逻辑分析等应用场景中表现出色。这种独特的设计理念使 DeepSeek 在保持高性能的同时,大幅降低了计算资源消耗,创造了性能与效率完美平衡的新范式。

在技术能力方面,DeepSeek 展现出全方位的竞争优势。其数学与逻辑推理能力在 MATH、GSM8K(Grade School Math 8K)等权威评测中超越 GPT-4o,成为全球数学能力最强的大模型之一。在代码生成与理解方面,该模型对 Python、C++、Java 等主流编程语言的支持达到专业水平,能够有效辅助开发人员进行代码编写、调试和优化工作。特别值得一提的是,其 65KB 超长上下文处理能力使其成为处理法律文书、学术论文、金融分析报告等长文档任务的理想选择。

深度求索通过多元化的服务模式推动技术落地,包括 API、云端托管和开源模型等多种形式,为不同规模的企业和开发者提供灵活选择。在商业化应用方面,DeepSeek 已经成功赋能智能客服、数据分析、教育辅助、金融预测和科研加速等多个领域。其极具竞争力的性价比优势,特别是训练成本仅为同级别闭源模型 1/20 的突破性成果,正在推动人工智能技术在全球范围内更广泛的应用。

作为中国 AI 创新的杰出代表,深度求索正以其独特的技术路线和极致的效率追求,重新定义全球大模型技术的发展方向。通过持续的技术创新和开放合作,DeepSeek 不仅展现了中国在人工智能领域的强大实力,更为全球 AI 生态的繁荣发展贡献着重要力量。

2)文心一言

作为百度自主研发的新一代知识增强大模型,文心一言通过深度学习平台飞桨与文心知识图谱的深度融合,构建了"知识增强+检索增强+对话增强"的三维技术体系,实现了从基础问答到复杂推理的全方位能力跃升。该模型突破传统对话 AI 的信息处理边界,可精准解析用户模糊指令,在跨领域知识调用、多轮上下文关联及逻辑一致性维护方面展现显著优势,成为连接人类意图与数字世界的智能中枢。

在技术实现层面,文心一言依托百度十余年积累的海量中文语料库与多模态数据库,通过持续预训练与动态知识更新机制,始终保持对前沿信息的敏锐感知。其独创的检索增强生成(RAG)技术,可在毫秒级时间内从千亿级知识节点中筛选最优答案路径,有效解决了大模型普遍存在的"幻觉"问题。对话增强模块则引入情感计算与意图识别双引擎,使机器能够捕捉用户潜在需求,实现从被动应答到主动引导的交互升级。

应用场景方面,文心一言已渗透至智能客服、智能家居、内容创作、教育辅导等多个领域。在金融行业,其智能投研助手可实时解析财报数据并生成投资建议;在医疗场景,辅助诊断系统能快速匹配病例库提供诊疗参考;面向普通用户,更是成为文案创作、语言翻译、学习辅导的随身智能伙伴。通过与小度音箱、百度 App 等生态产品的深度整合,文心一言正构建起覆盖软硬件终端的全场景智能交互网络。

作为中国 AI 技术商业化落地的典范之作,文心一言不仅承载着百度"用科技让复杂世界更简单"的使命愿景,更通过持续迭代的算法优化与场景深耕,推动着人机协同向更深层次发展。其技术架构与商业实践为行业提供了重要参考,彰显了中国科技企业在人工智能领域的自主创新能力与发展潜力。

3) 通义千问

在人工智能领域,阿里巴巴公司凭借其深厚的技术实力和创新能力,推出了通义千问这一超大规模的语言模型,为语言理解和生成技术树立了新的标杆。通义千问不仅具备强大的多轮对话、文案创作、逻辑推理能力,还支持多模态理解和多语言交互,展现了其在人工智能领域的全面性和先进性。

通义千问的名字蕴含着深刻的意义,"通义"象征着模型能够理解各种语言的丰富含义,而"千问"则表明其能够应对各种复杂问题,提供精准且全面的答案。基于深度学习技术,通义千问通过对海量文本数据的深度训练,积累了丰富的语言知识和语义理解能力,使其能够高效地理解自然语言并生成自然流畅的文本内容。无论是撰写创意文案、进行复杂逻辑推理,还是进行多轮对话,通义千问都能以高度的准确性和灵活性满足用户需求。

除了在语言处理方面的卓越表现,通义千问还具备多模态理解能力,能够处理图像、音频等多种类型的数据。这一能力使其在处理复杂的多模态任务时更具优势。例如,在智能客服中,它不仅能理解用户的文字描述,还能通过图像识别辅助解决问题;在智能家居场景中,它能够结合语音指令和环境图像,提供更智能的服务。

在应用范围方面,通义千问展现出了极高的适应性和广泛性。它不仅能够应用于智能客服领域,为用户提供快速准确的解决方案,还能在智能家居、移动应用等多个领域发挥重要作用。通过与各种设备和应用的无缝集成,通义千问为用户提供了更加便捷、智能的服务体验。无论是在家庭环境中控制智能设备,还是在移动应用中获取信息和建议,通义千问都能成为用户的得力助手。

通义千问的推出,不仅体现了阿里巴巴在人工智能领域的深厚技术积累和创新能力,还为整个行业的发展注入了新的动力。它不仅为用户提供智能化和高效的服务,还推动了多模态语言模型技术的普及和应用。随着技术的不断进步和应用场景的不断拓展,通义千问将继续引领语言模型的发展潮流,为人们的生活和工作带来更多便利和创新。

4) 讯飞星火

科大讯飞推出的讯飞星火认知大模型,以"让机器能理解、会思考、有温度"为研发理念,构建了覆盖文本生成、语言理解、知识问答、逻辑推理、数学计算、代码编写及多模态交互的全方位 AI 能力体系。该模型突破传统单模态 AI 局限,通过融合视觉、听觉与语言信息的跨模态感知技术,实现了从单一文本交互到多维度智能对话的技术跨越,成为中文语境下认知智能领域的标杆性产品。

在核心技术架构方面,讯飞星火依托科大讯飞二十余年积累的语音识别与自然语言处理技术底蕴,采用分层式混合专家系统与动态计算路径优化策略,在保证推理精度的同时显著降低计算能耗。针对中文语义理解的复杂性,研发团队创新性地构建了包含方言识别、古文解析及专业术语理解的知识图谱体系,使模型在教育、医疗、法律等垂直领域的专业术语识别准确率提升 35% 以上。数据采集与处理环节引入联邦学习与差分隐私技术,在确保用户数据安全的前提下实现千亿级语料库的高效训练。

应用生态布局上,讯飞星火已深度融入智慧城市、智慧教育、智慧医疗等多个国家战略级项目。在教育领域,其智能阅卷系统可实现作文批改与知识点分析的秒级反馈;医疗场景中,辅助诊断模块能快速解析医学影像并生成初步诊断建议;面向开发者,讯飞开放平台提供语音交互、图像识别等 40 余项 AI 能力接口,助力企业快速构建智能化应用。特别是在工业质检领域,搭载讯飞星火的视觉检测系统已将产品缺陷识别准确率提升至99.9%。

作为中国人工智能"国家队"的核心成员,讯飞星火认知大模型不仅承载着推动产业智能化的使命,更通过可解释AI算法与公平性约束机制的研发,致力于消除机器决策中的偏见隐患。其自适应学习系统可实时捕捉用户反馈,持续优化交互体验与服务精准度。这种"技术＋场景＋伦理"三位一体的发展模式,正在重新定义人机协同的智能边界,为全球认知智能技术发展提供了具有中国特色的创新范式。

5)腾讯混元

腾讯公司凭借其在人工智能领域的深厚技术积累和创新能力,推出了腾讯混元大模型,这是一款全链路自研的通用大语言模型。腾讯混元大模型以其卓越的中文创作能力、复杂语境下的逻辑推理能力以及可靠的任务执行能力,为用户提供高效、智能的语言处理服务,标志着腾讯在大语言模型领域迈出了坚实的一步。

腾讯混元大模型在多轮对话方面表现出色,具备强大的上下文理解和长文记忆能力。它能够流畅地完成各专业领域的多轮问答,无论是复杂的学术讨论还是日常的闲聊,都能精准地理解用户意图并给出恰当的回应。这种能力使得腾讯混元大模型在智能客服、在线教育等多个场景中具有广泛的应用前景,能够为用户提供更加自然和连贯的对话体验。

在内容创作方面,腾讯混元大模型展现了丰富的想象力和创造力。它不仅支持文学创作,能够生成各种风格的文学作品,还能进行文本概要和角色扮演。无论是撰写小说、创作剧本,还是生成新闻报道,腾讯混元大模型都能提供高质量的内容,帮助创作者激发灵感,提升创作效率。

在逻辑推理方面,腾讯混元大模型展现了强大的分析能力。它能够准确理解用户意图,基于输入的数据或信息进行推理和分析,为用户提供精准的解决方案。无论是解决复杂的数学问题,还是进行商业数据分析,腾讯混元大模型都能提供可靠的推理结果,帮助用户做出更加明智的决策。

此外,腾讯混元大模型还具备知识增强功能,能够有效解决事实性和时效性问题,提升内容生成的效果。通过不断学习和更新知识库,腾讯混元大模型能够提供最新、最准确的信息,确保生成的内容既符合事实又具有时效性。这一功能使得腾讯混元大模型在新闻报道、学术研究等领域具有重要的应用价值。

腾讯混元大模型的推出,不仅展现了腾讯在人工智能领域的强大技术实力,还为整个行业的发展注入了新的动力。通过持续的技术创新和优化,腾讯混元大模型将继续引领大语言模型的发展潮流,为人们的生活和工作带来更多便利和创新。

6)盘古

华为公司作为全球领先的信息与通信技术(Information and Communication Technology,ICT)解决方案提供商,凭借其在人工智能领域的深厚技术积累和创新能力,推出了盘古大模型。这一大语言模型旨在为用户提供智能化、高效化的语言交互体验,标志着华为在人工智能领域迈出了重要的一步。

盘古大模型基于深度学习技术,通过对海量文本数据的深度训练,积累了丰富的语言知识和语义理解能力。它采用了先进的架构和技术,包括Transformer、BERT 等模型架构,以及注意力机制、自注意力机制等先进的神经网络技术。这些技术的结合使得盘古大模型在语言理解和生成方面表现出色,能够高效地处理复杂的语言任务,为用户提供准确、流畅的交互体验。

此外,盘古大模型还引入了多模态学习技术,能够处理文本、图像、音频等多种类型的数据。这种多模态能力使得盘古大模型在处理复杂的语言信息时更具优势。例如,在智能客服场景中,它不仅能理解用户的文字描述,还能通过图像识别辅助解决问题;在智能家居场景中,它能够结合语音指令和环境图像,提供更智能的服务。这种多模态交互能力显著提高了人机交互的效率和准确性。

在应用范围方面,盘古大模型展现出了极高的适应性和广泛性。它不仅能够应用于智能客服领域,为用户提供快速准确的解决方案,还能在智能家居、移动应用等多个领域发挥重要作用。通过与各种设备和应用的无缝集成,盘古大模型为用户提供了更加便捷、智能的服务体验。无论是在家庭环境中控制智能设备,还是在移动应用中获取信息和建议,盘古大模型都能成为用户的得力助手。

盘古大模型的推出,不仅展现了华为在人工智能领域的强大技术实力,还为整个行业的发展注入了新的动力。通过持续的技术创新和优化,盘古大模型将继续引领大语言模型的发展潮流,为人们的生活和工作带来更多便利和创新。

7）豆包

字节跳动公司作为全球领先的技术创新企业，在人工智能领域持续发力，推出了豆包大模型（原名"云雀"），这是一套涵盖多模态功能的先进大模型家族。该家族包括通用大模型、语音识别大模型、语音合成大模型等多种类型，旨在为企业智能化转型和多行业场景落地提供强大支持。

豆包大模型在数据处理能力上表现出色，日均处理高达 1200 亿 Tokens 的文本数据，并生成 3000 万张图片。这一强大的数据处理能力不仅确保了模型在复杂任务中的高效表现，还通过字节跳动旗下的火山引擎平台对外提供服务，为用户提供了便捷的接入方式。火山引擎作为字节跳动的技术服务平台，为豆包大模型的广泛应用提供了坚实的基础设施支持。

在成本效益方面，豆包大模型展现了极高的性价比。以通用大模型 pro-32k 为例，其定价仅为每 1000 Tokens 0.0008 元，这一价格比行业平均水平低 99.3%，为企业提供了极具竞争力的选择。这种价格优势使得豆包大模型在市场中更具吸引力，尤其对于那些寻求高效、经济的 AI 解决方案的企业来说，豆包大模型无疑是一个理想的选择。

豆包大模型的应用范围广泛，已成功助力多个行业的智能化转型。从智能客服到内容创作，从语音交互到图像生成，豆包大模型都能提供精准且高效的服务。通过与企业的现有系统和流程无缝集成，豆包大模型能够显著提升企业的运营效率，优化用户体验，推动各行业的数字化和智能化发展。

作为字节跳动在 AI 领域的重要布局，豆包大模型不仅体现了公司在技术创新上的深厚实力，还展示了其在推动行业智能化转型方面的决心和能力。通过持续的技术优化和创新，豆包大模型将继续为企业提供更强大的 AI 支持，助力企业在数字化时代保持竞争力，实现可持续发展。

8）Kimi

Kimi 大模型是北京月之暗面科技有限公司于 2023 年 10 月 9 日推出的一款智能助手，这是一款功能强大且极具创新性的智能助手。Kimi 大模型涵盖了长文总结和生成、联网搜索、数据处理、编写代码、用户交互以及翻译 6 项核心功能，这些功能相互配合，使其能够在众多应用场景中大放异彩，为用户解决各种复杂问题。

Kimi 大模型凭借其卓越的翻译和理解能力，为专业学术论文的翻译工作提供了前所未有的便利。无论是晦涩难懂的专业术语，还是复杂的理论阐述,它都能够精准地进行翻译和解读,帮助研究人员跨越语言障碍,获取全球最新的学术成果。同时,在法律领域,Kimi 大模型也展现出了其强大的辅助分析能力。它可以快速梳理法律条文,分析案件细节,为法律工作者提供全面且深入的参考依据,助力他们更高效地处理各类法律问题,维护公平正义。

对于程序开发人员而言,Kimi 大模型的快速理解 API 开发文档的功能,无疑是他们在编程道路上的得力助手。它能够迅速解析复杂的开发文档,提取关键信息,帮助开发人员快速掌握 API 的使用方法,从而加快开发进度,提高代码质量。这一功能不仅节省了开发人员大量的时间和精力,还降低了开发难度,使他们能够更加专注于创新和优化。

值得一提的是,Kimi 大模型是全球首个支持输入 20 万个汉字的智能助手产品。这一突破性的技术优势,使其能够轻松应对超长文本的处理需求。无论是长篇的学术著作、庞大的企业报告,还是复杂的项目文档,Kimi 大模型都能够游刃有余地进行分析和处理,为用户提供全面且精准的智能支持。这一强大的功能不仅提升了工作效率,更为用户带来了更加便捷、高效的使用体验。

Kimi 大模型的推出,不仅体现了北京月之暗面科技有限公司在人工智能领域的深厚技术积累和创新能力,也彰显了其致力于推动行业智能化转型的决心。随着技术的不断优化和升级,Kimi 大模型将在更多领域发挥其独特的优势,为用户创造更大的价值,助力企业在数字化时代保持竞争力,实现可持续发展。

8.1.4　大模型的基本原理

大模型就像一个“超级大脑”,它通过海量数据和强大计算能力,学会理解并生成人类语言。它的核心是一个叫作 Transformer 的神经网络结构,专门用来处理文字信息。下面将拆解大模型的工作原理,用更简单的方式理解它,如图 8-5 所示。

1. 数据驱动:从海量文本中学习

大模型的“知识”主要来自互联网上的大量文本,如新闻、小说、论文、百科等。它通过分析这些文字,逐渐掌握语言的规律,如词语搭配、句子结构、逻辑关系等。

2. 神经网络:模仿人脑的学习方式

大模型本质上是一个超级复杂的数学函数,由无数“神经元”组成,每一

图 8-5　大模型的基本原理

层都对输入的数据进行加工和处理。它的灵感来自人脑的神经网络,但规模要大得多,参数可能达到千亿级别,远超人类大脑的神经元数量。

3. Transformer 架构：让 AI 更懂上下文

传统的 AI 在处理文字时,往往只能逐词分析,而 Transformer 让 AI 能同时关注整段话,理解词语之间的关系。例如,“苹果”在“我喜欢吃苹果”和“苹果公司发布新品”中含义不同,Transformer 能根据上下文判断具体意思。

4. 自注意力机制：让 AI 学会“联想”

大模型在处理文字时,会计算每个词与其他词的关系,如“猫”和“老鼠”经常一起出现,“医生”和“医院”关联性强。这种机制让 AI 能更好地理解语言的逻辑,甚至进行推理。

5. 训练优化：不断调整参数，让 AI 更聪明

这个过程重复数百万次,AI 就会越来越准。

6. 泛化能力：举一反三，应对新任务

训练完成后,大模型不仅能完成它学过的任务(如翻译),还能处理没见过的问题(如写诗、编程),因为它已经掌握了语言的通用规律。

总而言之,大模型本质上是一个“数据喂出来的超级大脑”,它通过 Transformer 架构、自注意力机制和海量训练,学会了理解并生成人类语言。虽然它的原理复杂,但核心思想并不难:用数学模拟语言规律,再用超级计算机反复优化,最终让 AI 变得像人一样聪明。

8.1.5　大模型的分类

按照输入数据类型的不同,大模型主要分为以下三类。

(1) 语言大模型

语言大模型是自然语言处理(NLP)领域的明星。想象一下,我们人类从

小通过大量的阅读、交流来学习语言，语言大模型也是类似。它们在海量的文本语料库中"泡澡"，这些语料库就像一个巨大的语言知识宝库，让模型学习各种各样的语法结构、词汇含义以及不同语境下语言的用法。就好比你读了一本又一本的书，慢慢地就能理解复杂的句子和文章的意思。像 OpenAI 公司的 GPT 系列、Google 的 Bard、百度的文心一言，这些都是语言大模型中的佼佼者。它们可以帮你写作文、回答问题、翻译语言，就像一个超级聪明的"语言助手"。

国外的语言大模型代表性产品有：OpenAI 的 GPT 系列，广泛应用于文本生成、问答系统、翻译、编程辅助等任务，具有强大的自然语言理解和生成能力；Google 的 BERT，一种双向 Transformer 模型，广泛用于文本分类、命名实体识别、问答系统等任务，提升了自然语言处理任务的性能；Facebook 的 LLaMA 是由 Meta 开发的一系列高效语言模型，旨在推动开源社区的研究和应用。

国内的语言大模型代表性产品有：百度的文心一言，具备强大的语言理解和生成能力，广泛应用于文本生成、问答、翻译等任务；阿里巴巴的通义千问，在自然语言处理和生成方面表现出色，应用于智能客服、内容生成等场景；腾讯的混元大模型，在多模态和语言处理方面有出色表现，支持多种自然语言处理任务；字节跳动的豆包大模型，在文本生成和理解方面具有优势，应用于内容创作和智能推荐等场景。

（2）视觉大模型

在计算机视觉（Computer Vision，CV）的世界里，视觉大模型是"图像侦探"。它们通过在大量图像数据上训练，学会了如何分析和处理图像。就像人类通过观察各种各样的图片，学会了分辨不同的物体、场景一样。视觉大模型可以完成很多有趣的任务，如图像分类（把图片归类到不同的类别，如动物、植物、建筑等）、目标检测（在图片中找出特定的物体，如在一张街景图中找出所有的汽车）、图像分割（把图像中的不同部分划分出来，如把人的轮廓从背景中分离出来）、姿态估计（判断图片中人物的动作姿势）、人脸识别（识别出照片中的人是谁）。

国外的视觉大模型代表性产品有 Google 的 ViT 系列，是跨语言、跨模态视觉语言大模型，支持图像标题生成、问答、OCR 等任务；OpenAI 的 DALL-E，可根据文字描述生成图片；Meta 的 Segment Anything Model（SAM），在图像分割上精度极高,广泛应用于医疗、遥感等领域。

国内视觉大模型代表性产品有华为的盘古 CV 大模型,在工业质检领域表现突出,如在比亚迪工厂的电路板缺陷检测中准确率超 99%;商汤科技的 INTERN,在多模态能力方面领先,其 10min 长视频解析技术已应用于金融风控、医疗影像和自动驾驶场景;还有字节跳动的豆包大模型、腾讯的混元大模型等也在视觉处理方面有出色表现。

(3)多模态大模型

多模态大模型就像是一个"全能选手",它们可以同时处理多种不同类型的数据,如文本、图像、音频等。这就像是我们人类在日常生活中,通过看(图像)、听(音频)、读(文本)等多种方式来获取信息一样。这种模型结合了语言大模型和视觉大模型的能力,能够对多种模态的信息进行综合理解和分析。

国外多模态大模型代表产品有 OpenAI 的 GPT-4V,支持文本、音频和图像任意组合输入输出,可用于文档分析、图像问答等;Google 的 Gemini 1.5 Pro,支持文本、图像、音频、视频等多种输入;Meta 的 LLaMA 3.2,首个开源多模态模型,可处理文本和视觉数据;Anthropic 的 Claude 3,能处理文本、图像、表格等数据,在法律合同审查等长文本任务上表现出色;Stability AI 的 Stable Diffusion 3,专注文生图,生成质量高且支持中文描述词。

国内多模态大模型代表产品有阿里巴巴的通义千问,支持图像问答、文档解析等,在电商场景有深度优化;字节跳动的豆包,是轻量化多模态模型,优化短视频和直播场景;百度的文心一言,具备跨模态、跨语言深度语义理解与生成能力;科大讯飞的讯飞星火,在中文理解和生成方面有优势;清华大学的智谱清言 GLM,对学术研究和产业应用有贡献。

按照应用领域的不同,大模型主要分为 L0、L1、L2 这三个层级。

(1)通用大模型 L0

通用大模型 L0 是人工智能中的"通才"。它们就像在大学里接受通识教育的学生一样,学习了很多不同领域的知识。这些模型利用强大的计算能力,使用海量的开放数据和复杂的深度学习算法,在大规模无标注数据上进行训练。它们就像在大海里捞规律,通过寻找数据中的特征和模式,形成了强大的泛化能力。这意味着它们可以在很多不同的场景下完成任务,而且很多时候不需要进行太多的调整(微调)。就像一个学识渊博的人,可以应对各种各样的问题,通用大模型 L0 也是这样,为人工智能的应用打下了一个广泛的基础。

（2）行业大模型 L1

行业大模型 L1 是人工智能中的"行业专家"。它们专注于特定的行业或领域。就像一个学生在大学里选择了某个专业深入学习一样，行业大模型 L1 使用与特定行业相关的数据进行预训练或微调。例如，在医疗行业，它会学习大量的医疗影像、病历等数据；在金融行业，它会学习金融交易数据、市场分析报告等。通过这种方式，它们在自己专注的领域里能够更精准地完成任务，提高性能和准确度。它们就像是在特定行业里拥有深厚知识和经验的专家，能够为该行业提供专业的服务和解决方案。

（3）垂直大模型 L2

垂直大模型 L2 是人工智能中的"任务专家"。它们专注于特定的任务或场景。这就像是一个工匠，专注于某一项技艺，精益求精。垂直大模型 L2 使用与特定任务相关的数据进行预训练或微调。例如，一个专门用于智能客服的垂直大模型，它会学习大量的客户咨询对话数据，通过微调来更好地理解客户的问题并给出准确的回答。或者一个用于自动驾驶汽车的目标检测垂直大模型，它会学习大量的道路场景图像数据，专门用于检测道路上的车辆、行人等目标。它们在自己专注的任务上能够发挥出最佳性能，为特定场景提供高效的解决方案。

8.1.6　智能体

从 8.1.5 节我们了解到，大模型就像一位"知识渊博的学霸"——它能写诗、解题甚至陪你聊天。但你知道吗？如果给这位学霸加上"手脚"和"目标"，它就能从"纸上谈兵"升级为"实干家"！

例如，当你说"帮我订一份披萨"，大模型可以生成完美的回复："好的，请问要什么口味？"但它可能停在这里——因为它只会"说"。而智能体则会直接行动：打开外卖 App、选好店铺、下单支付，最后告诉你："夏威夷披萨已下单，预计 30 分钟送达！"

下面学习什么是智能体，以及大模型和智能体之间的关系。

1. 智能体的定义

智能体（Agent）是一种能够感知环境并通过行为改变环境以实现目标的实体。它可以是一个软件程序，也可以是硬件设备。例如，在软件领域，一个简单的智能体可能是垃圾邮件过滤器,它能够感知(接收)电子邮件的内容,判断其是否为垃圾邮件(环境),然后将其分类到垃圾邮件箱或收件箱(改变环境)。在硬件领域,自动驾驶汽车可以看作一个复杂的智能体,它通过传感器感知道路状况(环境),然后控制汽车的行驶方向、速度等(行为),以安全地将乘客送达目的地(目标)。

2. 智能体与大模型的关系

核心与支持:大模型(如 GPT-4)是智能体的核心决策模块,提供语言理解、推理等能力,而智能体通过调用大模型增强任务执行的智能性。

功能互补:大模型擅长认知任务(如文本生成),但缺乏行动力;智能体则弥补了这一局限,通过工具调用(如 API)实现"有脑有手"的闭环操作。

协同演进:智能体作为大模型的应用载体,推动技术落地,而大模型的进步也扩展了智能体的能力边界。

简言之,智能体是"能行动的大模型",两者结合形成从认知到执行的完整 AI 系统。

8.2　具身智能概述

8.1 节深入探讨了大模型在人工智能领域的巨大影响力,见识了它在数字世界中所展现出的强大语言理解和生成能力,仿佛让机器拥有了某种"智慧"。然而,当我们把目光从虚拟的数字空间转向真实的物理世界时,就会发现机器的表现还远远达不到我们对"智能"的期望。其实早在 1950 年,艾伦·图灵就提出了"机器是否能思考"这一经典问题,并且描绘了人工智能的终极目标——成为能够与环境交互、自主规划行动的智能体。如今,具身智能这一新兴概念,就像一束光,照亮了我们前进的方向。它强调智能系统与物理身体紧密相连,通过身体和环境的互动来实现智能的进化。这不仅改变了我们对智能的传统认知,还为我们突破传统人工智能的局限,探索实现通用人工智能提供了新的可能。接下来,就让我们一起走进具身智能的奇妙世界,去发现它如何开启智能技术发展的新篇章。

8.2.1　具身智能的定义

具身智能(Embodied Intelligence,EI)是指具备物理本体的人工智能系统,它可以像人类一样感知和理解环境,通过自主学习和适应性行为来完成任务。这里的物理本体就是具身智能的"身体"。它不像传统 AI(如聊天助手)只存在于计算机里,而是通过机器人、机械臂、无人机等实体装置,像人类一样用"身体"感知环境、思考决策并执行动作。例如,医疗机器人能通过摄像头(眼睛)观察患者动作,用机械臂(手)辅助康复训练;物流机器人能在仓库里用传感器(耳朵+眼睛)识别货物,用轮子(脚)搬运快递。它的核心特点是:必须通过身体与环境互动才能变聪明,就像人类通过动手做事学会技能一样。

1. 具身智能的"身体"——物理本体

具身智能的"身体"是它的物理载体,相当于人类的躯干和四肢,如图 8-6 所示,其形态根据具体任务需求呈现多样化设计,如人形机器人、机械臂、轮式机器人、四足机器人等,这是智能的"根基"。

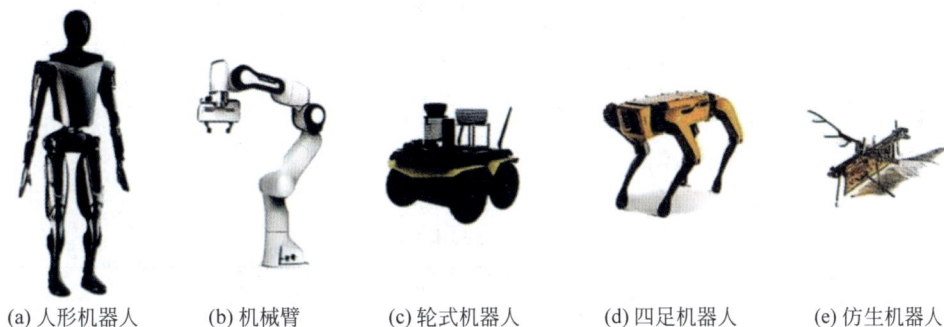

(a) 人形机器人　(b) 机械臂　(c) 轮式机器人　(d) 四足机器人　(e) 仿生机器人

图 8-6　具身智能物理本体的不同形态

具身智能的物理本体包括以下 4 部分。

第一,硬件结构。如机器人的金属骨架、轮子或机械臂。

第二,传感器。如摄像头(视觉)、麦克风(听觉)、触摸传感器(触觉),用来"看、听、摸"环境。

第三,执行器。如电机、机械爪,用来"走路、抓取、操作物体"。

第四,计算单元。相当于"大脑芯片",负责处理信息。

2. 具身智能的"大脑"——智能系统

具身智能的"大脑"是一个集感知、决策、行动于一体的计算系统,包含以下三个核心模块。

第一,感知模块。通过摄像头等传感器构建环境地图,识别物体的位置、形状和运动状态。

第二,决策模块。像人类的思维,负责理解任务目标(如"把杯子放到桌上"),并拆解成具体步骤。

第三,行动模块。像人类的运动神经,精准控制身体动作(如让机械臂以合适力度抓取鸡蛋)。

近年来,多模态大模型让智能系统能同时理解图像、声音和文字,甚至推理出"如何端茶不洒",大幅提升了机器人的"智商"。

3. 具身智能的"学习方式"——与环境互动

具身智能的成长依赖"感知-决策-行动-反馈"的闭环:首先,感知——用传感器收集环境信息(如"前面有个箱子");然后,决策——大脑分析信息并制定计划(如"绕过去"或"推开它");接着,行动——身体执行动作(如转动轮子绕行);最后,反馈——根据结果调整策略(如"下次遇到箱子要提前减速")。

例如,仓储机器人第一次可能撞到货架,但通过多次尝试,它会学会在拐弯处提前减速;外骨骼机器人通过感知患者的步态,逐渐优化助力力度,让康复训练更舒适。通过与环境互动,从错误中进步。

4. 具身智能与智能体的区别

具体比较如表 8-1 所示。

表 8-1　具身智能与智能体的区别

对比项	具身智能	智能体
存在形式	有物理载体(如机器人)	不一定有物理载体(可以是纯软件)
环境交互	通过物理动作改变环境(如抓取物体、行走等)	通过数字信号或物理动作均可
关键技术	运动控制、强化学习等	大模型、多智能体协作
典型应用	机器人、自动驾驶汽车	ChatGPT、机器人

由此可知,具身智能特指必须有身体、靠环境交互来思考的智能,而智能体是一个更宽泛的"能感知—决策—行动"的实体,可以只是软件,也可以是机器人。总之,所有具身智能都是智能体,但不是所有智能体都是具身智能。

8.2.2　具身智能的发展历程

具身智能的发展是机器人技术与人工智能技术深度融合的必然结果。从技术演进的脉络来看,机器人领域经历了从单一功能的工业设备向仿生形态、多任务场景跨越的转型。其应用边界从制造业扩展至医疗康复、家庭服务、特种作业等领域,推动物理本体向高灵活性、强环境适应性方向发展。与此同时,人工智能领域经历了从专家系统到统计学习、再到深度学习的跃迁。特别是深度学习与强化学习技术的成熟,使机器人首次具备了复杂环境感知、自主决策与持续进化能力,显著提升了其在动态场景中的生存与适应水平。近年来,大模型的突破性进展成为具身智能发展的催化剂。

从发展历程来看,具身智能的发展可划分为 5 个递进式阶段。

1. 理论萌芽期(20 世纪 50 年代~80 年代)

人工智能的发展历程可以追溯到 20 世纪中叶,这一时期是该领域从无到有的萌芽阶段。1950 年,计算机科学先驱艾伦·图灵发表了一篇具有里程碑意义的论文,在文中他创新性地提出了“机器能否思考”这个根本性问题,并设计了著名的“图灵测试”作为判断标准。这篇论文就像在科学界播下了一颗种子,为后来人工智能学科的诞生埋下了理论根基。

6 年后的 1956 年,在美国达特茅斯学院举行的一次重要学术会议上,“人工智能”这个全新的学科名称被正式确立。这次会议就像一盏明灯,照亮了这个新兴领域的发展道路。在随后的岁月里,科学家们主要沿着“符号主义”这条路径开展研究,开发出了像“逻辑理论家”程序(能自动证明数学定理)、“通用问题求解器”(可解决多种复杂问题)以及早期的“专家系统”(模拟人类专家决策)等重要成果。这些开创性工作不仅推动了人工智能理论的发展,也为后来“具身智能”概念的形成提供了重要的思想源泉。

值得注意的是,在机器人技术领域也出现了突破性进展。1954 年,麻省理工学院的工程师们成功研制出世界上第一台可编程机械臂。虽然这台设备还只是按照预设程序执行简单动作,远未达到“智能”的水平,但它就像打开了一扇大门,为后续将人工智能与机器人技术相结合的研究指明了方向。不过需要说明的是,当时主流的符号主义方法在让机器理解真实世界(如视觉、触觉等感知能力)方面还存在明显不足,这也为后来人工智能的发展提出了新的挑战。

2. 初创探索期(20 世纪 80 年代~90 年代)

20 世纪 80 年代,机器人技术主要应用于工业自动化领域,执行重复性、规律性强的简单任务。然而,随着技术的发展和应用需求的拓展,人们开始意识到机器人需要具备更复杂的功能和更强的环境适应能力。与此同时,人工智能领域也从符号主义和连接主义的理论探索逐渐向实用化方向发展,为具身智能的萌芽提供了技术基础。

1986 年,罗德尼·布鲁克斯(Rodney Brooks)提出"无表征的智能"观点,强调智能行为可以通过与环境的实时交互产生,不需要复杂的内部表征。这一理念为具身智能的发展奠定了理论基础。1991 年,他设计的六足步行机器人 Ghengis 通过简单的行为模块组合实现了稳定的行走,展示了具身智能的可行性,引发了学界对具身智能的广泛关注。

这一时期,具身智能主要处于理论探索和初步实践阶段,研究重点集中在如何通过简单的传感器和行为模块实现机器人的基本运动和环境交互。虽然取得了一些初步成果,但由于技术条件的限制,机器人的感知能力和自主决策能力还相对有限,应用场景也较为单一。

3. 技术积累期(20 世纪 90 年代～21 世纪初)

20 世纪 90 年代,随着计算机技术的快速发展和传感器技术的不断进步,机器人技术开始从工业自动化向多形态、多功能方向转型。同时,人工智能领域也在不断探索新的技术和方法,以提高机器的智能水平。

1997 年,IBM 的深蓝计算机战胜国际象棋世界冠军卡斯帕罗夫,标志着人工智能在特定领域的强大计算能力和决策能力。这一事件也激发了人们对人工智能技术在机器人领域应用的进一步探索。在机器人技术方面,多自由度机械臂、移动机器人等技术不断成熟,为具身智能的发展提供了更强大的硬件支持。

这一时期,具身智能在技术上不断积累,机器人和人工智能技术开始融合,但仍然存在一些局限性。例如,机器人的感知系统还不够完善,只能在相对简单的环境中工作;人工智能算法的泛化能力有限,难以适应复杂多变的现实场景。

4. 快速发展期(21 世纪初～21 世纪 20 年代初)

21 世纪初,随着互联网技术的普及和大数据时代的到来,人工智能领域迎来了新的发展机遇。深度学习和强化学习等技术的出现,为机器人系统赋予了环境感知、自主规划决策和持续学习等关键能力,使其在复杂环境下的适应性得到显著提升。

2012 年,深度学习在图像识别领域取得突破性进展,开启了人工智能的新时代。此后,深度学习和强化学习技术在机器人领域的应用不断深化,使机器人能够更好地理解和适应复杂环境。例如,波士顿动力公司的 Atlas 机器人在动态平衡和复杂地形行走方面取得了显著进步,展示了机器人在复杂环境下的运动能力。

这一时期,具身智能在技术上取得了快速进步,机器人在感知、决策和运动控制等方面的能力大幅提升。然而,机器人的自主性和泛化能力仍然有待提高,特别是在面对复杂多变的现实场景时,机器人的表现还不够稳定。

5. 突破应用期(21 世纪 20 年代初至今)

21 世纪 20 年代初,大模型的兴起为具身智能的发展注入了强劲动力。这类融合视觉、语言与动作模态的通用模型,不仅解决了传统机器人系统中感知-决策割裂的核心痛点,更通过零样本迁移学习大幅拓展了任务覆盖范围,为具身智能体实现跨场景泛化提供了全新路径。

2020 年,OpenAI 发布了 GPT-3 模型,展示了大模型在自然语言处理领域的强大能力。此后,类似的技术被应用于具身智能领域,使机器人在自然语言理解、多模态感知、任务规划及本体操控等方面的能力得到显著提升。2024 年,人形机器人技术取得了突破性的进展,特斯拉的 Optimus 人形机器人在智能感知和自主决策方面取得了重大突破,展示了具身智能在复杂环境下的应用潜力。同年,中国具身智能机器人领域成果丰硕:4 月,北京具身智能机器人创新中心发布通用机器人母平台"天工",实现全球首个全尺寸纯电驱人形机器人拟人奔跑,全身协同控制泛化移动能力全球领先,可在多种复杂地形平稳移动;迭代后的"天工"更具备流畅的手眼协调、手眼交互等功能。此外,该中心还加速开发高性能具身智能体"开物",基于超 100 个元技能组合,可执行超 50 步复杂长程任务拆解。2025 年,优必选工业人形机器人 Walker S 系列、宇树科技的人形机器人等纷纷亮相,分别展示了规模化量产、高难度场景应用、全场景通用性等优势。

具身智能的发展历程清晰地展现了机器人技术与人工智能技术的深度融合过程,也反映了相关领域研究的重大转变。从单一功能的工业设备到多形态、多功能的智能机器人,从符号主义到深度学习和强化学习,再到大模型的应用,具身智能在技术上不断取得突破,应用场景也不断拓展。未来,随着技术的进一步发展,具身智能有望在医疗康复、家庭服务、特种作业等多个领域实现广泛应用,为人类社会带来更多的便利和价值。

8.2.3　具身智能的关键技术

1. 传感器技术

具身智能的关键技术之一是传感器技术,它就像是智能体的"触角",帮助智能体感知外部世界,获取各种信息,为后续的决策和行动提供数据支持。接下来,将详细介绍几种常见的传感器技术及其应用。

1)视觉传感器:智能体的"眼睛"

视觉传感器是具身智能中非常重要的一部分,它可以帮助智能体"看到"周围的世界。常见的视觉传感器主要基于电荷耦合器件(CCD)或互补金属氧化物半导体(CMOS)技术,如图 8-7 所示。CCD 传感器通过将光信号转换为电信号,经过一系列处理后输出图像信息。而 CMOS 传感器则利用晶体管将光信号直接转换为数字信号,具有成本低、功耗小、集成度高等优点。

图 8-7　视觉传感器

在自动驾驶领域,视觉传感器能够实时捕捉道路环境的图像信息。通过与预先存储的地图数据或实时构建的地图进行比对,自动驾驶车辆可以确定自己的位置和行驶方向,识别交通标志和车道线,从而安全地行驶。在智能家居领域,视觉传感器可以用于智能安防系统,实时监控家庭环境,识别异常活动并及时报警。

2)听觉传感器:智能体的"耳朵"

听觉传感器是具身智能的另一重要组成部分,它可以帮助智能体"听到"周围的声音。听觉传感器主要基于压电效应或电容变化原理,如图 8-8 所示。压电式麦克风内部的压电材料在声波作用下产生形变,从而产生电信号。而电容式麦克风则通过膜片与背板之间电容的变化来感知声音的变化,将声音信号转换为电信号,再经过放大、滤波等处理后输出。

在智能语音助手领域,听觉传感器能够捕捉用户的语音指令。通过语音

图 8-8　听觉传感器

识别技术,语音信号可以被转换为文本信息,供智能体理解和执行相应操作。例如,智能音箱可以通过听觉传感器接收用户的语音指令,播放音乐、查询天气、设置提醒等。在工业环境中,听觉传感器还可以用于设备故障检测,通过监测设备运行时的声音变化,及时发现异常并进行维护。

3)触觉传感器:智能体的"皮肤"

触觉传感器是具身智能中用于感知触摸和压力的传感器。它的工作原理多样,常见的有电阻式、电容式、电感式等,如图 8-9 所示。电阻式触觉传感器通过压力改变电阻值来检测压力大小;电容式触觉传感器利用压力引起的电容变化来感知压力;电感式触觉传感器则基于电磁感应原理,通过检测磁场变化来感知物体的接近或接触。

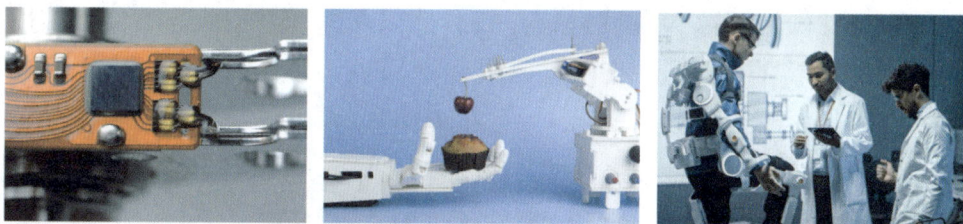

图 8-9　触觉传感器

在机器人辅助手术领域,触觉传感器可以让手术机器人感知组织的柔软度和弹性,从而更精准地进行手术操作。在智能假肢领域,触觉传感器用于假肢手,帮助用户感知物体的质地和压力,提高假肢的使用体验和功能。

4)其他传感器:智能体的"感官系统"

除了上述常见的传感器,具身智能还可能用到惯性传感器、温度传感器、湿度传感器等,如图 8-10 所示。惯性传感器(如加速度计、陀螺仪)能够检测物体的加速度和角速度,用于机器人的运动姿态监测和控制。温度传感器和湿度传感器则可用于环境监测,为智能体提供环境参数信息,使其能够根据环境变化做出相应决策。

图 8-10　其他传感器

在无人机领域,惯性传感器可以帮助无人机保持稳定的飞行姿态,即使在风力等外界干扰下也能保持平衡。在农业领域,温度传感器和湿度传感器可以用于监测土壤和环境条件,帮助农民优化灌溉和施肥,提高农作物产量。

5) 传感器融合技术:智能体的"感官中枢"

为了让智能体获取更全面、准确的环境信息,通常会采用传感器融合技术。传感器融合技术将多种类型传感器的数据进行综合处理,充分发挥各传感器的优势,弥补单一传感器的不足。例如,通过将视觉传感器获取的物体形状信息与触觉传感器获取的物体表面信息相结合,智能体可以更准确地识别和操作物体。

例如,在智能仓储系统中,通过融合视觉传感器和惯性传感器的数据,机器人可以更准确地定位和搬运货物。在智能安防系统中,通过融合听觉传感器和视觉传感器的数据,系统可以更全面地监控环境,及时发现异常情况并发出警报。

通过这些传感器技术及其融合,具身智能能够更好地感知和理解外部世界,从而做出更准确的决策和更有效的行动。

2. 机器学习与强化学习

在具身智能(如机器人、虚拟助手等)中,机器学习(Machine Learning,ML)和强化学习(Reinforcement Learning,RL)是让智能体具备自主决策和行动能力的核心技术。它们就像智能体的"学习大脑",帮助智能体从经验中不断进步。

1) 机器学习

机器学习的核心思想是让计算机通过大量数据自动发现规律,并利用这些规律进行预测或决策。例如,在图像识别中,如果给计算机提供大量猫和狗的图片,并告诉哪些图片是猫、哪些图片是狗,它就能学会识别新图片中的动物;在语音理解中,智能音箱(如小爱同学)通过机器学习听懂人的指令,如"播放音乐"或"明天天气怎么样?";在路径规划中,扫地机器人通过学习房间布局,找到最优清扫路线,避免撞墙或重复清扫。

在具身智能中,机器学习主要用于感知和理解环境。例如,机器人用摄像头"看"世界时,机器学习算法能帮助它识别物体、判断距离,甚至理解人的手势和表情。

2) 强化学习

强化学习是一种"边做边学"的方法,智能体通过不断尝试行动,并根据环境的反馈(奖励或惩罚)调整策略,最终学会最佳决策方式。例如,在生活中训练小狗,如果小狗做对了动作(如坐下)就给它零食(奖励),如果做错了就不给(惩罚),小狗经过多次训练就学会了听指令。同样如此,在 AI 游戏中,AlphaGo(围棋 AI)通过和自己对弈数百万次,不断优化策略,最终击败人类冠军。

在具身智能中,强化学习的典型应用,如机器人在抓取时,机械臂尝试不同的抓取方式,成功时获得奖励,失败时调整策略,最终学会稳定抓取物体;自动驾驶中,汽车通过模拟训练,学会在复杂路况下安全行驶,如避让行人或紧急刹车。

总的来说,机器学习让智能体能"看懂"和"听懂"世界,主要用于感知和理解数据。强化学习让智能体学会"如何行动",通过试错找到最优策略。二者结合,智能体就能像人类一样,既能理解环境,又能做出聪明的决策。

3. 机器人技术

如果把人工智能比作"大脑",那么机器人就是它的"身体"。正是这些看得见、摸得着的硬件设备,让智能算法不再只是计算机里的代码,而是能真正走进现实世界,完成各种实际任务。

不同类型的机器人就像不同职业的人,有着专门设计的"身体结构"。工业机器人就像工厂里的"钢铁工人",通常由机械臂、关节和底座组成。它们可以高精度地完成焊接、组装、搬运等工作,如汽车制造中精准安装零件。服务机器人更像"生活助手",如餐厅送餐机器人、家庭扫地机器人。它们需要灵活适应复杂环境,懂得避开障碍物,还能和人简单交流。

机器人能智能工作,离不开三大关键系统:一是传感器(相当于"感官"),摄像头(视觉)让机器人"看到"周围环境,麦克风(听觉)让机器人听懂语音指令,触觉传感器能感受抓握力度,避免捏碎鸡蛋;二是控制系统(相当于"小脑"),实时处理传感器数据,协调各个部件的动作,如让机械臂既能快速移动,又能在接近物体时自动减速;三是智能算法(相当于"大脑"),运用机器学习和强化学习,让机器人学会自主决策。

机器人已经在多个领域大显身手。例如,工厂车间里,智能机械臂能根据零件供应情况自动调整工作节奏,发现次品立即报警;物流仓库中,搬运机器人像"快递小哥"一样自主规划路线,24小时不间断分拣货物;手术室内,达芬奇手术机器人可以稳定控制手术器械,完成人手难以做到的微创手术;日常生活中,扫地机器人不仅会绕开拖鞋,还能学习家中的清扫习惯。

这正是具身智能的魅力——让人工智能突破虚拟世界,成为能动手解决问题的实体助手。

8.3　机器人:具身智能的载体

随着物联网、大数据、云计算和人工智能等技术的飞速发展,机器人技术迎来了前所未有的突破,全球机器人产业正步入一个更加智能化的全新时代。如今,得益于人工智能在图像识别、语音识别和自然语言处理等领域的实用化进展,机器人不仅能够"看见"周围的环境、"听懂"人类的语言,还能通过深度学习等先进算法进行自主"思考",从而具备更强大的感知、交互与决策能力。

想象一下,未来的机器人不仅能像人类一样用"眼睛"(摄像头)观察世界,用"耳朵"(麦克风)聆听声音,还能通过内置的"大脑"(人工智能算法)分析信息并做出反应。例如,家庭服务机器人可以识别主人的面部表情和语音指令,智能调整自己的行为;工业机器人能够自主学习优化生产流程,提高工作效率。这些进步使得机器人不再是简单的机械装置,而是逐渐成为具有"智能"的伙伴和助手。

随着技术的不断演进,机器人的应用场景也将越来越广泛,从日常生活到工业生产,从医疗护理到太空探索,机器人正在改变人们与世界互动的方式,理解机器人的定义、发展、结构与分类,将为人们打开一扇探索科技前沿的大门。

8.3.1　机器人的定义

关于"什么是机器人"这个问题,至今没有完全统一的答案——这既是因为机器人技术仍在快速发展,也是因为机器人涉及"机器是否能够模拟人类"这个充满哲学意味的话题。正是这种定义上的开放性,为科学家们的创新留下了广阔空间。让我们来看看不同国家和组织是如何理解机器人的。

1967年,日本学者在第一届机器人学术会议上提出两个有代表性的观点。森政弘与合田周平认为,机器人应当具备移动性、个体性、智能性、通用性、半机械半人性、自动性和奴隶性这7大特征,本质上是一种"柔性机器"。而加藤一郎则提出了更具体的三个条件:首先,机器人要像人一样拥有"脑、手、脚"三个基本功能单元;其次,它需要配备非接触传感器(如视觉、听觉)和接触传感器来感知环境;最后,它还应当具有平衡觉和固有觉来感知自身状态。这个定义特别强调了机器人应当模仿人类的身体结构和感知方式。

我国业界对机器人的定义则更注重功能性:机器人是一种能够自动执行任务的机器,它不仅具备类似人类的感知、规划、动作和协同等智能能力,还拥有高度的灵活性,能够适应各种工作环境。

国际标准化组织(International Organization for Standardization,ISO)给出了一个相对全面的定义,认为机器人应当满足4个条件:首先,它的机械结构要模仿生物体的器官功能;其次,它要具有通用性,能够完成多种不同类型的任务;第三,它需要具备一定程度的智能,包括记忆、感知、推理、决策和学习等能力;最后,它应该能够在不需要人类持续干预的情况下独立工作。

随着技术进步,机器人已经开始融入人类生活的方方面面。从工业生产线上精准操作的机械臂,到家庭中能够清扫地板的扫地机器人;从医院里协助医生进行手术的医疗机器人,到农田中自动播种的农业机器人等。虽然目前还没有一个标准定义,但我们可以把握住机器人的本质特征:它是一种能够自动执行任务的机器装置,既可以按照人类指令工作,也可以运行预先编程的程序,主要目的是帮助或替代人类完成各种工作。如今,机器人技术已经广泛应用于工业、农业、服务业、建筑业、医疗健康甚至军事等多个领域,持续拓展着人类的能力边界。

8.3.2 机器人的发展

机器人技术的发展是一部跨越时空的创新史诗。虽然"机器人"这个词直到1920年才由捷克作家卡雷尔·恰佩克在戏剧《罗萨姆的万能机器人》中首次提出,但人类对自动机械的探索可以追溯到数千年前。让我们沿着时间脉络,梳理机器人技术从古代到现代的发展轨迹。

1. 古代自动机械:人类智慧的早期结晶

人类对自动机械的探索最早可追溯至公元前 2700 年的中国黄帝时代。据《古今注》记载,黄帝为破解蚩尤布下的迷雾,发明了指南车——这是一种利用齿轮系统保持方向恒定的装置(如图 8-11 所示),堪称最早的导航机器人。三国时期诸葛亮发明的"木牛流马"则是最早的陆地运输机器人(如图 8-12 所示),用于军需物资运输。这些精妙的发明虽然未能传承至今,却展现了古代中国惊人的机械设计智慧。

图 8-11　指南车模型

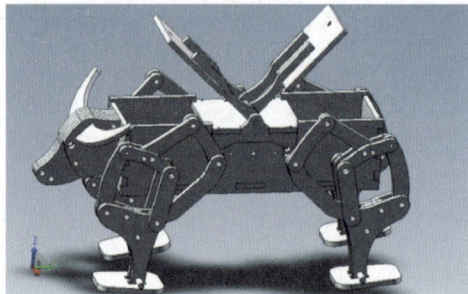

图 8-12　"木牛流马"模型

在西方科技史上,古希腊人发明了以水力、空气和蒸汽为动力的自动机,能实现开门和发声等简单动作。文艺复兴时期,达·芬奇设计的"机器武士"(如图 8-13 所示),融合了解剖学知识,能完成坐立和手臂转动等动作。18 世纪,瑞士钟表匠雅奎特-德罗兹父子制造的"写字机器人""绘图机器人"和"演奏机器人"三个自动玩偶,如图 8-14 所示,实现了简单的编程功能——通过更换齿轮组合就能改变书写内容,这些作品现存于瑞士博物馆,被视为现代计算机的雏形。

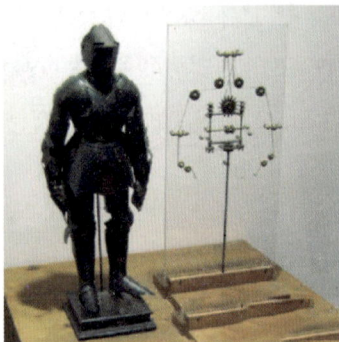

图 8-13　"机器武士"

图 8-14　三个自动玩偶

2．机器时代：工业革命的机械革新

18 世纪 60 年代开始的工业革命标志着人类进入机器时代。1801 年，法国发明家雅卡尔发明的穿孔卡片控制织机，如图 8-15 所示，实现了纺织业的自动化生产；1822 年，巴贝奇设计的差分机则开创了可编程计算的先河，如图 8-16 所示。这些机械装置虽然不具备现代意义上的"智能"，但为机器人技术奠定了机械设计和自动控制的基础。

图 8-15　雅卡尔发明的自动织机

图 8-16　差分机

3．现代机器人：三代演进的技术跨越

现代机器人技术真正起步于 20 世纪中期，至今已发展出三代产品。

第一代（遥控操作机器人）：需要人类持续控制，代表产品如 1947 年美国开发的遥控机械手，用于处理放射性物质。

第二代（程序控制机器人）：1954 年，乔治·德沃尔发明了世界上第一台可编程机器人，1962 年，Unimation 公司的 Unimate 液压驱动机器人问世，如图 8-17 所示，标志着工业机器人的诞生。这类机器人能按照预设程序重复执行特定任务。

第三代（智能机器人）：配备传感器和人工智能系统，能自主感知和决策。1968 年，斯坦福大学的 Shakey 机器人，如图 8-18 所示，是世界上第一台智能机器人，具备环境建模和路径规划能力。日本本田公司的 ASIMO 人形机器人（2000 年推出）能识别面孔、理解语音并完成复杂动作，代表了这一阶段的最高水平。

4．机器人的繁荣：机器人技术的全球化发展

日本在机器人产业化方面走在前列。1967 年引进美国技术后，仅用 10 年就实现了机器人量产，1980 年被称为"机器人普及元年"。索尼公司于 1999 年推出的 AIBO 机器狗开创了服务机器人娱乐化的先河。

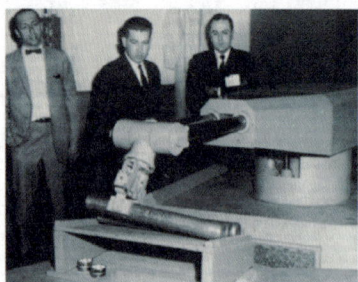

图 8-17　世界上最早的机器人 Unimate

图 8-18　移动式机器人 Shakey

中国自 1986 年"七五"计划将机器人列入攻关课题后,发展迅速。国防科技大学于 1990 年研制成功多关节机器人,2000 年推出的"先行者"仿人机器人,如图 8-19 所示,标志着技术突破。北京理工大学从 2000 年开始研制"汇童"系列仿人机器人,2011 年 5 月研制的第五代"汇童"在高速运动物体识别、灵巧动作控制、全身协调自主反应等方面取得重大技术突破,对打乒乓球最高达 200 余回合,如图 8-20 所示。

图 8-19　仿人机器人"先行者"

图 8-20　第五代"汇童"仿人机器人

近年来,人形机器人技术取得了显著进展。2021 年,美国的特斯拉公司发布人形机器人计划。2022 年 9 月,人形机器人 Optimus 正式亮相,如图 8-21 所示,从最初的物品分类到 2023 年 12 月实现更为灵活的行走和精细化动作,展示了人形机器人产业化的发展潜力。

国内人形机器人技术发展迅猛,涌现出多个具有代表性的产品:深圳优必选的"Walker X"作为全尺寸人形机器人,能完成上楼梯、下象棋等复杂动作,展现了我国在人形机器人领域的尖端技术;乐聚机器人推出的"夸父"系列搭载自研关节电机与运动控制算法,能够完成一些人类精细工作,如图 8-22

所示；宇树科技的"Unitree H1"人形机器人凭借轻量化机械结构与动态平衡控制技术,实现了奔跑和跳跃能力,2025 年更是在央视春晚表演"扭秧歌",展示了其在动态环境下的精准运动控制,如图 8-23 所示。这些产品共同展现了我国在核心零部件国产化、人工智能融合创新上的显著优势。

图 8-21　特斯拉的 Optimus

图 8-22　乐聚的夸父

(a) 扭秧歌

(b) 奔跑与跳跃

图 8-23　宇树科技的人形机器人

从古代的自动机械装置到现代的智能机器人,机器人技术的发展历程展示了人类对自动化和智能化的不懈追求。随着技术的不断进步,机器人将在更多领域发挥重要作用,为人类的生活和生产带来更多的便利和变革。

8.3.3　机器人的结构与分类

1. 机器人的结构

就像人类由骨骼、肌肉和神经系统组成一样,机器人也有自己独特的"身体结构"。机器人通常由 4 大核心部分构成(如图 8-24 所示),它们协同工作使机器人能够完成各种任务。

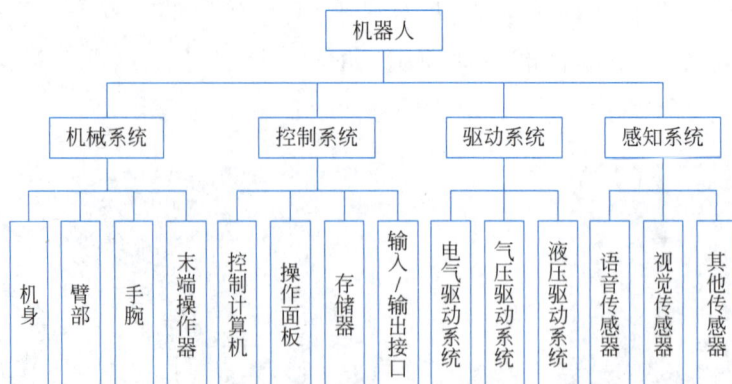

图 8-24　机器人的结构

1）机械系统：机器人的"骨骼与四肢"

机械系统构成了机器人的物理框架，相当于人类的身体结构。它主要包括：机身，作为支撑整个机器人的基础框架；臂部，负责伸展和移动，类似人类的手臂；手腕，连接手臂和末端操作器，提供灵活的转动能力；末端操作器，安装在手腕末端的工具，可以是夹爪、焊枪、喷漆枪等专用工具。

值得注意的是，有些机器人还配备了行走机构（相当于人类的腿）或腰转机构，使其能够灵活移动。机械系统的多自由度设计使机器人能够像人类手臂一样在三维空间中灵活运动。机械系统的作用就是让机器人能够像人一样活动。

2）控制系统：机器人的"大脑"

控制系统是机器人的智能核心，相当于人类的大脑，负责指挥和协调整个机器人的行动。它的主要功能包括解读作业程序指令、处理传感器反馈信息和控制执行机构完成指定任务。

控制系统有两种基本类型：一种是开环控制系统，没有反馈环节，按预设程序执行；另一种是闭环控制系统，有反馈环节，能根据实际情况调整动作。控制系统的作用就是指挥机器人完成任务。

3）驱动系统：机器人的"肌肉"

驱动系统为机械系统提供动力，使机器人能够完成各种动作。根据动力来源不同，主要分为三类：第一类是电气驱动系统，最常用的驱动方式，使用步进电机、直流伺服电机或交流伺服电机，结构简单紧凑；第二类是液压驱动系统,适合重载作业,运动平稳,负载能力强,但系统复杂,维护困难;第三类是气压驱动系统,主要用于手爪开合,结构简单,动作快速,价格低廉,但抓取力较小。

虽然大型机器人可能采用电气或液压驱动,但精细的手部动作通常由气压系统控制,因为其柔顺性可以防止用力过大损坏物体。

4)感知系统:机器人的"五官"

感知系统相当于机器人的感觉器官,使机器人能够"感知"周围环境和自身状态。它由各种传感器组成,可分为两大类:一类是内部传感器,监测关节位置、速度等内部状态,为控制系统提供反馈信息;另一是外部传感器,检测环境信息(如距离、接触情况等),帮助机器人识别和适应环境。

这些传感器共同工作,使机器人能够灵活应对各种情况,就像人类的眼睛、耳朵、皮肤等感官让我们感知世界一样。

这 4 大系统协同工作,构成了一个完整的机器人系统,使机器人能够像人类一样感知环境、思考决策并执行任务。

2. 机器人的分类

机器人就像人类社会的"多面手",根据不同的工作环境和任务需求,主要可以分为工业机器人、服务机器人和特种机器人三大类。每一类机器人都有其独特的功能和应用场景,正在深刻改变着人们的生产和生活方式。

1)工业机器人:现代制造业的"钢铁工人"

在现代工厂的生产线上,工业机器人已经成为不可或缺的重要角色,它们不知疲倦地完成着焊接、搬运、装配等各种高精度作业,如图 8-25 所示。例如,在汽车制造厂,焊接机器人能够精准地完成车身焊接,其效率和质量远超人工;码垛机器人可以 24 小时不间断地将货物整齐堆放,大大提高了物流效率。

这些工业机器人通常具有多个自由度的手臂结构,能够完成复杂的空间运动,同时配备力觉和视觉传感器,确保操作的精确性。随着智能制造的发展,工业机器人正变得越来越智能,能够适应柔性化生产的需求。

2)服务机器人:走进日常生活的"智能助手"

服务机器人是近年来发展最快的机器人类型,它们正在走进千家万户,为人们提供各种便利服务。家庭服务机器人如扫地机器人已经相当普及,它们能够自动规划清洁路线,避开障碍物,甚至会在电量不足时自动返回充电

焊接机器人　　　　搬运机器人　　　　码垛机器人

分拣机器人　　　　喷涂机器人　　　　组装机器人

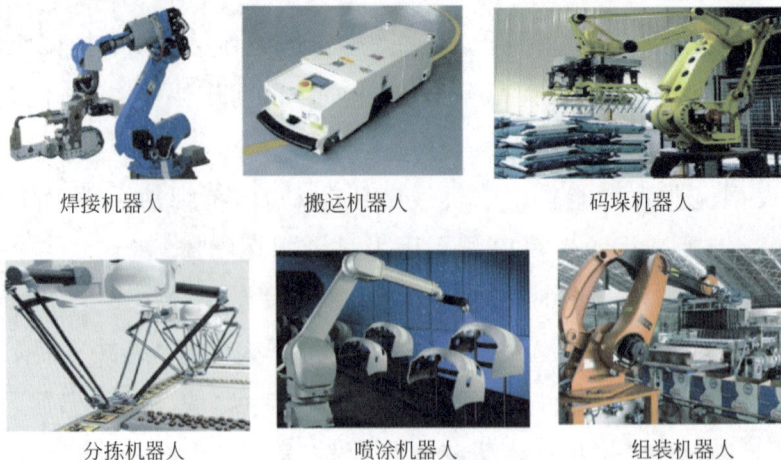

图 8-25　工业机器人

座。在餐饮领域,烹饪机器人(如图 8-26 所示)可以精准控制火候和时间,制作出色香味俱全的菜肴。护理机器人(如图 8-27 所示)则能够帮助行动不便的老人完成日常起居,监测生命体征,还能通过语音交互提供情感陪伴。这些服务机器人通常具备较强的环境感知能力和人机交互功能,让科技服务变得更加人性化。

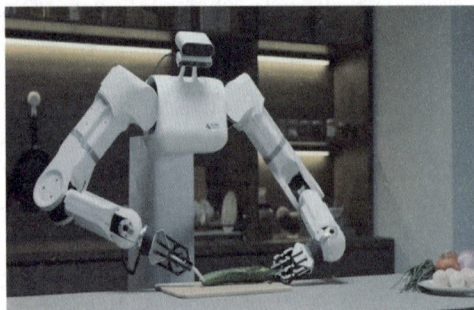

图 8-26　烹饪机器人

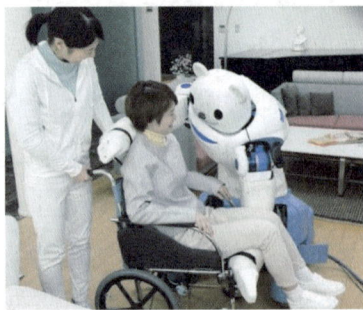

图 8-27　护理机器人

3) 特种机器人:特殊环境中的"超级英雄"

特种机器人是机器人家族中最酷的成员,能够在恶劣或危险环境中代替人类完成复杂任务,广泛应用于医疗、太空、水下和安防等领域。

(1) 医疗机器人。医疗机器人凭借高精度和微创技术,成为现代医学的重要工具。例如,吞服式手术机器人(如图 8-28 所示)可在患者体内自动组装,实现无切口手术,减少患者痛苦。结肠诊疗机器人无须像传统结肠镜那样直接插入体内,通过辅助设备自主在肠道内移动(如图 8-29 所示),对肠壁压力小,可减轻患者痛苦。

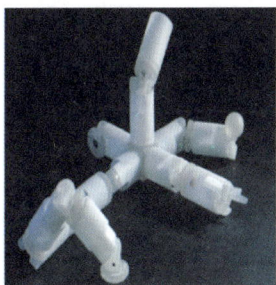

图 8-28　吞服式手术机器人

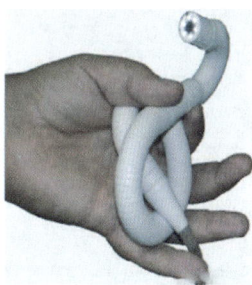

图 8-29　结肠诊疗机器人

（2）太空机器人。太空机器人是人类探索宇宙的得力助手。美国的"好奇号"火星车（如图 8-30 所示）配备了多种科学仪器，能在火星极端环境中执行探测任务。中国的"玉兔号"月球车（如图 8-31 所示）具备爬坡和越障能力，耐受月球表面的极端温度，为月球探测提供了重要数据。

图 8-30　"好奇号"火星车

图 8-31　"玉兔号"月球车

（3）水下机器人。水下机器人帮助人类探索深海奥秘。中国的"蛟龙号"（如图 8-32 所示）创造了载人深潜 7062m 的纪录，是深海资源勘探和科学研究的重要工具。

（4）安防机器人。安防机器人能在危险环境中执行救援任务。例如，美国的消防机器人 FFR-1（如图 8-33 所示）可在高温环境下工作，跨越障碍并采集现场数据，保障救援人员的安全。

图 8-32　"蛟龙号"水下机器人

图 8-33　消防机器人

8.4　具身智能的典型应用

具身智能凭借其独特的技术优势,在多个领域得到了广泛应用,深刻地改变着人们的生活和工作方式。以下将从教育与娱乐、自动驾驶、康复治疗三个方面,结合近几年国内外的代表性成果,详细介绍具身智能的应用。

8.4.1　教育与娱乐

1. 教育领域的"变形金刚"

具身智能正在重新定义"课堂"的概念。深圳大学体育学院联合深圳市悦动圈科技公司成功研发出 AI 运动测评系统(如图 8-34 所示),并引入高校体育教学中。该系统目前已在乒乓球和高尔夫项目中得到应用,为学生提供了更加个性化、科学化的训练方案。

斯坦福大学开发的"虚拟化学实验室"通过 VR 设备让学生在虚拟环境中进行化学实验。学生们可以自由调配试剂、观察化学反应,甚至在虚拟环境中进行危险实验,而不用担心安全问题。这种技术不仅节省了实验成本,还让实验教学更加灵活和高效。

更令人惊喜的是 VR 实验室里的"分子料理课",如图 8-35 所示。学生们戴上 VR 头盔后,眼前会出现一个会说话的 AI 厨师——它不仅能指导如何调配试剂,还会用机械臂亲自演示实验步骤。当学生操作失误导致"虚拟爆炸"时,AI 会幽默地说:"看来我们需要重新计算分子比例啦!"

图 8-34　AI 运动测评系统

图 8-35　虚拟仿真化学实验

情感计算是具身智能在特殊教育中的重要应用。例如，美国的"RoboKind"机器人通过面部表情识别和情感分析技术，帮助自闭症儿童更好地理解和表达情感。这些机器人可以根据孩子的反应调整互动方式，提供个性化的支持和引导。

在南京的特殊教育学校，自闭症儿童小雨第一次主动拉起了 AI 伙伴"星宝"的手。这款搭载情感计算系统的机器人能通过微表情识别孩子的情绪变化，当小雨焦虑时，它会播放舒缓的海洋白噪声并轻轻摇晃身体。经过半年互动，小雨的语言表达能力提升了 60%。

2. 游戏世界的"灵魂伴侣"

游戏行业正迎来具身智能革命，腾讯、网易和米哈游这三家中国游戏巨头可以说是冲在最前面的。米哈游最新推出的开放世界游戏中，非玩家角色（Non-Player Character，NPC）不再只会机械地重复台词。当玩家帮助 NPC 角色找回丢失的宠物狗时，它会记住玩家的善举，并在后续剧情中主动赠送珍稀道具。这种"有记忆的情感交互"让游戏体验变得像现实交友一样真实。

美国的 Epic Games 开发的"虚幻引擎 5"支持更高级的 AI 驱动角色行为，让 NPC 能够根据环境变化和玩家行为做出实时反应。这种技术不仅提升了游戏的沉浸感，还为游戏开发者提供了更强大的工具来创造逼真的虚拟世界。

西山居的机甲游戏《解限机》是 2025 年全球游戏圈最受期待的国产游戏之一，其在游戏平台 Steam 已登上全球游戏愿望单最高第 4 名，在国产游戏中更是位列第一。《解限机》的 NPC 具备更智能的交互能力，能根据玩家行为做出更自然的反应，为玩家带来全新沉浸感。例如，当玩家在游戏中与 NPC 建立深厚的关系后，NPC 会在战斗中主动支援玩家，甚至在关键时刻牺牲自己保护玩家。

8.4.2　自动驾驶

1. 城市交通的"围棋高手"

Waymo 是 Google 旗下的自动驾驶公司，其无人驾驶出租车已经在亚利桑那州凤凰城进行了多年的测试。Waymo 的车辆不仅能识别复杂的交通环境，还能通过机器学习算法不断优化驾驶策略，使得自动驾驶的安全性和效率得到了显著提升。

　　上海张江的自动驾驶示范区里,百度 Apollo 无人车正在上演"现实版《头号玩家》"。这些车辆不仅能识别红绿灯,还能预判突然横穿马路的行人。研发人员透露:"我们的系统就像围棋高手,能同时计算 18 步可能的走位。"最厉害的是遇到道路施工时,车队会自动组成"贪吃蛇"队形灵活绕行。

2. 城乡物流的"科技驼队"

　　2019 年,亚马逊的 Scout 无人配送车已经在多个城市进行了测试,这些小车能够在社区内自主导航,完成"最后一千米"的配送任务,如图 8-36 所示。Scout 不仅能识别行人和其他障碍物,还能通过机器学习算法优化配送路线,提高配送效率。

　　京东物流推出无人机配送服务,为果农和商户提供更快捷的运输解决方案,如图 8-37 所示。在陕西某樱桃产区,一架物流无人机装载着新鲜采摘的山地樱桃腾空而起,沿 7.8 千米的低空航线快速飞行,仅用 10 分钟便抵达京东快递纺织城营业部。相比传统陆运,无人机配送大幅缩短了运输时间,确保樱桃以最新鲜的状态送达消费者手中。京东快递员表示:"以前从果园到营业部至少要 1 小时,现在无人机直飞只要 10 分钟,当天就能把樱桃送到西安客户家里,不仅速度快,还能减少运输过程中的损耗,果农和消费者都受益。"

图 8-36　Scout 无人配送车

图 8-37　京东无人机配送

3. 共享出行的"社交达人"

　　美国网约车平台 Uber 的无人驾驶出租车项目在多个城市进行了测试,其车辆配备了先进的传感器和 AI 系统,能够实时分析乘客的情绪和需求,提供个性化的服务。例如,当检测到乘客疲劳时,车辆会自动调整座椅和空调,提供更舒适的乘坐体验。

　　滴滴的无人驾驶出租车藏着暖心彩蛋。当检测到乘客心情低落时,车载

AI 会播放定制歌单,甚至主动聊天:"检测到你喜欢周杰伦,要听《稻香》治愈一下吗?"这种"察言观色"的能力来自车载摄像头和麦克风的多模态感知技术。

8.4.3 康复医疗

1. 医院里的"功夫熊猫"

瑞士的 Hocoma 公司开发的 Lokomat 康复机器人已经在全球范围内广泛应用于中风和脊髓损伤患者的康复治疗,如图 8-38 所示。Lokomat 不仅能精确控制患者的步态,还能通过虚拟现实技术提供游戏化的康复训练,极大地提高患者的康复积极性和效果。

上海傅利叶智能的康复机器人 GR-1 正在帮助中风患者做复健。这个重 55kg 的"钢铁侠"能精确控制力度,当患者手臂无力时自动增加辅助力量。最让患者惊喜的是它的游戏化设计——做康复训练就像玩体感游戏,屏幕上的熊猫会随着动作进度解锁新技能,如图 8-39 所示。

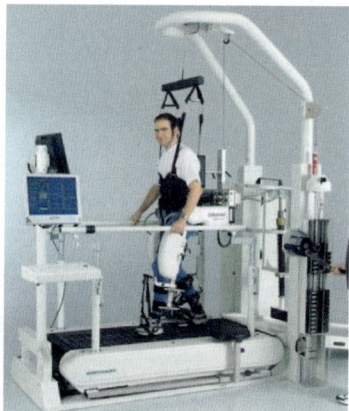

图 8-38　Lokomat 康复机器人

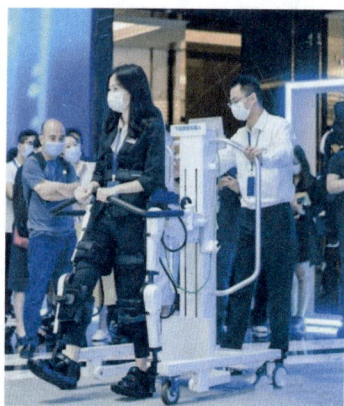

图 8-39　傅利叶智能的康复机器人

2. 家庭中的"私人教练"

日本的 PARO 治疗机器人是一款专为老年人和精神疾病患者设计的治疗机器人,如图 8-40 所示。它的外形像一只可爱的海豹,能够通过互动和触摸感知患者的情感状态,提供情感支持和陪伴,帮助患者缓解焦虑和抑郁。

深圳某养老院的张奶奶有了新伙伴——小米 CyberDog2,如图 8-41 所示。这只机器狗不仅能搀扶老人行走,还会通过 AI 分析步态数据,生成个性化训练方案。张奶奶笑着说："它比我家那个只会催我吃药的电子闹钟贴心多了!"

图 8-40　PARO 治疗机器人

图 8-41　小米 CyberDog2

正如科幻作家阿西莫夫预言的那样:"未来不是机器像人一样思考,而是人像机器一样高效,同时保留人性的光辉。"在这个 AI 与人类共舞的时代,具身智能正在书写最动人的篇章。希望这些真实的案例和前沿的技术能让读者对具身智能有一个更加全面和深入的了解,也期待读者在未来的学习和生活中,能够积极探索和应用这些前沿技术。

小　结

大模型和具身智能,就像是人工智能世界里的"梦幻组合",正在开启一个充满奇迹的未来! 大模型有着超厉害的"读心术",它能轻松读懂你的文字,不管是复杂的学术论文还是搞笑的段子,都能秒懂,还能帮你写出超酷的作文、搞定编程难题,甚至在智能翻译里瞬间跨越语言障碍,让你和世界无障碍交流。而具身智能则像是给 AI 装上了"超能力装备",让机器人不仅能看、能听,还能像人类一样灵活地动手动脚,它们可以穿梭在狭窄的街道送快递,或者在厨房里熟练地切菜、煮饭,甚至在危险的灾难现场代替我们去救援。现在,科学家们正在努力让大模型变得更聪明、更高效,同时让具身智能的"身体"更加强壮、感官更加敏锐。未来,它们可能会成为你的贴心生活管家,陪你去星际探险,甚至在你需要的时候,成为守护你健康的超级助手。人工智能的世界,正变得越来越酷炫,无限可能正在向我们招手!

习　　题

1. 简述大模型的概念,并介绍你熟悉的大模型产品。

2. 简述人工智能与大模型的关系。

3. 简述智能体和具身智能的概念,并结合身边例子分析二者之间的关系。

4. 列举具身智能的关键技术。

5. 简述国际标准化组织(ISO)对机器人的定义。

6. 简述机器人的结构及各部分的作用。

第 9 章

综合实践项目

当前,人工智能正重塑千行百业:从智能制造到智慧医疗,从自动驾驶到金融科技,AI 已不仅是实验室里的算法,更是直接决定生产效率和商业模式的关键力量。在这一背景下,开发者要跨越从理论到实践及应用落地的鸿沟,必须同时握稳两把钥匙:一是像百度飞桨这样国产化、产业级的 AI 框架,为算法(即解决问题的方法或步骤)装上高性能的"大脑",实现模型训练到部署;二是像 OpenCV 这样久经沙场的计算机视觉技术工具,为系统点亮实时处理图像与视频的"眼睛"。

本章将沿着"框架→工具→实战"的逻辑展开:先全景介绍飞桨的核心能力与典型应用案例,再介绍 OpenCV 的基础操作与行业应用,最终通过一个"基于飞桨＋OpenCV 的道路识别"综合项目,可以让读者利用这两把钥匙实现端到端的解决方案,体验从理论到实践的过程。

9.1 百度飞桨(PaddlePaddle)——国产 AI 框架介绍

百度飞桨(PaddlePaddle)是主流 AI 框架中一款完全国产化的产品,是中国首个自主研发、功能完备的开源深度学习平台,由百度公司开发和维护,与 Google TensorFlow、Facebook PyTorch 齐名,由百度公司于 2016 年正式开源。其平台的主页界面如图 9-1 所示。

PaddlePaddle(百度飞桨,后面简称"飞桨")是一个当前深度学习主流开发框架,被应用于百度内部的产品开发和各领域的科学研究。其前身是百度于 2013 年自主研发的易用、高效、灵活、可扩展的深度学习平台,可以认为是一个在工业应用优而开源的深度学习框架典范。该框架于 2016 年 9 月 27 日正式开源到 GitHub,目前在国内工业界有较高的应用程度。国际数据公司(International Data Corporation,IDC)发布的 2021 年上半年深度学习框架平

图 9-1　百度飞桨主页界面

台市场份额报告显示，飞桨已经跃居中国深度学习平台市场综合份额第一，它汇聚的开发者数量达 370 万，服务了 14 万企事业单位，产生了 42.5 万个模型。

Paddle 是并行分布式深度学习（Parallel Distributed Deep Learning）的缩写。Paddle 的原意是"用桨划动"，所以其 Logo 也是两个划船的开发者。在人工智能这条河流中，PaddlePaddle 这艘快船引领了我国在复杂软件领域拥有完全自主知识产权的赛道。PaddlePaddle 以迅捷的速度不断迭代框架本身，在充分考虑了软件运行性能、底层算力兼容性、开发者易用性、未来新算子新模式的兼容性等维度基础上，开源至今从 0.10 版本一直迭代到 2.1 版本。在数次的迭代中 PaddlePaddle 提供从数据预处理到模型部署在内的深度学习全流程的底层能力支持，不断完善官方验证的最新模型，随着 Python 版本的迭代也不断适配新版本 Python 语言。在算力方面 PaddlePaddle 支持服务端 CPU、服务端 GPU、FPGA 和多种 AI 加速芯片。

飞桨源于产业实践，始终致力于与产业深入融合，与合作伙伴一起帮助越来越多的行业完成 AI 赋能。在新冠疫情期间，飞桨积极投入各类疫情防护模型的开发，开源了业界首个口罩人脸检测及分类模型，辅助各部门进行疫情防护，通过科技让工作变得更加高效。目前，飞桨已广泛应用于医疗、金融、工业、农业、服务业等领域。

9.1.1　飞桨 AI 框架概述

飞桨 AI 框架基于编程一致的深度学习计算抽象以及对应的前后端设计,拥有易学易用的前端编程界面和统一高效的内部核心架构,对普通开发者而言更容易上手,并具备领先的训练性能。简单来说,就是飞桨把复杂的深度学习变成了"搭积木":写代码时就像拼乐高一样简单,飞桨却有一套统一又高效的发动机在飞速运转,让普通开发者也能轻松上手。

飞桨以百度公司多年的深度学习技术研究和业务应用为基础,集深度学习核心框架、基础模型库、端到端开发套件、工具组件和服务平台于一体,为用户提供多样化的配套服务产品,助力深度学习技术的应用落地,如图 9-2 所示。飞桨支持本地和云端两种开发和部署模式,用户可以根据业务需求灵活选择。

在如图 9-2 所示的概况图中,上半部分是从开发、训练到部署的全流程工具,下半部分是预训练模型、各领域的开发套件和模型库等模型资源。

飞桨采用创新的"动静统一"编程范式,既支持动态图模式的灵活调试,又具备静态图模式的高效部署能力。其核心架构分为三个层次:最底层是高性能的核心框架,提供基础的张量计算和自动微分功能;中间层包含丰富的工具组件,如模型压缩工具 PaddleSlim、分布式训练框架 Fleet 等;最上层则是覆盖主流 AI 应用场景的模型库,包含超过 400 个经过产业验证的预训练模型。

在技术特性方面,飞桨具有三大突出优势:首先是针对中文 NLP 任务的深度优化,其语义表示模型 ERNIE 在多项中文理解任务上超越国际同类模型;其次是卓越的产业级性能,在分布式训练效率上比主流框架提升 20% 以上;第三是完善的国产化支持,对华为昇腾、寒武纪等国产芯片的适配程度领先国际框架。简而言之,就是飞桨的中文母语级理解能力让 AI 读中文比国外模型更懂行;飞桨 AI 框架多机并行时,比常见框架的运行速试更快,节省时间;飞桨 AI 框架支持国产芯片即插即用,例如,华为昇腾、寒武纪等插上以后就能运行程序,不怕"卡脖子"。

飞桨的创新性还体现在其独创的"四象"编程范式上:面向产业应用的产业级模型库、面向科研的学术模型库、面向教育的教学案例库,以及面向开发者的工具组件库。这种全方位的设计理念,使得飞桨既能满足学术研究的前沿需求,又能适应产业落地的工程约束。

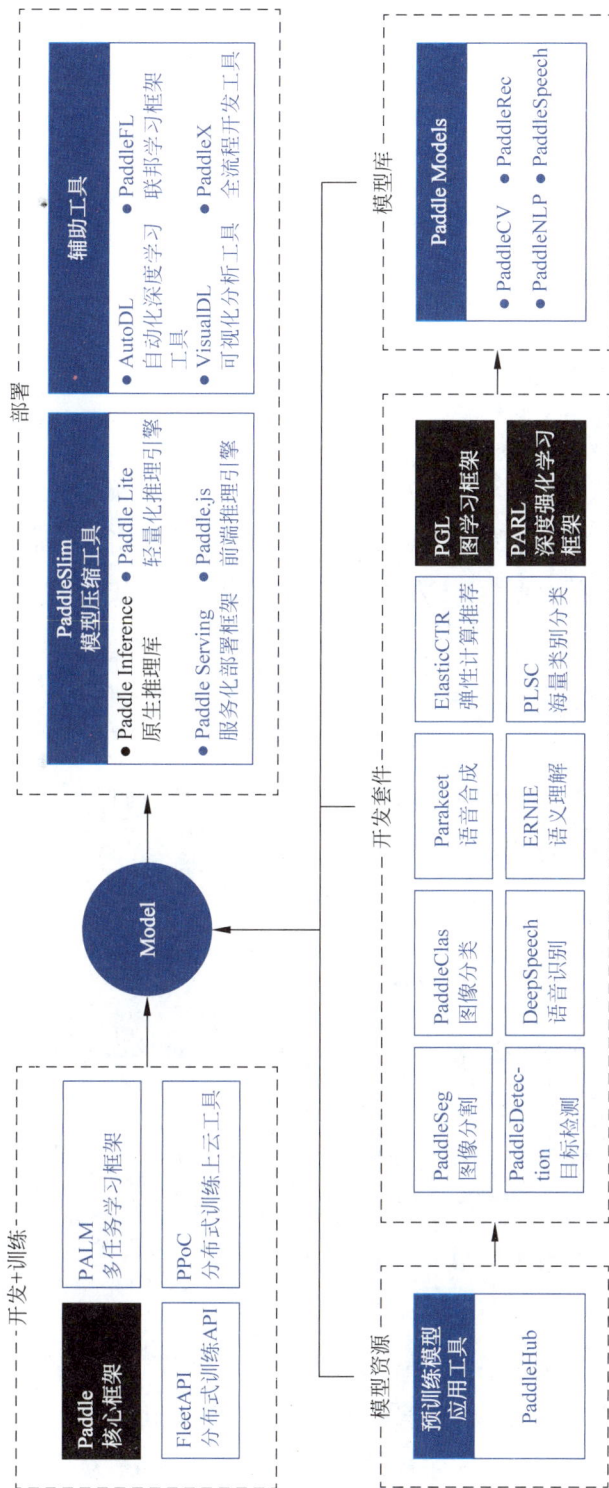

图 9-2 飞桨平台全景概况图

目前,飞桨已服务超过 400 万开发者,在工业质检、智慧城市、金融风控等 20 多个行业落地应用。其开源的模型库覆盖计算机视觉、自然语言处理、语音识别、推荐系统等多个领域,特别是在处理中文语义理解、小样本学习等中国特色 AI 需求时展现出独特优势。飞桨的持续演进,正在推动中国 AI 技术从"跟跑"向"并跑"乃至"领跑"转变。

有关 PaddlePaddle 的更多介绍,可参见其中文官方网站 https://www.paddlepaddle.org.cn/。

9.1.2 飞桨 AI 框架的基本功能

PaddleX 是飞桨提供的全流程开发工具,集飞桨核心框架、模型库、工具及组件等深度学习开发所需全部能力于一身,打通深度学习开发全流程。PaddleX 同时提供简明易懂的 Python API 及一键下载安装的图形化开发客户端。用户可根据实际生产需求选择相应的开发方式,获得飞桨全流程开发的最佳体验。

1. 飞桨 AI 框架的核心功能模块

1) 开发套件

包含 PaddleCV、PaddleNLP 等领域的算法库,支持通过高层 API 快速实现图像分类、目标检测等任务。

2) 产业级工具

如自动化模型压缩工具 PaddleSlim,可将模型体积压缩 80% 以上。

3) 部署工具链

包括服务化推理框架 Paddle Serving 和轻量化推理引擎 Paddle Lite。

4) 分布式训练

支持千卡并行训练和混合精度计算,对国产芯片(华昇腾、寒武纪等)的深度适配。

2. 飞桨 AI 框架的基本功能

1) 深度学习框架

飞桨提供了易学易用的前端编程界面和统一高效的内部核心架构,支持命令式和声明式两种编程范式,并具备深度学习自动化技术。飞桨框架提供了核心的深度学习功能,包括各种神经网络层、激活函数、损失函数和优化器等,使得开发者可以方便地构建和训练复杂的深度学习模型。

2）模型库

飞桨内置了多种预训练模型，涵盖了计算机视觉、自然语言处理等多个领域，如图 9-3 所示。这些模型可以直接用于实际任务，或者作为基础模型进行微调。

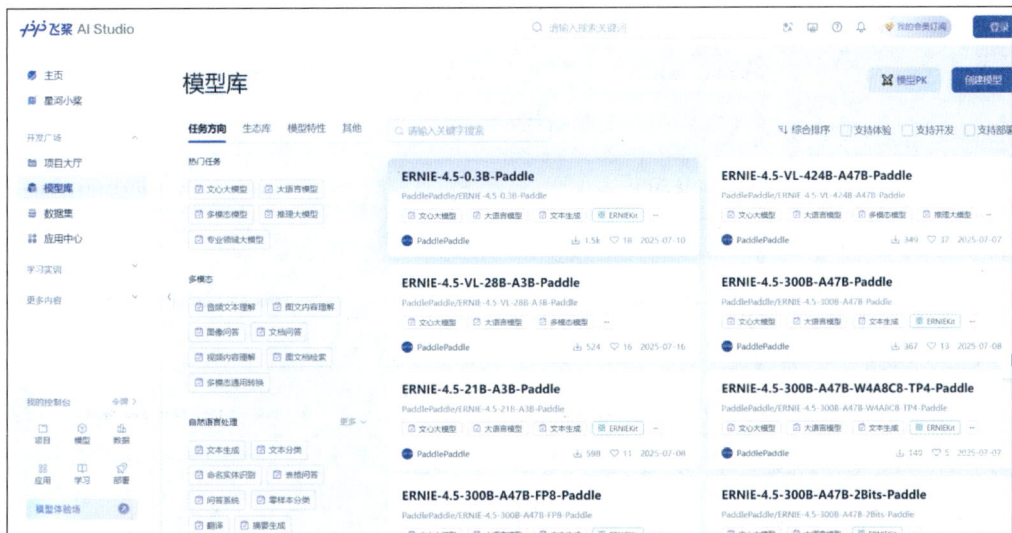

图 9-3 飞桨 AI 模型库

3）高性能推理引擎

飞桨服务器端推理库 PaddleInference 提供了高性能的模型推理能力，支持用户快速实现模型的高吞吐、低时延部署。

4）多端多平台部署

飞桨对推理部署提供全方位支持，可以将模型便捷地部署到云端、边缘端和设备端等不同平台上，为各类在线 AI 服务提供强大的后端支持，如语音识别、图像处理等。

5）产业级开源模型库

飞桨建设了大规模官方模型库，算法总数超过 700 个，包含领先的预训练模型、深度学习开发者经过产业实践长期打磨的主流模型以及在国际竞赛中的夺冠模型。飞桨平台包含丰富的产业级开源模型库，涵盖了自然语言处理、计算机视觉等多个领域。

6）生态构建

围绕飞桨的开放生态，未来将有更多第三方服务和工具加入，为用户提供更全面的支持。生态库已有的相关信息如图 9-4 所示。

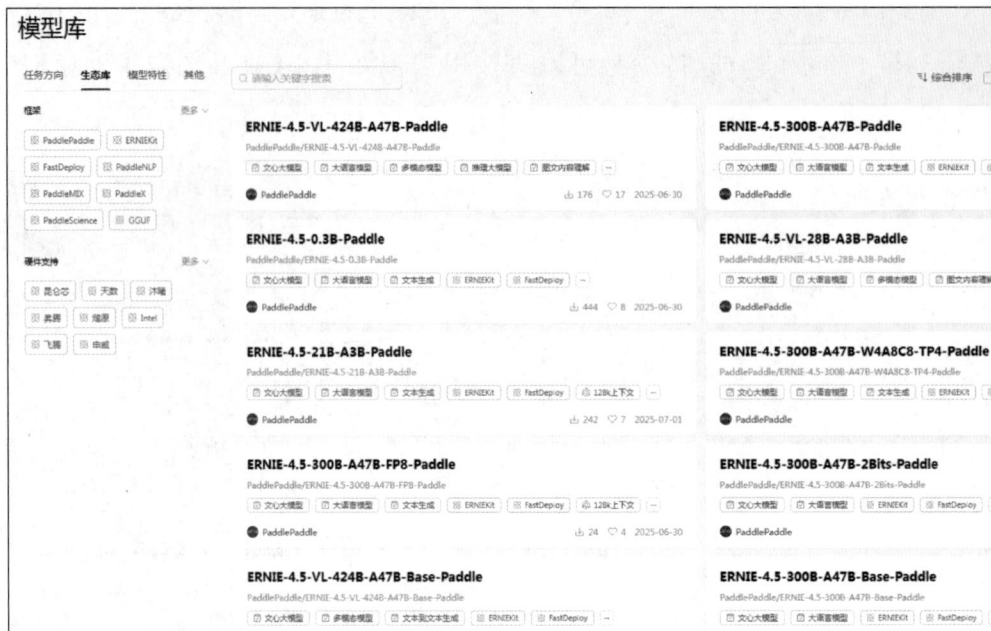

图 9-4   飞桨 AI 生态库

7）企业应用

适用于企业内部的数据分析与管理，能够加速数据处理和模型部署的速度，提升企业运营效率。

8）教育和研究

飞桨还提供了丰富的教学资源和研究工具，支持高校和科研机构的教学和科研工作。

以上就是百度飞桨的基本功能，这些功能使得飞桨成为一个强大且灵活的深度学习平台，能够满足不同场景下的需求。

9.1.3   飞桨 AI 框架的应用案例

1. AI 口罩检测系统

2020 年 3 月，在新型冠状病毒感染疫情影响下，全国人民陆续复工返岗，公共交通防疫战持续升级，各交通枢纽采取有力的防疫措施，全力保障市民出行。

为助力北京地铁做好地铁站内的防疫工作，百度与北京地铁合作开展了 AI 口罩检测的系统开发。该系统可在地铁站实时视频流中，准确地对未戴口罩以及错误佩戴口罩的情况进行识别和检测,辅助一线地铁工作人员进行防疫工作,如图 9-5 所示。

图 9-5　飞桨 AI 口罩检测系统

2. 基于 CT 影像的肺炎筛查与病情预评估 AI 系统

CT 影像已成为新型冠状病毒感染筛查和病情诊疗的重要依据。在疫情诊疗的关键时期,存量患者和新增患者总体数量庞大,医生需要对患者不同进展期的多次 CT 影像检查进行随访对比,以对患者的病情发展和治疗效果进行精准评估。如果采用传统目测检视的医学影像检查手段,医生不仅工作量巨大,也难以对患者病情做到精准评估和及时对比。在全社会抗击疫情医疗资源紧张、医生超负荷工作的情况下,超量的 CT 影像检查无疑会对一线抗疫工作形成巨大的医疗资源需求挑战,并影响患者的诊疗速度。而基于 AI 技术打造的 CT 影像肺炎筛查与病情预评估系统的上线,能有效帮助临床医生缓解工作压力,加快患者诊疗速度,为缓解医疗资源不足提供助力。

2020 年 2 月 28 日,连心医疗基于百度飞桨平台开发上线"基于 CT 影像的肺炎筛查与病情预评估 AI 系统",已在湖南郴州湘南学院附属医院投入使用。如图 9-6 所示,该系统基于连心医疗在医学影像领域积累的核心 AI 技术,结合飞桨开源框架和视觉领域技术领先的 PaddleSeg 开发套件研发,可快速检测识别肺炎病灶,为病情诊断提供病灶的数量、体积、肺部占比等定量评估信息。

3. 水田导航线 AI 自动检测系统

水稻是我国三大主粮之一。水稻田的田间管理复杂、重复度高(如打药、锄草等)且工作极其繁重,给从业人员造成了极大的负担。由于水稻是按列

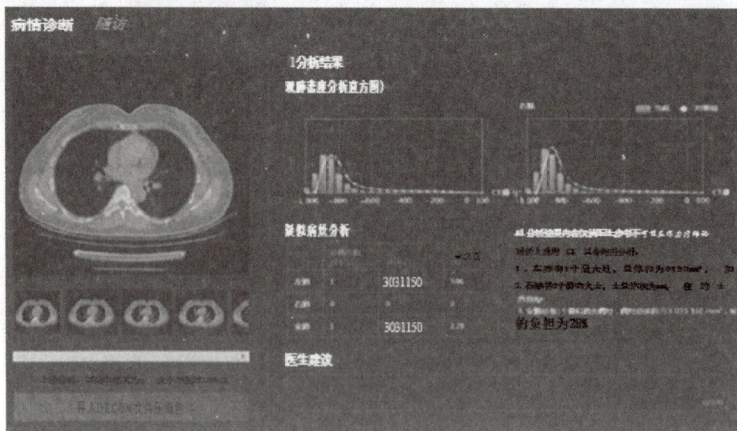

图 9-6　基于 CT 影像的肺炎筛查及病情预评估 AI 系统

种植的,列与列之间近似平行,因此,实现农机视觉自动导航的基础在于实时准确地检测出秧苗列中心线。虽然使用传统图像处理算法也能够提取到秧苗列的中心线,但是自然光照下的水田为非结构化环境,不同天气不同时段图像亮度的差异、水田里夹杂浮萍蓝藻等与秧苗特征相似的植物、偶发缺苗和反光等干扰因素使传统算法的鲁棒性面临极大的挑战,难以保证精准度。

　　为解决这一难题,苏州博田技术人员综合分析稻田图像特点,基于百度飞桨深度学习平台研发了水田导航线自动检测系统,可以根据水稻秧苗的种植情况实时调整航向,避免压苗等情况出现,从而更好地保养和管理水稻秧苗,让"节省人力的同时大幅提高农作物产量"的梦想成为现实。如图 9-7 所示,该系统应用飞桨图像分割开发套件 PaddleSeg 中的 ICNet 模型将秧苗按列从背景中分割出来,并以此为基础实现了秧苗列中心线的精准提取。利用 PaddleSeg,苏州博田农业机器人已经拥有排除干扰精确地将秧苗从背景中分割出来、提取外轮廓和原图特征点、准确提取到中间 4~5 列秧苗中心线的能力,为实现农机视觉导航打下了坚实的基础。自动检测系统配上 GPS,苏州博田农业机器人已经实现从出库到入库全程自动导航的无人化作业,大大减少了人力物力的投入,为农民的耕作效率、健康等提供了保障。

4. 无人车自动驾驶

　　随着我国汽车大量增加,城市道路通行效率低、交通事故频发,自动驾驶被认为是解决上述问题的重要途径。现有的自动驾驶技术多以高级辅助驾驶系统的形式出现,主要目的是减少交通事故的数量和严重性,避免注意力分

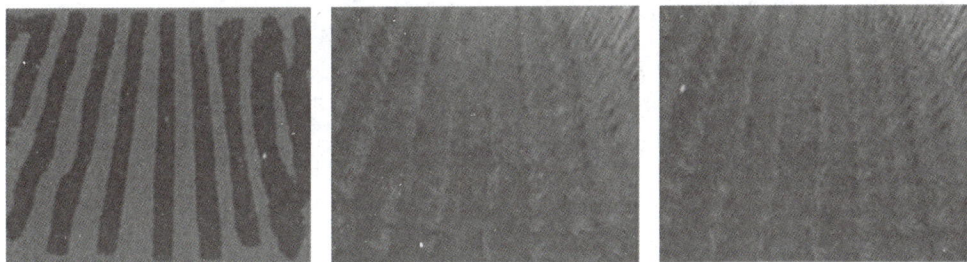

图 9-7　基于 PaddleSeg 提取秧苗中心线

散、疲劳驾驶等人为因素造成的错误。近年来,伴随着机器学习的发展,特别是深度学习技术的再度崛起,自动驾驶在工业界和学术界都吸引了大量的研究。

2021 年 8 月 18 日,在百度世界大会上,基于百度飞桨深度学习平台开发的 Apollo 推出了无人车出行服务平台"萝卜快跑"品牌。如图 9-8 所示,通过"萝卜快跑",打车用户能够乘坐具备汽车机器人雏形的百度 Apollo 无人车。百度 Apollo 与江铃汽车共同打造了 L4 级自动驾驶轻客车队,于昌九高速实现 3 车 60km/h 编队自动驾驶。它综合了 Apollo 领先的 L4 编队自动驾驶能力和江铃扎实的整车设计,实现高速行驶下保持 0.5～1s 车间距的国际领先水平;灵活应对特殊车辆避让、交通管制、异常天气等高速场景,实现了 L4 高速编队自动驾驶从 0 到 1 的突破,刷新了自动驾驶与车路协同融合的纪录。百度还推出了 Apollo L4 级量产园区自动驾驶解决方案,携手新石器共同打造全球领先 L4 级量产自动驾驶无人作业机器人汽车。在新石器提供的整车设计、研发和量产下线等基础上,百度自主研发适配零售、安防、配送等多款车型的自动驾驶解决方案,实现封闭园区、景区内的 L4 级自动驾驶,为新石器小车 AI 赋能。

图 9-8　"萝卜快跑"无人车

另外,飞桨在武汉已赋能 229 家企业,助力它们在能源管理和低空经济等领域实现 AI 产品的落地应用。例如,易睿德公司通过飞桨构建的负荷预测模型,使电力负荷预测准确率从 50% 提升至 86%;普宙科技则利用飞桨构建了覆盖多个场景的"无人值守"监管体系,显著提升了城市管理的效率。

9.2 OpenCV 开源库

OpenCV(Open Source Computer Vision Library)是一个开源的计算机视觉和机器学习软件库,它提供了一系列的工具和算法,用于处理图像和视频数据。OpenCV 使用跨平台的 C++编写,同时也提供了 Python、Java 和 MATLAB 等语言的接口。它的应用范围广泛,从简单的图像处理任务到复杂的机器视觉系统。OpenCV 官网主页如图 9-9 所示。

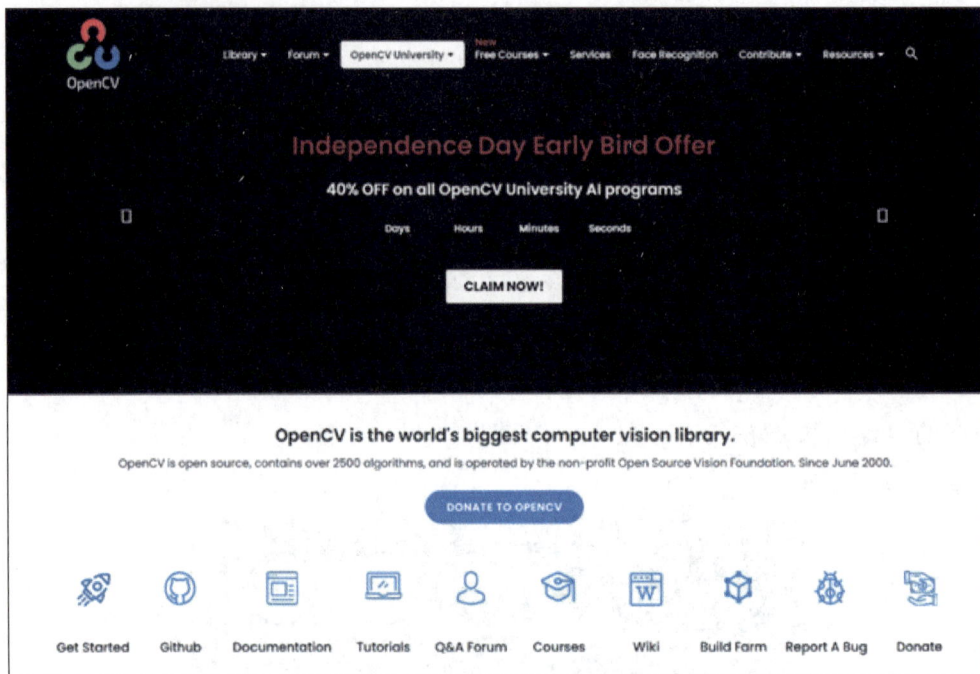

图 9-9 OpenCV 官网主页

9.2.1 OpenCV 简介

OpenCV 是计算机视觉领域最具影响力的开源库之一,由 Intel 于 1999 年发起,现已成为跨平台的计算机视觉开发标准。作为一个包含 2500 多个优化算法的综合性工具包,OpenCV 覆盖从基础的图像处理到高级的机器学习应用。

其发展历程经历了多个重要里程碑:2006 年发布 1.0 正式版,2009 年加入 GPU 加速,2015 年引入 3D 重建模块,2018 年的 4.0 版本显著增强了深度学习支持。OpenCV 采用 C++ 作为核心开发语言,同时提供完整的 Python、Java 等接口,支持 Windows、Linux、Android 和 iOS 等多平台部署。OpenCV 是一款由英特尔公司俄罗斯团队发起并参与和维护的计算机视觉处理开源软件库,支持与计算机视觉和机器学习相关的众多算法,且仍在不断完善和扩展。相较于其他计算机视觉处理工具,OpenCV 的优势包括以下 4 个方面。

1. 支持多种编程语言

OpenCV 基于 C++语言实现,同时提供 Python、Ruby、MATLAB 等语言的接口。OpenCV-Python 是 OpenCV 的 Python API,结合了 OpenCV C++ API 和 Python 语言的最佳特性。

2. 跨平台

OpenCV 可以在 Windows、Linux、macOS、Android 和 iOS 不同的操作系统平台上使用。此外,基于 CUDA 和 OpenCL 的高速 GPU 操作接口也在积极开发中。

3. 拥有活跃的开发团队

OpenCV 的开源许可允许任何人利用 OpenCV 包含的任何组件构建商业产品。在这种自由许可的影响下,项目有着极其庞大的用户社区,社区用户包括一些来自大公司(如 IBM、微软、英特尔、索尼、西门子和 Google 等)的员工以及一些研究机构(如斯坦福大学、麻省理工学院、卡内基·梅隆大学、剑桥大学以及法国国家信息与自动化研究所等)的研究人员。

4. 丰富的应用程序编程接口

OpenCV 的应用程序编程接口包括具有完善的传统计算机视觉算法,涵盖主流的机器学习算法,同时添加了对深度学习的支持。

9.2.2　OpenCV 基础

OpenCV 作为计算机视觉领域的核心工具库,其基础架构采用模块化设计理念,将不同功能的算法封装为独立模块。这种设计既保持了各功能的独立性,又通过统一接口实现模块间的协同工作。最新版本 OpenCV 5.0 在保持传统图像处理优势的同时,重点强化了深度学习模型的部署能力,新增对 ONNX Runtime 和 TensorFlow Lite 等推理引擎的支持,使得 AI 模型在边缘设备的部署更加高效。

简单地说,OpenCV 就像装有多块积木的盒子,每个功能都是一块独立积木,拼在一起就能搭出完整视觉系统。最新版本 OpenCV 5.0 还加了新插槽,能直接装进 ONNX、TensorFlow Lite 等"小引擎",让 AI 在边缘设备上运行速度很快。

1. OpenCV 的安装与配置

对于开发者而言,OpenCV 提供了灵活的安装方式。Python 开发者可以通过 pip 直接安装预编译版本,其中,opencv-python 包含基础功能,而 opencv-contrib-python 则提供额外的扩展功能。C++开发者则需要通过源码编译安装,这种方式虽然过程较为复杂,但可以获得更好的性能优化和定制化功能。

值得注意的是,在 Python 环境中,OpenCV 的 cv2 模块实际上是通过底层 C++代码实现的,这种设计在保证性能的同时,也提供了 Python 语言的易用性。

2. OpenCV 的核心数据结构

Mat 类是 OpenCV 最核心的数据结构,它采用智能指针管理图像内存,实现了高效的内存使用和自动释放。Mat 对象与 NumPy 数组可以无缝转换,这种设计使得 OpenCV 能够充分利用 Python 科学计算生态的优势。在实际使用中,开发者需要理解 Mat 对象包含的维度信息(宽度、高度、通道数)以及不同数据类型的适用场景。

可以把 Mat 想象成一张会自动清理的智能画布,它和 NumPy 数组可以切换使用,只要记得画布的长、宽和颜色格式等信息就可以。

3. OpenCV 的基础操作流程

典型的 OpenCV 图像处理流程遵循"输入—处理—输出"的基本模式。首先通过 imread 函数读取图像文件,生成 Mat 对象;然后经过一系列处理操作,如色彩空间转换、滤波、特征提取等;最后使用 imwrite 保存结果或 imshow 显示图像。在这个过程中,每个处理步骤都会生成新的 Mat 对象,开发者需要注意内存管理和处理顺序对最终效果的影响。

OpenCV 的基础操作流程就是"输入—处理—输出",其中每一步完成之后,都会产出一张新画布(新图像),记得及时保存好旧画布(原图像)。

4. OpenCV 的核心要素

(1)图像 I/O:支持 JPEG、PNG 等 30 余种图像格式的读写,提供摄像头/视频文件采集。

(2)像素级操作:包括色彩空间转换(RGB/HSV/YUV)、阈值处理、区域提取等。

(3)图像变换:实现几何变换(旋转/透视变换)、形态学操作(腐蚀/膨胀)、滤波等。

(4)特征处理:提供特征检测器和各种特征匹配方法(算法)等。

OpenCV 就是一站式图像工具箱,包括读写 30 多种格式的图片或视频、调颜色、画区域、旋转缩放、去噪美颜、一键找特征等工具。

如图 9-10 所示,Python 代码用 OpenCV 的像素级操作工具,把左边的大狗彩色图一键转换成右边的 HSV 颜色空间结果图,并直接显示出来。其中,左边彩色图的颜色信息是 RGB,即"红绿蓝",右边结果图的颜色信息是 HSV即"色相—饱和度—明度"。借助 HSV 颜色空间,OpenCV 可精准锁定红绿灯、车道线等关键区域,为自动驾驶与智能交通提供高可靠视觉依据。

```
1  import cv2
2  from google.colab.patches import cv2_imshow
3
4  image = cv2.imread(image_file)
5  hsv_image = cv2.cvtColor(image, cv2.COLOR_BGR2HSV)
6  cv2_imshow(hsv_image)
```

图 9-10　OpenCV 实现颜色空间转换

9.2.3　OpenCV 的典型应用

OpenCV 提供 6 大通用视觉组件,可像积木一样快速拼出各种应用。

1. 图像增强和修复

OpenCV 可以用于图像的亮度调整、对比度增强、噪声去除和图像修复。就像给照片加美颜滤镜：一键调亮、提对比度，还能用"橡皮擦"去掉颗粒噪点，让模糊的夜景图片秒变清晰大片。

2. 特征检测和提取

OpenCV 提供了多种特征检测算法，如边缘检测（Canny）、角点检测（Harris）和特征点检测（SIFT、SURF）。就像侦探找指纹一样：Canny 描边、Harris 找角点、SIFT 抓关键点，把这些"线索"配对后，就能认出物体、拼出 3D 场景。这些特征可以用于图像匹配、物体识别和 3D 重建。

3. 物体检测和识别

结合机器学习算法，OpenCV 可以用于物体检测和识别。就像给计算机加一双火眼金睛：加载各种模型方法，框出图中的人、车、猫狗，实时告诉你是谁、在哪儿。

4. 视频分析

OpenCV 可以处理视频流，进行帧提取、运动检测和行为识别。例如，通过背景减除技术可以检测视频中的移动物体。就像是把视频切成一帧帧连环画，再用"背景减除"魔法圈出移动目标，谁进来、谁离开，一眼就能锁定。

5. 面部识别

OpenCV 提供了面部检测、面部特征点定位和面部识别的功能。这些技术可以用于安全监控、社交媒体和智能设备。

6. 3D 视觉

OpenCV 支持 3D 图像处理和分析，如立体视觉、深度估计和 3D 重建。就像是用双摄像头当"人眼"，OpenCV 帮你测深度、建 3D 地图，让机器人避障、AR 游戏、无人车导航都立体起来。

这些技术在机器人导航、增强现实和自动驾驶等领域有着重要应用。如图 9-11 所示，展示了机器人通过 OpenCV 3D 视觉实时生成的深度图，精准测距避障，安全穿行复杂环境。

图 9-11　OpenCV 实现 3D 视觉

依托 OpenCV 的 6 大通用视觉组件，某液晶面板生产企业采用 OpenCV 的模板匹配算法实现屏幕缺陷检测,通过优化算法参数和并行计算,将检测速度提升至每秒 500 帧,同时保持 99.9% 的检测准确率。在智能交通领域广泛应用 OpenCV 视频分析能力,对车流进行统计,在复杂光照条件下仍能维持 98% 的统计准确度。从液晶面板瑕疵筛查到红绿灯精准识别,OpenCV 化身工业慧眼与交通助手,让制造更严谨、交通更智能、生活更便捷。

9.3 道 路 识 别

道路识别是计算机视觉领域中的一项重要任务,它涉及从图像或视频中检测和识别可行驶的道路区域。这项技术在自动驾驶、机器人导航、智能交通系统等领域有着广泛的应用。OpenCV 作为一个功能强大的图像处理库,为实现道路识别提供了丰富的工具和算法。如图 9-12 所示,展示了无人车借助 OpenCV 3D 视觉,将道路场景转换为实时深度图,精准识别车道与障碍物,为无人车提供立体避障导航。道路识别技术已在北京地铁防疫巡逻车和 Apollo 无人车编队中落地,实现全天候安全行驶。

图 9-12　道路识别技术的应用

9.3.1　道路识别的主要步骤

道路识别的基本原理是基于图像处理和机器学习技术实现,从图像采集到车道线的准确识别,让道路被计算机(机器人或者无人车)"看"得更清楚,主要包括图像采集与预处理、图像分割、特征提取、分类与识别、后处理、输出道路识别结果 6 个步骤，如图 9-13 所示。

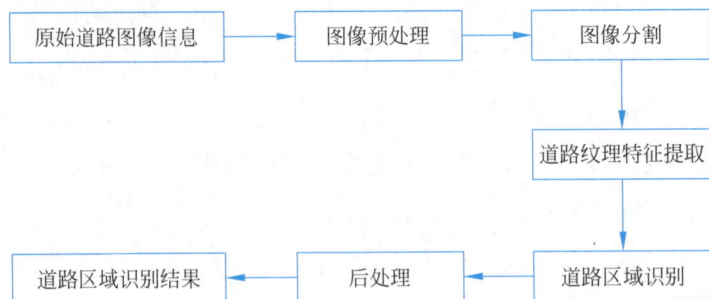

图 9-13　道路识别技术的主要步骤

1. 图像采集与预处理

首先，通过摄像头获取原始道路图像，图像可能包含道路、车辆、行人等多种元素。为了提高道路识别的准确性，首先需要对图像进行预处理。

预处理步骤可能包括灰度化、噪声去除、直方图均衡化等各种图像处理方法，以增强图像中的道路特征。

2. 道路区域分割（图像分割）

道路区域分割是指通过图像分割技术，利用颜色空间转换（如 RGB→HSV）、边缘检测或深度学习分割网络，把道路与背景分离，将图像中的道路区域从背景中分离出来。

图像分割就像是利用剪刀按某种方法把道路从照片里"剪"出来：先把RGB 变为 HSV 颜色纸，再沿边缘或让 AI 网络自动描边，把路面和天空、建筑分开，只留下道路区域。

3. 特征提取

特征提取是指从分割后的道路区域中提取有用的道路特征信息，如颜色、纹理、形状等。这些特征将用于道路的识别和分类。

这个步骤，就像把上一步骤剪出的道路区域块放大细看：记住道路每一个小块的颜色深浅、纹理粗细和轮廓形状等信息，并把这些"小记号"保存好，在后面的步骤交给计算机学习，让计算机能一眼识别出"这就是道路"。

4. 分类与识别（道路识别）

分类与识别是指使用机器学习算法（如支持向量机、随机森林、神经网络等算法）对提取的特征进行分类，以识别道路区域。在当前的深度学习时代，卷积神经网络已成为道路识别的首选方法，因为它们能够自动学习图像的高级特征。

简单来说,这个步骤就是用支持向量机(Support Vector Machine,SVM)、卷积神经网络(Convolutional Neural Network,CNN)等算法(方法)对特征进行训练与分类,识别"哪块区域是道路"。

也就是把道路的颜色、纹理、形状等特征信息交给 AI 中的机器学习算法:SVM 像是用规则画界线,CNN 像人的眼睛一样自动看图说话,AI 一学就会,并告诉计算机(机器或者汽车)"这片区域是道路,那片区域不是道路"。

5. 后处理

后处理是指对识别的结果进行优化,如形态学操作、条件过滤等,以提高识别的准确性和鲁棒性。通过形态学操作、条件滤波等手段细化边界、消除误检,输出最终的道路区域识别结果。也就是把识别出的道路"毛坯"再精修:用各种方法去掉小斑点,筛掉误检,让边界光滑、形状准确。

6. 输出道路识别结果

这是道路识别的最后一个步骤,就是把优化后的结果输出,最终得出一份清晰可靠的道路地图。

总体来说,道路识别的关键在于准确地从复杂的环境中提取道路特征,并有效地区分道路和非道路区域。这通常需要对不同的道路类型和环境条件进行大量的训练和测试。

道路识别技术就像给计算机(机器或者汽车)搭配了一双"慧眼":先把原始道路图做灰度、降噪等"美颜",再用 HSV 颜色分割或深度学习模型把可行驶区域"圈"出来,接着提取纹理、边缘、颜色等特征信息确认车道边界,最后采用各种方法修边补洞,输出清晰干净的道路范围,让无人车在任何光照、天气的条件下都能秒辨前方可行之路。

9.3.2　传统 OpenCV 实现道路识别

1. 技术方案概述

实际的道路一般可以分为结构化道路和非结构化道路两类。

结构化道路一般是指高速公路、城市干道等结构化较好的公路,这类道路具有清晰的道路标志线,道路的背景环境比较单一,道路的几何特征也比较明显,如图 9-14 所示。

非结构化道路一般是指城市非主干道、乡村街道等结构化程度较低的道

图 9-14 结构化道路

路,这类道路没有车道线和清晰的道路边界,再加上受阴影和水迹等的影响,道路区域和非道路区域难以区分。多变的道路类型,复杂的环境背景,以及阴影、水迹和变化的天气等都是非结构化道路检测所面临的困难,也是当前道路识别技术的主要研究方向,如图 9-15 所示。

图 9-15 非结构化道路

基于 OpenCV 的传统道路识别方案主要依赖计算机视觉算法,通过多阶段图像处理实现车道检测和道路区域分割。该方案包含 4 个核心模块:图像预处理、特征提取、几何分析和后处理优化等。本方案适用于结构化道路环境。

2. 具体实现步骤与代码

1)图像采集与预处理

```
import cv2
import numpy as np
# 视频源设置
cap = cv2.VideoCapture('road.mp4')
width, height = 640, 480        # 建议分辨率
while cap.isOpened():
    ret, frame = cap.read()
    if not ret: break

    # 尺寸归一化
    frame = cv2.resize(frame, (width, height))

    # 光照补偿(CLAHE)
    lab = cv2.cvtColor(frame, cv2.COLOR_BGR2LAB)
    l, a, b = cv2.split(lab)
    clahe = cv2.createCLAHE(clipLimit = 2.0, tileGridSize = (8,8))
    limg = clahe.apply(l)
    enhanced = cv2.merge((limg,a,b))
    rgb = cv2.cvtColor(enhanced, cv2.COLOR_LAB2BGR)
```

2)道路特征提取

```
# 车道线特征增强
gray = cv2.cvtColor(rgb, cv2.COLOR_BGR2GRAY)
blur = cv2.GaussianBlur(gray, (5,5), 0)

# 边缘检测(参数需调优)
edges = cv2.Canny(blur, 50, 150, apertureSize = 3)
    # 色彩阈值分割(沥青路面)
hsv = cv2.cvtColor(rgb, cv2.COLOR_BGR2HSV)
lower_asphalt = np.array([90, 50, 50])
upper_asphalt = np.array([120, 255, 255])
mask = cv2.inRange(hsv, lower_asphalt, upper_asphalt)
```

3）几何分析与车道检测

```python
# 透视变换(示例坐标需校准)
src_pts = np.float32([[width * 0.45, height * 0.65],
                      [width * 0.55, height * 0.65],
                      [width * 0.9, height * 0.9],
                      [width * 0.1, height * 0.9]])
dst_pts = np.float32([[0,0], [width,0], [width,height], [0,height]])
M = cv2.getPerspectiveTransform(src_pts, dst_pts)
warped = cv2.warpPerspective(edges, M, (width,height))

# 霍夫变换检测直线
lines = cv2.HoughLinesP(warped, 1, np.pi/180, threshold = 30,
                        minLineLength = 40, maxLineGap = 20)

# 车道线拟合
left_lines, right_lines = [], []
for line in lines:
    x1,y1,x2,y2 = line[0]
    k = (y2 - y1)/(x2 - x1 + 1e - 5)
    if k < - 0.5: left_lines.append(line)
    elif k > 0.5: right_lines.append(line)
```

4）后处理与可视化

```python
# 绘制检测结果
line_img = np.zeros_like(frame)
for line in left_lines + right_lines:
    cv2.line(line_img, tuple(line[0][:2]), tuple(line[0][2:]), (0,255,0), 3)

# 逆透视变换还原
Minv = cv2.getPerspectiveTransform(dst_pts, src_pts)
lane_img = cv2.warpPerspective(line_img, Minv, (width,height))
result = cv2.addWeighted(frame, 0.8, lane_img, 1.0, 0)

# 显示处理流程
debug = np.hstack([frame, cv2.cvtColor(edges, cv2.COLOR_GRAY2BGR), result])
cv2.imshow('Debug', debug)
if cv2.waitKey(1) & 0xFF == ord('q'):
    break
```

9.3.3　百度飞桨结合 OpenCV 实现道路识别

1. 技术方案概述

百度飞桨(PaddlePaddle)结合 OpenCV 的道路识别技术方案在传统方法基础上引入深度学习,形成"数据驱动＋传统优化"的混合架构:首先通过 OpenCV 完成图像预处理,然后利用 PaddlePaddle 的轻量化语义分割模型 (如 PP-LiteSeg)实现高精度道路区域分割,最后结合 OpenCV 进行边缘优化 (形态学处理)和几何分析(车道线拟合)。

该方案既保留了传统方法的高效性(OpenCV 实时处理),又通过深度学习提升了复杂场景(非结构化道路、遮挡等)的鲁棒性,支持端到端部署至边缘设备。该方案既适用于结构化的道路,也适用于非结构化的道路。

图 9-16 所示是道路原图像,采用百度飞桨(PaddlePaddle)结合 OpenCV 的道路识别技术方案进行道路识别,结果如图 9-17 所示。

图 9-16　道路原图像

图 9-17　道路识别结果

2. 具体实现步骤与代码

1) 环境准备

```
#安装核心库
pip install paddlepaddle opencv - python paddlehub
```

2) 数据预处理(OpenCV)

```
import cv2
import numpy as np

def preprocess(frame):
    #透视变换获取鸟瞰图
    src_pts = np.float32([[580, 460], [700, 460], [1040, 680], [260, 680]])
    dst_pts = np.float32([[300, 0], [950, 0], [950, 720], [300, 720]])
    M = cv2.getPerspectiveTransform(src_pts, dst_pts)
```

```
    warped = cv2.warpPerspective(frame, M, (1280, 720))

        #自适应光照补偿
    lab = cv2.cvtColor(warped, cv2.COLOR_BGR2LAB)
    l, a, b = cv2.split(lab)
    clahe = cv2.createCLAHE(clipLimit = 3.0, tileGridSize = (8,8))
    limg = clahe.apply(l)
    processed = cv2.merge((limg,a,b))

    return cv2.cvtColor(processed, cv2.COLOR_LAB2BGR)
```

3）飞桨模型部署

```python
import paddlehub as hub

#加载预训练模型
model = hub.Module(name = 'lanesnet')
#或自定义模型
#from paddle.vision.models import resnet50
#model = resnet50(pretrained = True)

def paddle_inference(img):
    input_tensor = paddle.to_tensor(img.transpose(2,0,1)[np.newaxis,...])
    outputs = model(input_tensor)
    return outputs.numpy()
```

4）融合处理核心代码

```
cap = cv2.VideoCapture('road.mp4')
while cap.isOpened():
    ret, frame = cap.read()
    if not ret: break

    #OpenCV 预处理
    processed = preprocess(frame)

    #飞桨模型推理
    mask = paddle_inference(processed)

    #后处理
    contours, _ = cv2.findContours(mask, cv2.RETR_EXTERNAL, cv2.CHAIN_
APPROX_SIMPLE)
```

```
for cnt in contours:
    cv2.polylines(frame, [cnt], True, (0,255,0), 3)
# 显示结果
cv2.imshow('Result', frame)
if cv2.waitKey(1) & 0xFF == ord('q'):
    break
```

　　传统 OpenCV 方法通过多阶段图像处理实现结构化道路检测,而飞桨的深度学习模型(如 PP-LiteSeg)结合 OpenCV 后处理,可以显著提升复杂场景的鲁棒性。两种技术方案涵盖数据预处理、语义分割、车道拟合等核心步骤,体现出飞桨的国产化优势与 OpenCV 的高效性。通过对比两种技术路线,展示了深度学习与传统视觉融合的潜力,为自动驾驶等领域的落地应用提供了从算法调优到端到端部署的完整参考,体现了 AI 技术在实际场景中的创新价值。

小　　结

　　计算机视觉让机器"看懂"世界,而飞桨与 OpenCV 分别扮演"大脑"与"眼睛"。读者通过飞桨的国产全栈能力与 OpenCV 的高效图像处理,可以完成从传统车道线检测到深度学习道路分割的实战,掌握预处理、分割、特征提取、后处理及边缘部署的核心方法。基于百度飞桨(PaddlePaddle)与 OpenCV 的融合方案为自动驾驶、智慧交通等场景提供了开箱即用的参考,也为后续更广阔的视觉研究和产业落地奠定了坚实基础。

习　　题

1. 飞桨 AI 框架有哪些基本功能?
2. 简述飞桨在技术特性方面的三大突出优势。
3. 简述 OpenCV 的基础操作流程。
4. 简述道路识别的主要步骤。
5. 当前道路识别技术的主要研究方向在哪些?
6. 飞桨结合 OpenCV 的道路识别方案有什么优势?

参 考 文 献

[1]　林子雨.人工智能通识教程[M].北京：高等教育出版社,2025.

[2]　林子雨.数字素养通识教程[M].北京：人民邮电出版社,2025.

[3]　林倞,张瑞茂,吴贺丰.具身智能原理与实践[M].北京：电子工业出版社,2025.

[4]　凌锋,周苏.人工智能导论[M].2版.北京：机械工业出版社,2025.

[5]　仪登利.人工智能技术与应用(案例版)[M].北京：化学工业出版社,2025.

[6]　赵克玲,瞿新吉,任燕.人工智能概论[M].2版.北京：清华大学出版社,2025.

[7]　徐礼金.人工智能导论实践教程[M].北京：清华大学出版社,2025.

[8]　廉师友.人工智能概论(通识课版)[M].2版.北京：清华大学出版社,2025.

[9]　傅启明,吴宏杰,王蕴哲.人工智能原理与应用[M].北京：清华大学出版社,2025.

[10]　方勇纯,许静,刘杰,等.人工智能导论(微课视频版)[M].北京：清华大学出版社,2025.

[11]　王军.人工智能概论(微课版)[M].北京：人民邮电出版社,2024.

[12]　刘华俊,眭海刚.人工智能导论(微课版)[M].北京：人民邮电出版社,2024.

[13]　张长水.人工智能引论[M].北京：清华大学出版社,2024.

[14]　杨云.人工智能导论[M].北京：科学出版社,2024.

[15]　牛百齐,王芳秀.人工智能导论[M].北京：机械工业出版社,2024.

[16]　彭涛,刘畅.人工智能概论[M].北京：清华大学出版社,2023.

[17]　王万良.人工智能通识教程[M].2版.北京：清华大学出版社,2022.

[18]　王飞,潘立武.人工智能导论[M].北京：中国水利水电出版社,2022.

[19]　金军委,张自豪,高山,等.人工智能导论[M].北京：北京大学出版社,2022.

[20]　刘若辰,慕彩红,焦李成,等.人工智能导论[M].北京：清华大学出版社,2021.

[21]　莫宏伟.人工智能导论[M].北京：人民邮电出版社,2020.

[22]　姜春茂.人工智能导论[M].北京：清华大学出版社,2021.

[23]　马月坤,陈昊.人工智能导论[M].北京：清华大学出版社,2021.

[24]　李云红.人工智能导论[M].北京：北京大学出版社,2021.

[25]　姚期智.人工智能[M].北京：清华大学出版社,2021.

[26]　叶佩军,王飞跃.人工智能：原理与技术[M].北京：清华大学出版社,2020.

图书资源支持

感谢您一直以来对清华版图书的支持和爱护。为了配合本书的使用，本书提供配套的资源，有需求的读者请扫描下方的"书圈"微信公众号二维码，在图书专区下载，也可以拨打电话或发送电子邮件咨询。

如果您在使用本书的过程中遇到了什么问题，或者有相关图书出版计划，也请您发邮件告诉我们，以便我们更好地为您服务。

我们的联系方式：

清华大学出版社计算机与信息分社网站：https://www.SHUIMUSHUHUI.com/

地　　址：北京市海淀区双清路学研大厦 A 座 714

邮　　编：100084

电　　话：010-83470236　010-83470237

客服邮箱：2301891038@qq.com

QQ：2301891038（请写明您的单位和姓名）

资源下载：关注公众号"书圈"下载配套资源。

资源下载、样书申请

书圈

图书案例

清华计算机学堂

观看课程直播